全国农业高职院校"十二五"规划教材

焙烤食品加工技术

Bei Kao Shi Pin Jia Gong Ji Shu

李威娜　主编

中国轻工业出版社

图书在版编目（CIP）数据

焙烤食品加工技术/ 李威娜主编. —北京：中国
轻工业出版社，2019.11
全国农业高职院校"十二五"规划教材
ISBN 978-7-5019-9140-2

Ⅰ.①焙…　Ⅱ.①李…　Ⅲ.①焙烤食品—食品加工—
高等职业教育—教材　Ⅳ.①TS213.2

中国版本图书馆 CIP 数据核字（2013）第 003647 号

责任编辑：马　妍　　责任终审：唐是雯　　封面设计：锋尚设计
版式设计：锋尚设计　　责任校对：燕　杰　　责任监印：胡　兵

出版发行：中国轻工业出版社（北京东长安街 6 号，邮编：100740）
印　　刷：北京君升印刷有限公司
经　　销：各地新华书店
版　　次：2019 年11月第 1 版第 3 次印刷
开　　本：720×1000　1/16　印张：20
字　　数：413 千字
书　　号：ISBN 978-7-5019-9140-2　定价：39.00 元
邮购电话：010 – 65241695
发行电话：010 – 85119835　传真：85113293
网　　址：http://www.chlip.com.cn
Email：club@chlip.com.cn
如发现图书残缺请与我社邮购联系调换
KG1040–111276

全国农业高职院校"十二五"规划教材
食品类系列教材编委会

（按姓氏拼音顺序)

主　任　姜旭德　黑龙江民族职业学院

副主任　耿明杰　黑龙江农业工程职业学院
　　　　桂向东　黑龙江农垦科技职业学院
　　　　隋继学　郑州牧业工程高等专科学校
　　　　魏为民　黑龙江生物科技职业学院
　　　　于海涛　黑龙江农垦职业学院

委　员　查恩辉　曹凤云　车云波　陈淑范　付　丽　关　力
　　　　胡瑞君　华海霞　李威娜　任丽哲　任静波　尚丽娟
　　　　田　辉　王丽娜　王　娜　王　琪　吴汉东　杨　静
　　　　于瑞洪　张　玲　赵百忠

顾　问　丁岚峰　黑龙江民族职业学院
　　　　付兴国　河北科技师范学院
　　　　王　丹　国家乳业工程技术研究中心培训部
　　　　徐建成　黑龙江民族职业学院

本书编写人员

主　编　李威娜（黑龙江生物科技职业学院）

副主编　徐玮东（黑龙江农业工程职业学院）

　　　　尚丽娟（黑龙江农垦科技职业学院）

参　编　姚　微（黑龙江农垦职业学院）

　　　　邹　鹏（黑龙江民族职业学院）

　　　　杨春亮（哈尔滨医科大学）

前言

FOREWORD

本书是以高等职业技术院校培养技能型人才的需要为基础，与焙烤企业的生产实际相结合，为适应焙烤行业发展需要，培养行业高技能实用型人才而编写。在编写过程中严格遵循高等职业教育规律，以"实用、够用"的理论知识为基础，突出技能操作的实用性，注重解决生产过程中的实际问题，培养学生的职业道德、创新精神和实践能力。

本书在内容上，不仅保证知识的系统性和完整性，更注重理论的实用性和技能的可操作性。在结构体系上，针对职业教育的特点，按照企业实际工作情境，分成若干项目来编写。在表述形式上，为了便于学生理解和掌握，插入部分图片，使图片与叙述紧密结合，突出了操作技能的特点。

全书共分六个项目，编写分工为：项目一、项目三由李威娜编写；项目二由姚微编写；项目四由尚丽娟编写；项目五由徐玮东编写；项目六由邹鹏编写；附录部分由杨春亮编写。全书由李威娜负责统稿。

本书在编写的过程中参考了相关的文献资料，在此向有关专家及作者表示衷心的感谢。

由于时间仓促，编者水平有限，本教材难免存在疏漏，希望读者多提宝贵意见。

编者
2013年1月

目录
CONTENTS

项目一
蛋糕制作技术

>>>>

【学习目标】

1. 清楚蛋糕的概念及分类。
2. 学会蛋糕的基本加工工艺及操作要点。
3. 了解蛋糕制作常用材料的种类及作用。

【技能目标】

1. 能独立制作普通型海绵蛋糕与戚风蛋糕。
2. 学会奶油的打发方法。
3. 能够分析解决蛋糕制作中出现的质量问题。

任务一 ❯ 蛋糕概述

蛋糕是以蛋、糖、面粉或油脂为主要原料，通过机械搅拌的作用或膨松剂的化学作用，经烘烤或汽蒸而使组织松发的一种疏松绵软、适口性好的烘焙制品。新出炉的蛋糕质地柔软，富有弹性，组织细腻多孔，软似海绵，容易消化，是一种营养丰富的食品。

蛋糕起源于西方，是一种古老的西点，其绵软的口感及甜美的味道深受大众喜爱。现代生活中，许多重要的场合都会有蛋糕的出现，如生日聚会、新婚庆典等。很多时候，人们也把蛋糕作为点心食用，蛋糕的品种繁多，现已成为人们生活中不可或缺的一种食品。

蛋糕的历史悠久，最早的蛋糕制作源自古埃及、古希腊、古罗马。最早的英国蛋糕是一种称为西姆尔的水果蛋糕，据说源自古希腊。古罗马人制得最早的奶油蛋糕，迄今为止，最好的奶油蛋糕仍出自意大利；维多利亚时代是蛋糕发展的鼎盛时期。17世纪之前制作的蛋糕不加鸡蛋，后经法国糕点师改进配方，加入鸡蛋才制出了真正的蛋糕，随后风靡欧美各国。因受到民族文化的影响，很多地方以鸟或谷物的形状作为蛋糕的模具。早期的罗马帝国采用桥头摔蛋糕的方式作为丰收和好运的象征。撒克逊时代，人们在婚礼上叠放多层蛋糕，并让新婚夫妇在蛋糕上方接吻以象征着富有。这种叠放的蛋糕演变成如今的多层蛋糕，多出现在婚宴上。在欧洲，婚礼蛋糕是白色的，象征着纯洁，而在其他地区，婚礼蛋糕一般颜色丰富而鲜艳。

20世纪初期，蛋糕传入中国，随着人民生活水平的逐步提高，20世纪70年代至80年代蛋糕普及于百姓大众，各种各样的生日蛋糕走进千家万户。我国将祝寿蛋糕加以改进，把传统象征长寿的吉祥物，如寿桃、寿星、松柏等用于蛋糕的装饰上，使其更有民族化的特点。

一、蛋糕的命名及分类

（一）蛋糕的命名

蛋糕的命名方式方法很多，可分为以下几种：

（1）按制作蛋糕的特殊材料命名，如香蕉蛋糕、胡萝卜蛋糕、南瓜蛋糕等；

（2）按蛋糕本身的口味命名，如巧克力蛋糕、芒果蛋糕、草莓蛋糕等；

（3）按外表装饰材料命名，如酸奶蛋糕、椰蓉蛋糕等；

（4）按地名或人名命名，如瑞士蛋糕、加勒比海风味蛋糕等。

（二）蛋糕的分类

蛋糕的分类方法有很多，这里主要介绍三种。

1. 乳沫类蛋糕

乳沫类蛋糕制作的主要原料为鸡蛋、砂糖、小麦粉，少量液体油，当鸡蛋的用量较少时要增加化学疏松剂帮助面糊起发。此类蛋糕主要是靠鸡蛋在搅拌过程中与空气融合，经烘焙使空气受热膨胀而使蛋糕体积增大。因膨松剂使用量很少或不用，且不含任何固体油脂，所以又称清蛋糕。根据鸡蛋使用的不同部分，又可分为海绵类与蛋白类。使用全蛋制作的称为海绵蛋糕，如瑞士蛋糕卷、西洋蛋糕杯等，其特点是：口感清香，结构绵软，有弹性；使用蛋白制作的称为天使蛋糕，其特点是：色泽洁白，外观清爽，不油腻。

2. 面糊类蛋糕

面糊类蛋糕又称油蛋糕，是通过油脂在搅拌时融合空气，使面糊在烤炉内受热膨胀成蛋糕。其主要原料为鸡蛋、砂糖、小麦粉及黄油。该产品的特点是：油香浓郁、口感香有回味，结构紧致，稍有弹性。例如日常所见的牛油戟、提子戟等。

3. 戚风类蛋糕

戚风蛋糕是英文 Chiffon Cake 的音译，由乳沫类蛋糕和面糊类蛋糕改良综合而成。即蛋白与糖及酸性材料按乳沫类打发，其余干性原料、流质原料与蛋黄则按面糊类方法搅拌，最后将两者混合即可。该产品的特点是：质地较轻、组织膨松，水分含量高，味道清淡不腻，口感滋润嫩爽，是目前最受欢迎的蛋糕之一，常用来做生日蛋糕的底坯。

各类蛋糕都是在这三大类型的基础上演变而来的，由此变化而来的还有各种巧克力蛋糕、水果蛋糕、果仁蛋糕、装饰蛋糕和花色蛋糕等。

二、蛋糕制作基本原理

（一）乳沫类蛋糕的制作原理

在乳沫类蛋糕制作过程中，蛋白通过高速搅拌，使之快速地打入空气，形成泡沫。同时，由于表面张力的作用，蛋白泡沫收缩变成球形，加上蛋白胶体具有黏度和加入的面粉原料附着在蛋清泡沫周围，使泡沫变得很稳定，能保持住混入的气体，加热的过程中，泡沫内的气体受热膨胀，使蛋糕品疏松多孔并具有一定的弹性和韧性。

（二）面糊类蛋糕的制作原理

1. 油脂的打发

油脂的打发即油脂的充气膨松。在搅拌作用下，空气进入油脂形成气泡，使油脂膨松、体积增大。油脂膨松越好，蛋糕质地越疏松，但膨松过度会影响蛋糕成形。油脂的打发膨松与油脂的充气性有关。此外，细粒砂糖有助于油脂的膨松。

2. 油脂与蛋液的乳化

当蛋液加入到打发的油脂中时，蛋液中的水分和油脂即在搅拌下发生乳化。乳化对油脂蛋糕的品质有重要影响，乳化越充分，制品的组织越均匀，口感也越好。

3. 添加适量的蛋糕油

为了改善油脂的乳化，在加蛋液的同时可加入适量的蛋糕油（为鸡蛋量的3%～5%）。蛋糕油作为乳化剂，可使油和水形成稳定的乳液，蛋糕质地更加细腻，并能防止产品老化，延长其保鲜期。

其他蛋糕都是在这两种基础之上进行创新发展而来的，其制作原理与这两种基本类型蛋糕一致。

三、蛋糕制作常用工具及设备

（一）常用工具

（1）打蛋器　用来搅拌蛋液，打出泡沫。

（2）平底盘　可将材料分成小部分备用或把热的物品置其上放凉。

（3）过滤网　用来过滤面粉中的硬物或流体中的杂质。最好选择细目、单手可握、不锈钢材质的滤网。

（4）铁片刮刀　可将奶油等半固体物质切细，尤其在分割面团时特别好用。

（5）刮板　有木制与塑料制两种，主要用来搅拌面糊或刮净搅拌器内壁。

（6）擀面棍　以表面平整、质地扎实为佳。

（7）网架　把烤好的产品放在网架上冷却，蒸发水分。

（8）电子秤　制作蛋糕时，原辅材料一定要称量准确，做出的口味才不会差太多，最好选择精度高、刻度细的秤。

（9）量杯　用来称量面粉或水的容器，侧面带有刻度。

（10）量匙　具有大小之分，操作时量取少量材料时用，使用时注意刮平才准确。

（11）毛刷　用来蘸取蛋液刷产品表面，以不掉毛者为佳。

（12）西点刀　长形薄片单口的刀片，用来切蛋糕或配料时用。

（13）锯齿刀　用来切派或吐司类糕点，以不锈钢材质为佳。

（14）调色刀　刮平材料与涂抹奶油时用。

（15）挤花袋　挤出奶油或果酱在产品上作出图案纹理用。

（16）挤花嘴　常用有星形、圆形、方形三种，与挤花袋合用可制出许多图案。

（17）模具　面团进炉前或流质要凝结成形时，为求外形的美观，需要使用模具固定产品。

（二）常用设备

（1）搅拌机　又称打蛋机，专门用于搅打蛋液、搅拌面糊、混合原料的设备。蛋糕生产常用的搅拌设备是多功能搅拌机，还可用于其他的馅料搅打。搅拌机的结构包括机头、搅拌头、搅拌缸、变速器、转速调节开关等（见图1-1）。搅拌头另附配件，依据形状可分三类：

图1-1　搅拌机

① 网状搅拌头：搅拌乳沫类蛋糕与霜饰材料用。

② 桨状搅拌头：搅拌面糊类蛋糕与小西饼类用。

③ 钩状搅拌头：搅拌面包面团时用。

（2）烤箱 烤箱是所有经过处理的面坯要变成香酥可口的烘焙食品必经的一道工序，经过烘烤使面坯成熟。根据产量的多少与放置地点大小不同，大致分为箱式烤炉、旋转式烤炉、隧道式烤炉三种类型，以箱式烤炉较为常用（见图1-2）。

图1-2 箱式烤炉

四、蛋糕制作常用材料及作用

制作蛋糕常用的材料有小麦粉、蛋及蛋制品、乳化剂、糖及其他甜味剂、油脂、膨松剂、赋香剂、色素、乳制品、巧克力、胶冻剂、果仁、果酱、果干等。

（一）小麦粉

小麦粉俗称面粉，是由小麦籽粒磨粉得到的，是生产蛋糕的主要原料之一。通常采用软质小麦磨制的小麦粉为佳。

1. 小麦的分类

小麦的种类很多，可以从产地、表皮的色泽、种植的季节、籽粒硬度不同来划分。与焙烤食品密切相关的分类方法是根据籽粒的硬度划分，因为籽粒硬度与胚乳所含的成分有很大的关系，而这些成分又会影响到焙烤制品的品质。根据籽粒硬度不同可将小麦分为硬质小麦、软质小麦、中间质小麦三种。

（1）硬质小麦 硬质小麦籽粒的硬度大，从组成上看，这种硬度的不同是因为小麦籽粒中胚乳部分成分构成和结合方式上的不同造成的。硬质小麦胚乳断面呈玻璃质状，是由于胚乳细胞中蛋白质含量高，使淀粉分子之间塞满了蛋白质，淀粉分子之间的间隙小，蛋白质和淀粉基本上紧密结为一体，粒质硬。硬质小麦磨制的小麦粉一般呈砂粒状，大部分是完整的胚乳细胞，面筋质量好，小麦粉呈乳黄色，适合制作面包、馒头、饺子等食品，不宜做饼干、蛋糕。

（2）软质小麦 软质小麦籽粒的硬度较小，胚乳中蛋白质含量低，淀粉粒子之间的空隙较大，胚乳断面呈粉状，粒质软。软质小麦制出的小麦粉颗粒细小，破损淀粉粒少，蛋白质含量较低，适合制作饼干、蛋糕。

蛋糕体积的大小与小麦粉细度显著相关，小麦粉越细，蛋糕体积越大。在美国，烘烤蛋糕要求小麦出粉率为50%，并经过漂白的精白粉，同时要求淀粉破损少。

蛋糕加工要求小麦粉面筋含量和面筋的筋力都比较低。湿面筋含量低于24%，面团形成时间小于2min。但是，筋力过低的小麦粉可能影响蛋糕的成形，不利于蛋糕加工。因为小麦粉是蛋糕重要的原料之一，其中的蛋白质吸水后会形成面筋，与蛋白质在蛋糕结构中形成网络骨架，如果筋力过低将难以保证能承受蛋糕烘烤时的膨胀力，同时也不利于蛋糕的包装和运输。

（3）中间质小麦　在组成和硬度上介于硬质小麦和软质小麦之间的小麦。

2. 小麦粉的成分及加工性能

小麦粉的主要成分包括糖类、蛋白质、水分、矿物质、脂肪等，而影响蛋糕加工品质的主要是糖类和蛋白质。

（1）糖类　小麦中的糖类主要包括淀粉、糊精、纤维素、各种游离糖和戊聚糖。对蛋糕品质影响较大的是淀粉，主要通过影响蛋糕烘烤过程中淀粉的糊化和蛋糕制品的老化体现出来。

淀粉是小麦粉中最主要的糖类，约占小麦籽粒重量的60%、小麦粉的67%。淀粉是葡萄糖的聚合体，聚合度从几个至上万个不等。根据组成淀粉的葡萄糖的结合方式不同，淀粉可分为直链淀粉和支链淀粉两大类，由于这两类淀粉在分子组成上的差别使两者的含量和比例对小麦粉的加工特性直至对蛋糕品质产生了很大的影响。

直链淀粉呈螺旋状，易溶于热水中，生成的胶体黏性不大；支链淀粉呈树枝状，需在加热加压的情况下才溶于热水中，而且形成的胶体黏性大。

淀粉具有糊化的特性，淀粉的糊化是指在有水分存在的情况下，当淀粉搅拌并加热到约65℃时，淀粉颗粒开始吸水膨胀，继续加热时，淀粉全体变成半透明、黏性很大的糊状，此时，即使停止搅拌，淀粉也不会分层，这种现象就是淀粉的糊化。

淀粉还具有老化特性，淀粉的老化是指淀粉溶液或淀粉糊在低温静置条件下，溶解度降低，沉淀析出，浓度高的形成硬块而不再溶解，也不易被酶作用。淀粉老化在蛋糕制品中的表现是蛋糕的柔软性明显下降，变得失去弹性，组织松散。淀粉老化的发生是因为温度的降低，淀粉分子的运动减弱。淀粉分子同水分子间糊化使形成的氢键断裂，直链淀粉和支链淀粉重新趋于平行排列，相互靠拢，挤出分子间的水分，并转移给面筋，使淀粉形成的凝胶遭到破坏，变为硬块。

小麦粉中的可溶性糖主要指还原糖（如葡萄糖、果糖、麦芽糖），也包括蔗糖（含量很少），这些糖在小麦粉中的含量很少，约为3%，但在焙烤食品加工中却有很重要的作用，会直接影响焙烤食品的色、香、味。另外，小麦粉中的纤维素含量很少，其主要集中在小麦的皮层中，加工中大多被除去。

（2）蛋白质　小麦粉中的蛋白质含量和品质不仅决定小麦的营养价值，同时蛋白质是构成面筋的主要成分，与小麦粉的烘焙性能有着极为密切的关系。在各种谷物面粉中，只有小麦粉的蛋白质能够吸收水分而形成面筋。

蛋糕面糊的调制过程中，蛋白质会吸收原料中的水分形成面筋，面筋形成的程度对蛋糕制品的品质有很重要的影响。面筋形成的程度不足，易造成蛋糕骨架的强度不够，不足以支撑原料中的淀粉、糖等物质，导致蛋糕的结构致密，组织不够疏松，体积小；面筋形成过度，会夺取鸡蛋中的水分，使鸡蛋蛋白质吸水过少，同时由于蛋糕烘烤时面筋蛋白的水分能够转移给淀粉，而不能够转移给鸡蛋蛋白质，导致蛋糕制品的组织僵硬，不够柔润。另外，过强的面筋强度也会减少烘烤时鸡蛋泡沫受热膨胀的程度，使蛋糕组织疏松，无弹性。蛋糕加工时，面筋形成程度的控制，取决于加工中小麦粉品质的选择、加水量、加入小麦粉后的搅拌操作。

小麦粉中的蛋白质除了能够吸水膨胀形成面筋外，还会因受热等其他因素发生变性。蛋白质的热变性对蛋糕的烘焙品质有十分重要的影响。加热会使蛋白质分子中的水分失去而凝固，即在蛋糕的烘烤过程中会因面筋蛋白受热变性而形成蛋糕的骨架。

（3）水分　小麦粉中的水分含量一般为12%～14%，水分以游离态和结合态两种形式存在，小麦粉中的水分含量对蛋糕烘烤品质的影响不大。

（4）其他成分　小麦粉中另外还含有脂肪和矿物质。脂肪在小麦粉中通常是以与其他成分（如蛋白质和脂肪）结合的形式存在，而矿物质因多数存在于小麦籽粒的皮层中，在小麦制粉过程中基本都被除去。

3. 蛋糕用小麦粉的改良

在生产专用小麦粉时，往往因小麦本身的质量或制粉工艺的原因，不能满足专用的需要，还需对小麦粉进行化学性或物理性处理。对小麦粉的处理，就其目的而言，可分为改善食品品质、强化小麦粉营养和其他处理三类。这里主要介绍改善蛋糕品质的小麦粉的改良，主要包括氯化处理、添加表面活性剂和增白处理。

（1）氯化处理　蛋糕用面粉一般使用筋力弱的软麦制成。为满足制作高品质蛋糕的要求，往往还需要对蛋糕用粉进行氯化处理以进一步降低小麦粉的筋力，同时降低小麦粉的pH。经氯化处理的小麦粉蛋白质的分散性增强，从而削弱了面筋形成的强度，使搅拌操作更容易控制；氯化处理后的蛋糕面糊黏度增加，持气性也增加，蛋糕体积增大且内部组织结构也好。

（2）添加表面活性剂　往小麦粉中添加表面活性剂的目的是通过增加面糊中不同组分间的交联键而使最终产品的内部组织得到改善，制品体积增大，同时延缓淀粉的老化，延长制品的货架期。小麦粉改良常用的表面活性剂有单硬脂酸甘油酯、脂肪酸蔗糖酯、卵磷脂等。

（3）增白处理　为改善小麦粉的色泽，有时需要对小麦粉进行增白处理。我国目前广泛使用的增白剂是含27%过氧化苯甲酰的白色粉状增白剂。美国、英国的允许添加量为50mg/kg。根据我国的一些制粉厂实践，以此量为宜，量过多反而使小麦粉色泽加深。在小麦粉增白过程中小麦粉中的维生素 E 遭到破坏，同时该增白剂有微毒性，有些国家和地区禁止使用。

（二）蛋及蛋制品

蛋品在焙烤食品加工中起着重要的作用，是蛋糕加工中不可或缺的原料。蛋品有多种特性，对蛋糕的品质起着多方面的作用。因鸭蛋、鹅蛋有异味，所以蛋糕加工中所用的蛋品主要是新鲜鸡蛋及其制品。

1. 鸡蛋的加工性能

鸡蛋的加工性能包括：可稀释性、起泡性、热凝固性和乳化性。

（1）可稀释性　是指鸡蛋可以同其他原料均匀混合，并且被稀释到任意浓度的特性。如果不进行特殊的处理，鸡蛋不能和油脂类的原料均匀混合。鸡蛋中含有大量水分，虽然蛋黄中含有大量油脂，但其中也含有卵磷脂、胆固醇等起乳化作用的物质，因此蛋黄的外观是均一的。

（2）起泡性　起泡性又称打发性，是指鸡蛋白在空气中搅拌时有卷入并包裹气体的能力。当蛋白被强烈搅打时，空气会被卷入蛋液中，同时搅打的作用也会使空气在蛋液中分散形成泡沫，最终泡沫的体积可变为原始体积的6~8倍，形成泡沫的同时也失去蛋白的流动性，呈类似固体状。鸡蛋的起泡性可以用打擦度和相对密度来表示。

打擦度是指蛋液在搅打过程中泡沫所达到的体积与打发初始蛋液体积的比值（常用百分比表示）。通常用于测定蛋白或全蛋液的打发性。即：

打擦度 = 搅打后蛋液泡沫的体积/搅打前蛋液的体积 ×100%

相对密度法是指测定一定体积发泡蛋液质量与同体积水的质量的比值，当此比值达到最小时，即为打发的最适点。

相对密度 = 一定体积发泡蛋液的质量/同体积水的质量 ×100%

鸡蛋搅打形成的泡沫受热时，包裹在小气室中的空气膨胀，包围这些小气室的蛋白受热到一定程度会由于变性凝固，从而使这些膨胀了的小气室固定下来，形成蛋糕的多孔组织，这就是海绵蛋糕加工的原理。

打蛋时间与温度有很大关系。温度高，蛋液黏度低，容易打发，所需打蛋时间短，但保持气泡的能力也比较低；反之，温度过低，蛋白过于黏稠，空气不易冲入，会延长打蛋时间。蛋白搅打的适宜温度为17~22℃。有些配方的蛋糕在鸡蛋同其他物料（如油脂、糖）混合搅打之前，需将鸡蛋在室温条件下放置30min左右，以防低温造成油脂的硬化。另外，打发温度也会影响到打发体积，鸡蛋搅打前在室温条件下放置30min左右可以使其打发体积达到最大。

打蛋时，蛋液需要和糖一起搅打。糖在蛋糕加工中不仅可以增加甜味，而且还具有化学稳定性。淡淡的蛋液虽然也能打发，但泡沫干燥脆弱，易失去弹性而破裂，且难以膨胀。糖和蛋液混合后，蛋液的黏度增加，黏度大的物质有利于泡沫的形成与稳定。添加糖一起搅打的蛋液温度需控制在 40～50℃ 为宜，温度过低，黏度太大，不利于发泡，温度达到 53℃ 时，蛋白液中部分蛋白质发生变性，将降低其发泡能力，57℃ 时黏度增大，63℃ 时则呈胶凝状，失去流动性。

适量添加酸性物质有利于鸡蛋泡沫的稳定。目前，在蛋糕加工中用得比较多的是塔塔粉，有些配方中也使用柠檬汁或食醋等。同时采用酸性物质调整陈鸡蛋的 pH 可以有效地改善其打发性。

油脂也对鸡蛋的打发性有很大的影响。油脂是消泡剂，可使打发的泡沫破裂、消失，因此搅打鸡蛋时蛋液不可以与油脂接触。蛋黄和全蛋都可以形成泡沫，但打发性比蛋白差很多，同时，蛋黄中含有大量的脂肪，对蛋白的打发性有削弱的作用。因此，如果能将蛋白和蛋黄分开搅打或仅使用蛋白制作海绵蛋糕，效果会比全蛋好。另外，新鲜鸡蛋的打发时间比陈鸡蛋的长，但形成的泡沫稳定；食盐的添加会降低泡沫的稳定性；水分的添加也会影响蛋清的发泡性。

（3）热凝固性　热凝固性是鸡蛋重要的特性之一，是指鸡蛋白加热到一定温度后，会凝固变性形成凝胶的特性。蛋白形成的凝胶具有热不可逆性，也就是说，即使温度再降低到室温时，受热所形成的凝胶也不能恢复到原始的液体状。

鸡蛋凝胶的结构特征类似于固体，是鸡蛋中的生物高聚物和胶体分子在受热时聚集并且互相缠绕，同时将水分包裹在内而形成的三维网状结构。鸡蛋凝胶稳定、不透明、有一定的强度，同时不再具有蛋白的流变性（如流动性、打发性、可稀释性）。鸡蛋所含的成分对凝胶形成的温度、形成速率及凝胶的种类有一定的影响。

（4）乳化性　乳化是将油脂类物质和水分等互不混溶的物质均匀分散的过程，能使两种或两种以上不相混溶的液体均匀分散的物质就是乳化剂。鸡蛋是一种天然的乳化剂，鸡蛋中起乳化作用的物质是卵磷脂。卵磷脂是良好的天然乳化剂，亲油部分是两个脂肪酸基，亲水部分是甘油磷酸和氨基醇。卵磷脂中含有的磷脂与蛋白质相互作用形成脂蛋白，此作用在蛋糕加工中对提高蛋糕的质量起重要作用。

2. 鸡蛋制品

为便于运输和使用，鸡蛋除了新鲜的带壳蛋外，还被加工成多种产品。鸡蛋从产地运输到加工厂后，不能直接加工的要进行冷藏，在打蛋处理之前先用温水（≥20℃）进行洗涤，并用消毒剂淋洗，沥干水分后才可进行打蛋处理。

（1）冷藏液蛋　鸡蛋清洗后进行打蛋，蛋白、蛋黄分开或全蛋液装入密封的容器中，然后将液蛋温度降低至4℃以下，采用无菌冷藏车运输至焙烤食品加工厂或其他蛋品深加工厂。通常液蛋不进行杀菌处理，但需要在冷藏条件下贮藏和运输，货架期比较短，适合随时加工使用或深加工的原料处理。

（2）冷冻蛋　冷冻蛋又称冰蛋，包括冷冻蛋白、冷冻蛋黄，及全蛋同牛乳、奶酪的混合物的冷冻产品，有些产品是为了防止加工过程中蛋白的凝固，在产品中加入一定量的食盐、砂糖、果葡糖浆等。冷冻蛋需要冻结贮运，使用前需在冷藏室或流动水中进行解冻处理，解冻后，冷冻蛋的理化性质基本与新鲜鸡蛋相同，解冻后的冰蛋应在3d内用完。

（3）干燥蛋　干燥蛋又称脱水蛋、固体蛋、蛋粉。美国于1930年开始生产，但直到第二次世界大战由于军事的需要才使干燥蛋的产量猛增，干燥蛋的质量也有了很大提高，但是品质比新鲜鸡蛋低一些。因其对贮存要求不高，使用方便，已经被广泛应用于方便食品和其他食品加工企业中。干燥蛋需贮存于阴凉、干燥、避光处。

3. 鸡蛋在蛋糕加工中的作用

（1）膨松作用　鸡蛋蛋白质受热凝固时失水较少，可保证蛋糕制品润湿柔软。所以鸡蛋用量大的海绵蛋糕制品的体积大，润湿柔软。

（2）营养作用　鸡蛋营养丰富，可赋予蛋糕脂肪、蛋白质等营养物质。

（3）增加蛋糕的风味和色泽　鸡蛋中所含的蛋白质和氨基酸在烘烤过程中会在蛋糕表面发生美拉德反应，产生令人愉悦的风味和色泽。鸡蛋中的类叶黄素、核黄素等会使蛋糕内部色泽呈橙黄色。

（4）改善蛋糕组织结构　蛋品对原料中的油脂和其他液体物料还可起到乳化的作用，使蛋糕制品的风味和结构均一。

（三）乳化剂

乳化剂属于表面活性剂，所起的是乳化作用，即能使两种或两种以上不相混溶的液体均匀分散，另外，乳化剂还能与糖类、脂类和蛋白质等食品成分发生特殊的相互作用，改善食品的品质。乳化剂是蛋糕生产中很重要的添加剂，对蛋糕的质地结构、感官性能和食用质量分别起到重要的作用。

1. 乳化剂在蛋糕加工中的作用

（1）缩短打发时间　用传统方法调制海绵蛋糕面糊，需要30min左右，使用乳化剂后几分钟就可完成。乳化剂的添加对泡沫的影响主要有两方面：一是会让细小的油滴周围形成界面膜，阻止油脂对蛋白质的直接作用，减弱油脂的消泡作用，增加配方中油脂和水的用量，改善蛋糕制品的品质；二是使用乳化剂调制的面糊可长时间保持稳定，调好后，即使在炉外停放一段时间也无妨。

（2）增加蛋糕的体积　使用乳化剂调制形成的面糊泡沫数量多，细小而均匀，经过烘烤后蛋糕制品比不用乳化剂的蛋糕的体积可增加20%～30%，内部组织疏松，孔洞多而细小，孔洞壁薄。

（3）防止淀粉的老化，延长制品保鲜期　乳化剂可和淀粉形成复合体，尤其是和直链淀粉形成的复合体，可防止直链淀粉在蛋糕贮存中的重新取向，防止蛋糕的老化，使蛋糕长时间保持润湿、柔软状态，延长保鲜期。

（4）提高经济效益　使用乳化剂的配方可比传统的配方添加更多的水，提高蛋糕的出品率；乳化剂的添加还可在保证产品质量的前提下，减少鸡蛋的用量，以降低成本。乳化剂在蛋糕中的作用机制是和鸡蛋的蛋白质相互作用构成良好的起泡膜，提高蛋白质的发泡性，使蛋白质容易搅打发泡，同时搅打后的气泡可有良好的稳定性。当焙烤温度上升时，水相中乳化剂的液晶提高了浆料的黏度，抑制了对流，增大了蛋糕体积。另外，乳化剂可以和小麦淀粉中的支链淀粉以氢键方式结合形成复合体，与直链淀粉以疏水键的形式形成复合体，抑制小麦淀粉的胶体化，保持淀粉粒的稳定性，不但使蛋糕具有良好的口感，且抑制了淀粉老化，保持了淀粉粒的新鲜度。

2. 蛋糕常用乳化剂

蛋糕常用的乳化剂有单硬脂酸甘油酯、脂肪酸丙二醇酯、脂肪酸山梨糖醇酐酯、卵磷脂、脂肪酸蔗糖酯、脂肪酸聚甘油酯。海绵蛋糕制作时常用的乳化剂制品是泡打粉和蛋糕油，一般含有 20% ~ 40% 的乳化剂。

（1）泡打粉　泡打粉是一种粉状的搅打起泡剂，以乳化剂作为主要作用物质，以牛乳中的酪蛋白酸盐和脱脂乳粉、麦芽糖糊精及降解淀粉的混合物为载体，经复配制成。泡打粉使用方便，可直接掺入小麦粉中制成蛋糕专用粉。

泡打粉的制备方法有两种：一是将熔化的乳化剂以尽可能细微的分布形式喷到干燥的载体物质上；二是将乳化剂溶解，并将载体物质也加入一定量的水，为使乳化剂尽可能均匀地分布在载体上，将两者混合并进行乳化操作制成乳状液，喷雾干燥得到泡打粉。第一种方法制备工艺相对简单，但得到的泡打粉的乳化剂含量比第二种方法要低，乳化剂的分布不如第二种方法均匀，且同蛋糕面糊的融合性也不如第二种方法好。

（2）蛋糕油　蛋糕油是一种膏状搅打起泡剂，具有发泡和乳化的双重功能，其中以发泡作用最强。除乳化剂外，其余部分由山梨醇和水或山梨醇、丙二醇和水组成，是在山梨醇溶液中加入单硬脂酸甘油酯、脂肪酸丙二醇酯和脂肪酸蔗糖酯形成的稳定的单硬脂酸甘油酯结晶状胶体，呈透明状。

蛋糕油即蛋糕乳化剂，在海绵蛋糕中广泛应用。目前，市场上已经有多种蛋糕油产品，各产品根据有效乳化剂浓度不同而有不同的添加量，一般为 4% ~ 6%。将其加入蛋糕面糊中，能加强泡沫体系的稳定性，使制品得到致密而疏松的结构。蛋糕油配料如表 1 – 1 所示。

表 1 – 1 　　　　　　　　　　几种蛋糕油配料表 　　　　　　　单位:%

原　料	A	B	C	D	E	F	G	H
单硬脂酸甘油酯	8	15	13	7	10	8	8	14
脂肪酸蔗糖酯	25	10	20	12	10	9.5	10	9
脂肪酸丙二醇酯	25	–	7	6	–	–	–	1
脂肪酸山梨糖醇酐酯	5	–	7	–	5	7	5	2
70%山梨醇溶液	20	40	7	30	40	–	25	20
丙二醇	5	5	35	5	–	–	5	7.5
水	12	30	11	40	+	+	–	–

注：+ 为天然添加物。

　　油脂蛋糕制作时可直接添加乳化剂，同时含有乳化剂的起酥油添加对蛋糕品质也有较大影响。在油脂蛋糕面糊搅打过程中，搅入空气起初被油脂相吸收并保留，也就是说，油脂蛋糕的膨松是靠油脂充气。细微分散的油脂能够包合更小的空气泡，使用乳化剂后，乳化剂定向排列在空气－液体或空气－油脂界面上，使气泡机械强度和弹性提高，从而能使空气和油脂分布得更好、更细微、更稳定，形成更多、更稳定的空气泡。

　　油脂蛋糕添加的乳化剂通常制成发泡性乳化油。发泡性乳化油是在大致等量的糖液（糖含量30%～60%）和液体油（常用精炼玉米油、菜子油等植物油）中加入10%～25%的乳化剂而制成的胶状发泡剂。制备该乳化油所用乳化剂的种类和复合方法如表1 – 2所示。

表 1 – 2 　　　　　　　　　　发泡性乳化油配料表 　　　　　　　单位:%

	原　料	A	B	C	D	E
	植物油	24	40	43	25	20
	单硬脂酸甘油酯	——	12	4	10	3
	脂肪酸蔗糖酯	——	2	——	5	2.5
油相	脂肪酸山梨糖醇酐酯	——	——	4	——	3
	脂肪酸丙二醇酯	6	——	2	4	——
	磷脂	——	——	1	1	0.5
	脂肪酸聚甘油酯	——	——	——	3	——
	70%山梨醇溶液	30	35	33	40	53
水相	单硬脂酸甘油酯	10	——	——	——	——
	脂肪酸蔗糖酯	5	2	3	——	——
	水	25	11	21	12	14

　　起酥油是利用氢化的植物油和乳化剂以一定的比例调制而成，起酥油的油脂多用几种油脂复合而成，在一定温度范围内，固相、液相之间保持适当比例并添

加单硬脂酸甘油酯等乳化剂，因而有良好的稠度和起泡性。在高糖量的油脂蛋糕中，通常也采用高比例的起酥油，一般多用液体起酥油，其具有良好的结合水功能，并能改善所形成的乳状液的起酥性，提高蛋糕质量，使新鲜蛋糕获得更均匀的组织结构。液体起酥油以植物油为主体，尤其是以添加微量水的豆油具有较好的稳定性。起酥油的配料中添加有高熔点油脂、乳化剂和单加乳化剂，高熔点油脂有菜子硬化油和大豆硬化油。以液体油为基料的几种起酥油配料如表 1 - 3 所示。

表 1-3	起酥油添加剂配料表			单位:%	
原　料	A	B	C	D	E
高熔点油脂	0.5 ~ 4.0	—	—	—	—
单硬脂酸甘油酯	0 ~ 3.0	1.0 ~ 2.0	0 ~ 3.0	0.01 ~ 6.0	0.5 ~ 8.0
脂肪酸丙二醇酯	6 ~ 16	—	6 ~ 12	4.0 ~ 16.0	0.5 ~ 8.0
磷脂	0.1 ~ 1.0	0.1 ~ 0.5	0.1 ~ 1.0	0.01 ~ 2.0	—
脂肪酸蔗糖酯	—	—	—	0.01 ~ 2.0	—
脂肪酸聚甘油酯	—	—	—	—	0.5 ~ 8.0

（四）糖及其他甜味剂

1. 糖在蛋糕加工中的作用

糖和其他甜味剂是制作蛋糕的主要原料之一，对蛋糕的口感和质量起着重要的作用。

（1）赋予食品甜味　蔗糖具有甜味纯正、反应快、甜度高低适当、甜味消失迅速等特点，是较理想的甜味剂，其能赋予蛋糕纯正的甜味。如果以蔗糖的甜度为 100，则其他几种甜味剂的甜度分别为：葡萄糖 74、麦芽糖 40、饴糖 32、果葡糖浆 60、转化糖 127、果糖 173（最甜）。

（2）赋予蛋糕特殊的香味和色泽　糖类是形成烘烤香气的重要前驱物质，高温时，糖能分解成各种风味成分；烘烤时发生的焦糖化反应和美拉德反应，都能使制品产生良好的烘烤香味，麦芽酚和乙基麦芽酚等产物具有强烈的焦糖气味，同时反应使制品表面呈现金黄色和红褐色，提高制品的外观质量，也是甜味增强剂。

（3）提高制品质量　糖在高温时会发生焦糖化反应和美拉德反应，同时还能改善成品的口感，防止产品老化；改善面糊的物理性质，糖可以增加面糊的黏度，提高鸡蛋起泡的稳定性，并可调节面筋的胀润度，糖的高渗透压可以限制面筋的形成，使制品酥脆。

（4）糖具有生理作用　糖提供人体能量，是能源营养素中最经济的一种，糖食用后在体内氧化成二氧化碳和水，同时释放出能量，人体所需的能量 70% 由糖提供。此外，糖也是细胞的组成成分。

由于糖的这一系列作用，因此在各种蛋糕的配方中，糖的含量都很高。

2. 蛋糕加工中常用的糖和甜味剂

蛋糕加工中使用的糖主要有蔗糖、蜂蜜、液体糖，其他甜味剂有木糖醇、山梨糖醇等。

蛋糕加工用到的糖主要是蔗糖。蔗糖是食用糖中的主要种类，由甘蔗茎或甜菜块根提取得到。蔗糖是一种使用最广泛的理想甜味剂。但其缺点是，当达到一定浓度时，易结晶析出，析出的砂糖一方面影响了制品的外观，同时也会对成品的口感产生不良影响。另外，蔗糖的热量较高，能诱发龋齿，且与心脏病的发生有一定关系，同时添加蔗糖的食品糖尿病人不宜食用。因此，在现代食品加工中，蔗糖用量逐渐减少，其替代品正在逐步被研制和开发。国内使用的以蔗糖为主要成分的糖包括白砂糖、绵白糖和赤砂糖。

液体糖是淀粉水解的产物，主要包括饴糖、淀粉糖浆和果葡糖浆。饴糖是淀粉酶水解的产物，其主要成分是麦芽糖、糊精和水，一般饴糖的固体物质含量在73%～88%，主要糖分为麦芽糖。饴糖吸湿性强，可用来保持糕点的柔软。目前，已经有人研制成功以一定量的饴糖代替白砂糖，来保持蛋糕湿润、柔软的品质。淀粉糖浆也是常用的原料，又称葡萄糖浆，是淀粉酸水解的产物，主要成分是糊精、高糖、麦芽糖、葡萄糖等，淀粉糖浆品质较饴糖好，但成本较高。淀粉糖浆甜味柔和，吸湿性强，并具有阻止砂糖重新结晶的能力。果葡糖浆也称异构糖或高果糖浆，是 20 世纪 60 年代末出现的一种新型淀粉糖，近年来在国内有所发展。它是由淀粉先经酶法水解制成葡萄糖，再经异构酶作用，将其中一部分转化为果糖。这种糖对糖尿病、肝病、肥胖病等患者较为适宜。果葡糖浆原料来源广，甜度值高，甜味纯正，因而有着较广阔的发展前景，在蛋糕中可部分代替蔗糖。

木糖醇含热量与蔗糖相似，甜度略高于蔗糖，可作为人体能源物质，但其代谢不影响糖元的合成，故不会使糖尿病人因食用而增加血糖值，可作为糖尿病者食用的食品。另外，它不能被酵母菌和细菌所发酵，因此还有防龋齿的效果。目前一些糕点及蛋糕加工厂已经研制出了以木糖醇为甜味剂的糕点和蛋糕。

山梨糖醇的甜度为蔗糖的 60%。在低热能食品和糖尿病、肝病、胆囊炎患者食品中，山梨糖醇是蔗糖的良好代用品。山梨糖醇在溶解时吸收热量，因此在口中给人以清凉的甜味感。山梨糖醇的吸湿性强，在食品中能够防止干燥，延缓淀粉老化，另外还有不褐变、耐热、耐酸等优点，用量一般为 2%～5%。

（五）油脂

1. 油脂在蛋糕加工中的作用

油脂在蛋糕加工中的作用根据所添加油脂的种类和用量及蛋糕品种的不同而异。油脂在蛋糕加工中的主要作用为：

（1）营养作用　蛋糕中加入油脂，不仅可为人体提供大量热能，还有利于人体对脂溶性维生素 A、维生素 D 和维生素 E 的吸收，提高制品的营养价值。

（2）改善制品的口感、外观　有些油脂本身具有一定的香味，特别是奶油，有其独特的风味，能提高制品的风味。另外，油脂能够溶解一定的香味物质，起到保香剂的作用。

（3）影响制品的组织结构　由于油脂的疏水性，在面团调制时能阻止蛋白质吸水膨胀，控制面筋的形成，降低面团的内聚力，使面团酥软，弹性低，可塑性强，因而使产品滋润、柔软。

（4）增大制品的体积　油脂具有搅打发泡的能力，当油脂在搅拌机中高速搅打时，能够卷入大量空气，形成无数微小的气泡。这些微小气泡被包裹在油膜中，不会逸出，在蛋糕面糊中不仅能增加体积，还可起着气泡核心的作用。面糊在烘烤受热时，其中的疏松剂分解产生的气体便进入这些气泡核心，使产品体积增加。

（5）延长保质期　对于水分较高的糕点，油脂可保持水分，使得产品柔软，从而提高保质期。

2. 蛋糕加工中常用的油脂

蛋糕加工用油脂需要有良好的融合性和乳化性，尤其是制作油脂蛋糕时最为关键。由于油脂蛋糕配料中含大量的脂肪和糖，一是鸡蛋的起泡性受到了抑制，需要油脂有较好的融合性，以保证蛋糕疏松的结构跟较大的体积；二是由于糖多，必须有大量的水才能溶解，若面糊没有乳化作用，则面团中的水与油脂易分离，得不到理想的品质。例如，在制作奶油蛋糕时，常常需要加更多的糖，这样水、乳、蛋等均要增加，含水量就会增加，油脂的分散就困难些，因此需要乳化分散性好的油脂。

蛋糕用油脂以含乳化剂的氢化油最为理想，配上奶油作为调味。奶油只可使用一部分作为调整风味用，不能全部使用，因为奶油融合力差，做出的蛋糕体积小。蛋糕加工常用的油脂有起酥油、奶油和人造奶油。

（1）起酥油　又称雪白奶油，通常是指以动物、植物油脂为原料，经过加氢硬化、混合、捏合等工艺而得到的具有良好的起酥性、可塑性和乳化性等加工特性的油脂。

（2）奶油　又称白脱油或黄油，是从牛乳中提炼得到的，以牛乳中的脂肪为主要成分的油脂。优质的奶油为透明状，色泽为淡黄色，具有奶油特有的芳香。用刀切开奶油时，切面光滑，不出水滴，放入口中能溶化，且舌头察觉不到有粗糙感。奶油的起酥性及搅打发泡性并不比其他油脂好，但因它的独特风味深受人们喜爱，因此也常用来制作糕点，特别是在西点中使用更多，除制作各类糕点外，还常用来调制奶油膏。

（3）人造奶油　人造奶油在我国常称其为"麦淇淋"。其原料以植物性油脂为主（占80%以上），在生产过程中加入氢气和催化剂，使含有双键的不饱和脂肪酸与氢起氢化反应，生成饱和脂肪酸，同时也提高了油脂的熔点，变成了硬化油。与氢加成的好坏，对人造奶油的滋味、口溶性、稠度及油脂的分离都有很大影响。然后将油脂与乳化剂、维生素、色素等混合，再与水溶性的成分如食盐、防腐剂、赋香剂及其他调味料一起进行乳化处理，乳化后迅速冷却混合，即可得到人造奶油。

随着科学技术的发展，人造奶油的质量也在不断提高。人造奶油现在已具有胜过奶油的品质，不但因用途不同而被作为具有各种加工特性的油脂，而且还有许多制品加进了各种营养元素，同时由于原料是植物油，人造奶油的消费量已远远超过了奶油。

（六）蛋糕加工其他原料

1. 膨松剂

除了鸡蛋的打发性和油脂的融合性所卷入的空气对蛋糕所产生的多孔状结构外，目前大部分蛋糕都使用了化学膨松剂。化学膨松剂的性能对蛋糕的品质有直接的影响。蛋糕制作中使用的膨松剂主要有以下几种：

（1）碳酸氢铵　又称重碳酸铵、食臭粉、碳铵，这种膨松剂所制作的蛋糕膨松度好，但容易使成品内部或表面出现很大的孔洞，造成成品过度疏松，同时加热过程中会产生强烈刺激性的氨气，因蛋糕中含有大量的水分而使氨残留了一部分在成品中，影响成品风味，所以制作的蛋糕膨松度较差。

（2）碳酸氢钠　碳酸氢钠俗称小苏打，使用后有碱性物质残留在成品中，使成品呈碱性，影响口味，另外混合不均匀时还会使成品表面或内部出现黄色斑点。

（3）塔塔粉　塔塔粉是以酒石酸氢钾和碳酸钠为其主要作用物质。

这几种膨松剂的作用机理都是它们在酸性水溶液中会产生二氧化碳气体，这部分气体会进入蛋糕的气泡中，受热时膨胀而使蛋糕体积增大。化学膨松剂如果使用合理并且用量恰当，会使蛋糕的体积增大，组织疏松。如果使用不当，将对制品的色泽、组织结构以及口感产生很多负面影响。

以上三种化学膨松剂中，前两种最好在有酸性物质、成品色泽较深（如巧克力蛋糕）的配方中使用。因为这两种膨松剂的分解产物都会残留在制品中，呈碱性，如果没有酸性物质中和，会使制品有苦味，而碱性物质会使制品色泽加深，组织干硬，不柔软。另外，过量使用化学膨松剂，会由于碱性物质同油脂发生皂化反应而造成制品有皂味。

2. 赋香剂

在蛋糕加工中，常常需要以各种香料来烘托其风味，另外使用香料还可以遮盖蛋腥味。香料是具有挥发性的发香物质，食品使用的香料也称赋香剂。香料可分为天然香料和合成香料。天然香料是从天然存在的动植物原料中提取出来的，合成香料是应用化学的方法合成的，也具有一定香味。一般食品工厂多使用合成香料，焙烤食品使用的合成香料主要有乳脂香型、果香型和草香型等。香兰素俗称香草粉，属于乳脂香型，是蛋糕加工中使用最多的赋香剂之一，天然存在于香荚兰豆、安息香膏、秘鲁香膏中，目前多为人工合成的产品。

除此之外，蛋糕常用的赋香剂还有奶油、巧克力、可可型，蜂蜜、桂花等香精油，柠檬、椰子、橘子等果香型有时也有应用。欧美人士常用的香料有香草片、香草精、柳橙或柠檬的皮末，以及酒类如朗姆酒、樱桃酒、葡萄酒等，他们还喜欢添加丁香、豆蔻、肉桂和姜等，我们可根据自己的喜好适当取舍。此外，盐也是一种重要的调味料，少量的盐可使蛋糕不甜腻，增加风味。但如果使用有咸味的奶油，就可以不加盐。

3. 着色剂

着色剂又称色素，是焙烤食品加工的重要原料之一。除了蛋糕主体需要适宜的色素以得到需要的色泽外，色素对蛋糕装饰加工尤其重要，装饰时应注意色彩的搭配与和谐统一，一是可以给人以美的享受，二是刺激人的食欲。

（1）色素的分类　根据色素的来源和加工方法的不同，可将色素分为天然色素和合成色素两大类。

① 天然色素：是从动植物组织中提取，经纯化后得到的，可以直接用于调色、配色，主要有可可色素、叶绿素铜钠、红曲色素、辣椒红素、葡萄色素等。可可粉是可可豆的初级产品，其外观为棕褐色粉末，味微苦。对淀粉类食物和蛋白质或含蛋白质丰富的食物染着性很好。在加工的过程中其颜色很少受外界因素的影响，如加热、光线、氧化还原等，色彩十分稳定。可可色素是可可豆及其外皮中存在的色素，是可可豆在发酵、焙烤时由其中所含的儿茶素等化合物在氧化或缩聚后形成的色素。是可可色素是一种水溶性很好的棕褐色色素，具有耐热性、耐光性及还原性。纯可可色素应无异味、异臭。酸碱环境的变化，其颜色也基本不变。对淀粉及淀粉类食物和蛋白质或含蛋白质丰富的食品其染着性很好，烘烤后蛋糕的色调不会发生变色和退色。可可色素的安全性良好，长期食用对人体健康无影响。

② 合成色素：大多都以煤焦油为原料制成，世界各国应用食用合成色素的时间并不长，大约只有一百多年。合成色素较天然色素的色彩鲜艳，着色后牢固度大，性质稳定，可任意调色，成本低，使用方便。一般而言，多数合成色素本身无营养价值，而且对人体健康有一定程度的影响。合成色素的毒性主要在于其化学性质能直接危害人体健康，或在代谢过程中产生有害物质。此外，在这些合成色素的生产过程中还可能被砷、铅等有害物质污染。因此，在蛋糕生产中应严格按照 GB 2760—2011《食品添加剂使用标准》中的规定使用。

（2）色素使用注意事项

① 严格遵照色素使用限量的规定。

② 装饰表面使用人工合成色素时，只能调成水溶液使用，水溶液可以微微加

热，装饰后颜色要清淡、均匀、不可发现色粒。

③ 严禁直接使用人工合成色素投入面坯中。

④ 使用色素要与产品的名称、香味符合。如巧克力蛋糕，可用咖啡或可可粉调制；奶油蛋糕可喷以乳黄色；什锦蛋糕可装饰几种色彩。

4. 乳制品

乳制品具有丰富的营养，良好的加工性能及特有的奶酪醇香味，是蛋糕加工的重要原料。我国通常使用的乳制品主要是新鲜牛乳。

牛乳主要包括水、脂肪、蛋白质、乳糖及灰分等物质，此外还有一些维生素、酶等微量成分。新鲜牛乳具有良好的风味，在制作中低档蛋糕时，蛋量的减少也往往用新鲜牛乳来补充。为了减少微生物的污染，蛋糕加工中所用的主要是经消毒处理的新鲜牛乳，分为全脂、半脱脂和脱脂三种类型。脱脂加工中分离出来的乳脂可用来制作新鲜奶油和固体奶油。新鲜牛乳的缺点是不便运输和贮存，容易变质，因此，目前在生产中一般都以乳粉来代替新鲜牛乳。

5. 巧克力（可可）

巧克力（可可）无论用于蛋糕本体或用于霜饰，其口味总是很受欢迎。巧克力的原料是可可豆。可可豆采收后经过加工及分离，成为可可脂与可可粉两种主要产品。前者是乳白色的固体油脂，后者是棕色粉末。如将此两者加糖及牛乳等，再经调整即可做出高级的巧克力糖。只用可可脂而不加可可粉做出来的巧克力，就是白巧克力，有各种口味，如柠檬巧克力、薄荷巧克力，虽也相当受欢迎，可是缺少了可可粉的苦味及香味，口感不如黑巧克力可口。若只用可可粉而不用可可脂，代之以其他油脂（如白油），做出来的巧克力外表看起来与高级巧克力一样，吃起来却味同嚼蜡，完全没有巧克力应有的入口即溶的感觉。因为可可脂的性质很特别，与其他油脂都不相同，主要是它的熔点与人的体温差不多，所以虽为固体，但入口即化。

焙烤使用的可可产品有很多种，商店常见的有黑巧克力、白巧克力、巧克力米及可可粉等，而一般蛋糕店都使用便宜的人造巧克力。另外，购买可可粉时，注意不要买冲泡巧克力饮料的粉末。可可粉是棕色味苦的粉末，完全没有甜味。

6. 胶冻剂

西式糕点常用冻粉作胶冻剂。冻粉与其他材料配合，可使制品形成胶冻状的表面，并对制品起到美化装饰作用，如在制作西式糕点大蛋糕（即大点心）、小蛋糕类和花篮等时经常使用。

冻粉又称琼脂，俗称洋粉、洋菜，植物性胶质，是海藻、石花菜的萃取物。好的冻粉应为半透明的条状胶质。冻粉的1%水溶液经加热溶化，冷却，即可形成坚韧、洁白、澄明的胶冻。

（1）冻粉的作用

① 做蛋糕表面的胶冻剂。

② 和蛋白、糖等配合制成的冻粉蛋白膏，用来抹挤大蛋糕、小蛋糕的表面及挤花纹图案和花鸟等。

③ 制成冻粉胶冻块，可散布制品表面，起到美化、装饰制品的作用。

④ 冻粉本身含有一定营养物质，如含粗蛋白质、维生素等，可增加制品的营养价值。

（2）冻粉使用注意事项

① 冻粉不耐热，长时间受热或在较高温度下，会破坏其胶凝力，所以熬制冻粉时，水量不要过多，熬制时间不宜过长，而且不能用直接加热法，应采用间接加热（溶解冻粉的容器放入水中，加热水可进行间接传热溶解）。

② 酸和盐对冻粉的凝胶能力有一定影响，在熬制时要掌握酸、盐等料添加的用量。

③ 熬制后的冻粉块不宜长期存放，以防变质，干燥的冻粉不可久藏，复水后的冻粉应及时使用。

7. 果仁、果酱、果干

各种果仁、果料等是糕点加工中的辅料，它能黏附在制品表面，起到美化装饰制品的作用，增加色彩，增添制品风味、口味、香气，又可作制品的黏合剂。并且它们有较多的糖类、蛋白质、脂肪及磷、铁、胡萝卜素、硫胺素、核黄素、抗坏血酸等，可提高制品的营养价值。蛋糕制作常用的有果仁、糖渍果料、果酱、果干及其他。

（1）果仁 花生仁、核桃仁、芝麻、杏仁、松子仁、瓜子仁、榛子仁等。

（2）糖渍果料 苹果脯、杏脯、桃脯、瓜条、橘饼、梨脯、枣、青红梅、糖渍李子、糖渍菠萝、糖渍西瓜皮等。

（3）果酱 苹果酱、桃酱、杏酱、草莓酱等。

（4）果干 葡萄干、红枣干等。

（5）其他 山楂糕、山楂条，部分西点用的糖水桃、梨、杨梅等多种水果罐头和果汁。

任务二 ❯ 蛋糕制作工艺

各种类型的蛋糕除了所用材料不同外，制作工艺也有较大的区别。用于各种庆祝场合的蛋糕体积较大，以制作蛋糕坯料为基础，后用挤糊、裱花、装饰等方法进行造型。作为甜点、休闲食品的蛋糕体积较小，通常是制成各种形状，蛋糕熟化后简单装饰或不装饰。不论是哪种类型的蛋糕，其基本加工过程都是相似的，包括下列工艺过程：

原辅料预处理 → 面糊调制 → 注模 → 烘烤 → 冷却脱模 → 包装

一、原辅料预处理

原辅料预处理阶段主要包括原料清理和计量。

（一）原料清理

原料清理是指鸡蛋清洗、去壳，面粉和淀粉疏松、碎团等。面粉、淀粉务必过筛（60目以上）轻轻疏松一下，否则可能会有块状粉团进入蛋糊中，使面粉或淀粉分散不均匀，导致成品蛋糕中有硬心。

（二）原料计量

蛋糕的配料是以鸡蛋、砂糖、小麦粉为主要原料，同时以乳制品、膨松剂、赋香剂等为辅料。因这些原料的加工性能有差异，所以各种原料之间的配比也要遵从一定原则，即配方平衡原则，包括干性原料和湿性原料之间的平衡，柔性原料和韧性原料之间的平衡。配方平衡原则对蛋糕制作具有重要的指导意义，它是产品质量分析、配方调整或修改以及新配方设计的依据。

1. 干性原料和湿性原料之间的平衡

蛋糕配方中干性原料需一定量的湿性原料润湿，才能调制成蛋糕糊。配方中的面粉一般约需等量的蛋液来润湿，海绵蛋糕水量可以稍微多点，油脂蛋糕水量可以少点，水太多不利于油、水乳化。蛋糕制品配方中的加水量如下（按面粉100%计算）。

海绵蛋糕：加蛋量100%~200%，相当于加水量75%~150%。

油脂蛋糕：加蛋量100%，相当于加水量75%。

当配方中的蛋量减少时，可用牛乳或水来补充总液体量，每减少1份额鸡蛋需要以0.86份牛乳或0.75份水来代替，或者牛乳和水按一定比例同时加入，这是因为鸡蛋含水约75%，而牛乳含水约87.5%。如果配料中出现干湿失衡，对制品的体积、外观和口感都会产生影响。湿性物料太多会在蛋糕底部形成一条"湿带"，甚至使部分蛋糕体随之坍塌，制品体积缩小；湿性物料不足，则会使制品出现外观紧缩，且内部结构粗糙，质地硬而干。

2. 柔性原料和韧性原料之间的平衡

柔韧性原料平衡考虑的主要问题是油脂和糖对面粉的比例，不同特性的制品所加油脂量和糖量不同。各类主要蛋糕制品其油脂和糖量的基本比例大致如下（按面粉100%计算）。

海绵蛋糕：油脂5%~10%，糖80%~110%。

奶油海绵蛋糕：油脂10%~50%，糖80%~110%。

油蛋糕：油脂40%~70%，糖25%~50%。

调节柔韧平衡的原则是：当配方中增加了韧性原料时，应相应增加柔性原料来平衡，反之亦然。如油脂蛋糕配方中若增加了油脂量，在面粉量与糖量不变的情况下要相应增加蛋白来平衡；当鸡蛋量增加时，糖的量一般也要相应增加。可可粉和巧克力都含有一定量的可可脂，因此，当加入此两种原料时，可适当减少原配方中的油脂量。

柔韧平衡还可通过添加化学膨松剂进行调整。当海绵蛋糕配方中的蛋量减少时，除了应补充其他液体之外，还应适当加入少量化学疏松剂，以弥补疏松度不足。油脂蛋糕也是如此。如果配料中出现柔韧物料失衡，也会对制品的品质产生影响。糖和疏松剂过多会使蛋糕的结构变弱，造成顶部塌陷，油脂太多会弱化蛋糕的结构，导致顶部下陷。

二、面糊调制

面糊调制又称打糊，是蛋糕生产中最重要的一个环节，是指将鸡蛋和糖（或油脂和糖）混合在一起进行强烈搅打的过程。打糊形成的是鸡蛋、糖和空气的混合物或油脂、糖和空气的混合物，其中鸡蛋、糖和空气的混合物又称蛋糊。面糊调制的好坏不仅影响蛋糕的质量，而且影响蛋糕的体积。如果搅打不充分，则烘烤后的蛋糕不能充分膨胀，蛋糕的体积变性能力下降，这样烘烤出来的蛋糕虽然也能胀发，但因为面筋的破坏会导致蛋糕结构的不稳定，进而导致蛋糕表面出现塌陷。面糊调制的方法很多，大致有以下几种。

（一）糖油拌和法

糖和油在搅拌过程中能充入大量空气，使烤出来的蛋糕体积较大，组织松软。此类搅拌方法为目前多数面包师所沿用。其搅拌程序为：

（1）使用桨状搅打器，将配方中所有的糖、盐和油脂倒入搅拌缸内，用中速搅拌 8～10min。直到所搅拌的糖和油蓬松呈绒毛状为止。将机器停止转动把缸底未搅拌均匀的油用刮刀拌匀，再予搅拌。

（2）鸡蛋分两次或多次慢慢加入第一步已拌发的糖油中，并把搅拌缸底部未拌匀的原料拌匀，待最后一次加入应拌至均匀细腻，不可再有颗粒存在。

（3）乳粉溶于水，面粉与发粉拌和，并用筛子筛过，分作三次与乳粉溶液交替加入以上混合物料内，每次加入时应成线状慢慢的加入搅拌物的中间。将搅拌机调制低速继续将加入的干性原料拌至均匀光泽，然后停止，再将搅拌缸四周及底部未搅到的面糊用刮刀刮匀。继续添加剩余的干性原料和乳粉溶液，直到全部原料加入并拌至光滑均匀即可。但要避免搅拌太久。

（二）面粉油脂拌和法

面粉油脂拌和法的目的和效果与糖油拌和法大致相同，但经面粉油脂拌和法拌和的面糊所制成的蛋糕较糖油拌和法所做的更为松软，组织更为细密。如需要制作组织细密而松软的蛋糕时，应采用面粉油脂拌和法。使用面粉油脂拌和法时应注意油脂用量不能少于60%，否则得不到应有的效果。面粉油脂拌和法拌和的程序如下：

（1）将配方内面粉与发粉筛匀，同所有的油脂一起放入搅拌缸内，使用桨状搅拌器慢速拌打1min，使面粉表面全部被油黏附后，调成中速将面粉和油拌和均匀。在搅拌中途需将机器停止，把缸底未能拌到的原料用刮刀刮匀，然后拌至蓬发松大，约10min。

（2）将配方中糖和盐加入已打松的面粉和油内，继续用中速搅拌均匀，约3min。

（3）改用慢速将配方内3/4的牛乳慢慢加入，使全部面糊拌和均匀后再改用中速将鸡蛋分两次加入，每次加蛋时需将机器停止，刮净缸底再把面糊拌匀。

（4）剩余1/4的水最后加入，搅拌继续用中速，直到所有糖的颗粒全部溶解为止。

（三）两步拌和法

两步拌和法较以上两种方法略为简便。使用面粉筋度注意不可太高，容易出筋。其搅拌方法如下：

（1）先将配方内所有干性原料，如面粉、糖、盐、发粉、乳粉、油等，以及所有的水，一起倒入搅拌缸内，先用桨状搅拌器慢速搅拌，使干性原料沾湿而不飞扬，再改用中速搅拌3min，停止机器，将缸底原料刮匀。

（2）将配方中的全部鸡蛋及香草水一起混合，慢慢地加入第一步的原料中，待全部加完后机器停止，将缸底刮匀，再改用中速继续搅拌4min即可。

（四）糖蛋拌和法

糖蛋拌和法主要用于乳沫类及戚风类蛋糕的制作，主要起发途径是靠蛋液起泡来完成。其搅拌步骤为：

（1）先将配方中全部的糖、蛋放于洁净的搅拌缸内，以慢速搅拌均匀。

（2）再将搅拌机调成高速将蛋液搅拌至呈乳黄色（必要时冬天可在缸下面盛放热水以加快蛋液起泡程度），即用手勾起蛋液时，蛋液尖峰向下弯，呈鸡公尾状时，换用中速搅拌1～2min，加入过筛的面粉（或发粉），慢速拌匀。

（3）最后把液态油或溶化的奶油加入，搅拌均匀即可。

（五）使用蛋糕油的搅拌方法

使用蛋糕油时的搅拌方法可分为：一步拌和法、两步拌和法和分步拌和法。

1. 一步拌和法

采用一步拌和法时应使用低筋面粉、细砂糖，且蛋糕油的用量必须大于4%。这样制成的蛋糕内部组织细腻，表面平滑光泽，但体积稍小一些。

一步拌和法的具体做法是：把除油脂之外的所有原料一起投入搅拌缸，使用网状搅拌器，先慢速搅拌1～2min，待面粉全部拌和均匀后，再用高速搅拌5min。之后慢速搅拌1～2min，同时慢慢加入油，拌匀即可，此法常用于高成分海绵蛋糕的制作。

2. 两步拌和法

两步拌和法是将原料（油除外）分两次加入，进行两次搅拌。其对原料的要求及成品的品质介于一步拌和法与分步拌和法之间。具体方法是：先把蛋、糖、水、蛋糕油加入搅拌缸内，慢速搅拌 1~2min，再换成高速搅拌 5~6min，之后慢速搅拌时加入面粉，充分拌匀后，调成高速搅拌 0.5~1min，最后加入油，慢速拌匀即可。

3. 分步拌和法

分步拌和法是将原料分几次加入，其步骤与传统搅拌法差不多，只是加入了蛋糕油。这种方法对原料要求不是很高，蛋糕油的用量也可以小于 4%（根据蛋用量多少而定）。得到的蛋糕内部组织比传统的要细腻，但比一步法的稍差些，然而体积则较大。

分步拌和的方法是：先把蛋、糖两种原料按传统方法搅拌，至蛋液起发到一半体积时，加入蛋糕油，并高速搅拌，同时慢慢地加入水，直至打到呈公鸡尾状时，慢速拌匀。然后加入已过筛的面粉慢速搅匀，最后加入液体油，拌匀即可。

三、注模

蛋糕的成形需要借助于模具来完成，面糊制成后先注入到一定模具中然后再进行烘烤。面糊注入到模具中的过程称为注模。常用的模具材料有不锈钢、马口铁、金属铝等，模具的造型有方形、圆形、环形、心形等，还有高边和低边之分，如高身平烤盘、土司烤盘、空心烤盘、生日蛋糕圈、梅花盏、西洋蛋糕杯等。模具的预处理方法如下：

（1）扫油　烤盘内壁涂上一层薄薄的油层，但戚风蛋糕不能涂油。

（2）垫纸或撒粉　在涂过油的烤盘上垫上油纸，或撒上面粉（也可用生粉），便于脱膜。

面糊注模前，需要根据产品的性质来决定是否要在模型内涂油。油蛋糕和海绵蛋糕在注模前需在模具内壁涂油或垫入油纸，这样烘烤后蛋糕容易脱模；戚风蛋糕和天使蛋糕在注模前不能涂油或垫油纸，否则蛋糕烘烤后会因热胀冷缩而塌陷。

为了防止面糊中的面粉产生沉淀，面糊注模应该在 30min 内完成。注模时，注意控制好灌注量，不能过少或过满，一般以充满模具的七八成为好。面糊灌注太少，烘烤时会挥发掉较多的水分，使蛋糕的松软度下降。灌注得太满，则又会使面糊在烘烤时由于遇热膨胀而溢出模具之外，造成浪费，同时也影响蛋糕的外形美观度。

四、烘烤

蛋糕烘烤是一项技术性较强的工作，是制作蛋糕的关键因素之一。

将蛋糕面糊注入模具后送入烤炉，烘烤室内热的作用改变了蛋糕面糊的理化性质，使原来可流动的黏稠状乳化液变成具有固定组织结构的固相凝胶体，蛋糕内部组织形成多孔洞的瓢状结构，促使蛋糕松软而有弹性；面糊外表皮层在烘烤高温下，糖类发生棕黄色和焦糖化反应，颜色逐渐加深，形成悦目的黄褐色，并散发出蛋糕特有的香味。

不立即烤的蛋糕面糊，在进入烤箱之前应连同烤盘一起冷藏，可降低面糊温度，从而减少膨发力引起的损失。

（一）烘烤前的准备

（1）了解将要烘烤蛋糕的属性和性质，以及它所需要的烘焙温度和时间。

（2）熟悉烤箱性能，正确掌握烤箱的使用方法。

（3）混合配料前应将烤箱预热，这样在蛋糕放入烤箱时，已达到相应的烘烤温度。

（4）准备好蛋糕的出炉、取出和存放的空间及器具，确保后面的工作有条不紊。

（二）蛋糕烤盘在烤箱中的排列

盛装蛋糕面糊的烤盘应尽可能地放在烤箱中心部位，烤盘各边不应与烤箱壁接触。若烤箱中同时放进两个或两个以上的烤盘，应摆放得使热气流能自由地沿每一烤盘循环流动，两烤盘彼此既不应互相接触，也不应接触烤箱壁，更不能把一个烤盘直接放于另一烤盘之上。

（三）烘烤温度与时间控制

影响蛋糕烘烤温度与时间的因素很多，烘烤操作时应灵活掌握。如蛋糕烘烤的温度与时间应随面糊中配料的不同而有所变化。在相同焙烤条件下，需注意以下几点：

（1）油蛋糕比清蛋糕的温度要低，时间要长一些，油蛋糕中的重油蛋糕、果料蛋糕比一般的轻奶油蛋糕温度要低。

（2）含糖量高的蛋糕，其烘烤温度要比用标准比例的蛋糕温度低，用糖蜜和蜂蜜等转化糖浆制作的蛋糕比用砂糖制作的温度要低。这类蛋糕在较低温度下就能烘烤上色。

（3）相同配料的蛋糕，其大小或厚薄也可影响烘烤温度和时间。例如，长方形蛋糕所需要的温度低于纸杯蛋糕或小模具蛋糕。

（四）蛋糕成熟检验

蛋糕在烘烤至该品种所需基本时间后，应检验蛋糕是否已经成熟。测试蛋糕是否成熟的方法有两种：

（1）可用手指在蛋糕中央顶部轻轻触试，如果感觉硬实、呈固体状，且用手指压下去的部分马上弹回，则表示蛋糕已经熟透。

（2）用牙签或其他细棒在蛋糕中央插入，拔出时，若测试的牙签上不沾附湿黏的面糊，则表明已经烤熟，反之则未烤熟。

（五）烘焙与蛋糕的质量

烤炉温度对蛋糕品质影响很大。温度太低，烤出的蛋糕顶部会下陷，低温烤出的蛋糕，比正常温度烤出的蛋糕松散、内部粗糙。如果蛋糕烘焙温度太高，则蛋糕顶部隆起，并在中央部分裂开，四边向内收缩，用高温烤出的蛋糕质地较为坚硬。

烘烤时间对蛋糕品质影响也很大，如果烘烤时间不够，则在蛋糕顶部及周围呈现深色条纹，内部组织发黏，烘烤时间过长，则组织干燥，蛋糕四周表层硬脆。如制作卷筒蛋糕时，则难以卷成圆筒形，并出现断裂现象。

同时有些制品，烤炉上火与下火温度高低的控制是否得当，对其品质的影响也较大。如薄片蛋糕应上火大、下火小，海绵蛋糕应上火小、下火大。

（六）蛋糕出炉处理

蛋糕出炉后，还应根据蛋糕不同品质，做相应处理。

油蛋糕出炉后，一般继续留置烤盘内约 10min，待热度散发，烤盘不感到炽热烫手时就可把蛋糕从烤盘内取出。多数重油蛋糕出炉后不作任何奶油装饰，保持其原来的本色出售。若需用奶油或巧克力等做装饰的蛋糕，蛋糕取出后继续冷却 1~2h，到完全冷却后再做装饰。

天使蛋糕和海绵蛋糕所含蛋白数量很多，蛋糕在炉内受热膨胀率很高，但出炉后如温度剧变会很快地收缩。所以，乳沫类蛋糕出炉后应立即翻转过来，放在蛋糕架上，使正面向下，这样可防止蛋糕过度收缩。

为了使蛋糕保持新鲜，经过装饰后的蛋糕必须放在 2~10℃ 的冰箱内冷藏。不做任何装饰处理的重油蛋糕，可放在室温的橱窗里。如一次所做的蛋糕数量较多，可将蛋糕妥善包装后放在 0℃ 以下冰箱内冷藏，能存放较长时间而不变质。在出售时，应先把蛋糕从冰箱内取出，放在室温下让其解冻，再放进橱窗出售。蛋糕容易发霉和酸败，因此，切割用的刀子必须事先清洁消毒再使用，这样可避免感染细菌，延长保鲜期。存放蛋糕的板架，每次使用后，都应清洗消毒干净。

五、冷却脱模

清蛋糕需先脱模后冷却，油蛋糕先冷却后脱模。清蛋糕出炉后，应立即从烤盘中取出，并在蛋糕顶部刷一层食用油。食用油的作用是不仅可以光滑滋润蛋糕表面，且可减少蛋糕内部水分的蒸发，起到保护层的作用。脱模后可将蛋糕放在铺有干净台布的木台上自然冷却。如方形模具的脱模程序：蛋糕出炉充分冷却后沿着蛋糕边缘往下压，再将烤模倾斜，使蛋糕易于脱离烤模。最后，一手固定烤模底盘，一手轻轻拖住蛋糕，使其完全剥离烤模。

六、包装

蛋糕冷却后，应立即进行包装，以减少环境中的灰尘、苍蝇等不利因素对蛋糕质量的影响。

任务三 ❯ 蛋糕质量标准及要求

一、蛋糕的质量标准

（一）色泽
标准的蛋糕表面应呈金黄色，内部为乳黄色（特殊风味除外），色泽应均匀一致，无斑点。

（二）外形
蛋糕成品形态要规范，厚薄均匀一致，无塌陷和隆起，不歪斜。

（三）内部组织
标准蛋糕内部组织应细密，蜂窝均匀，无大气孔，无生粉、糖粒等疙瘩，无生心，富有弹性，膨松柔软。

（四）口感
蛋糕入口绵软甜香，松软可口，有纯正蛋香味（特殊风味除外），无异味。

二、蛋糕质量检验方法

根据糕点卫生标准的分析方法（GB/T 5009.56—2003），蛋糕的检验方法如下。

（一）取样方法
在成品库取样250g，单位质量超过250g的样品取1块或1袋，每块取1/3～1/4，在乳钵中研碎，混匀后置于广口瓶备用。

（二）粗脂肪含量的测定（索氏抽提法）
按GB/T 5009.56—2003进行测定，抽提时间为4～5h，烘干温度定为85～

90℃。

（三）粗蛋白含量的测定（凯氏定氮法）

精确抽取样品 1~1.5g，按 GB/T 5009.56—2003 进行测定。

（四）总糖含量的测定（斐林氏容量法）

在工业天平上准确称取样品 2~4g，用 60℃ 左右的蒸馏水浸泡、冲洗样渣和烧杯。按 GB/T 5009.56—2003 进行测定。

（五）水分含量的测定（常压干燥法）

按 GB/T 5009.56—2003 进行测定，在 85~90℃ 烘干至恒重。

（六）总灰分含量的测定

（1）样品经高温灼烧，除去有机物，称重遗留下的无机物。

（2）仪器使用马福炉、瓷坩埚。

（3）将用 3mol/L 盐酸煮过 2h 的瓷坩埚洗净，置于马福炉中，于 550~600℃ 灼烧 2h，稍冷后取出，置于干燥器内冷却称重，再灼烧 0.5h，再称重，如此重复操作直至恒重（前后两次称重相差不超过 0.0002g）。

（4）用坩埚在分析天平上精确称取样品 3~4g，加硫酸 2mL，在电炉上烧至无烟后，移入 550~600℃ 马福炉中，灼烧 2~3h，稍冷后取出，置于干燥器内冷却称重，重复操作直至恒重。

（5）计算：

总灰分含量（%）= 总灰分质量（g）/样品质量（g）×100%

平行测定两结果间的差数不得大于 0.05%。

三、蛋糕生产常见的质量问题及解决方法

（一）蛋糕生产常见问题分析

1. 蛋糕在烘烤过程中出现下陷和底部结块现象

（1）原因

① 冬天相对容易出现，因为气温低，部分材料不易溶解；

② 配方比例不平衡，面粉比例少，水分太少，总水量不足；

③ 鸡蛋不新鲜，搅拌过度，充入空气太多；

④ 面糊中柔性材料太多，例如，糖和油的用量太多；

⑤ 面粉筋度太低，或烘烤时的炉温太低；

⑥ 蛋糕在烘烤中尚未定型，因受震动而出现下陷。

（2）解决方法

① 尽量使室温和原辅材料温度达到合适；

② 配方要遵循比例平衡的原则设计；

③ 鸡蛋保持新鲜，搅拌时注意别搅打过度；

④ 不要用筋度太低的面粉，特别是掺入淀粉的时候注意；

⑤ 蛋糕在进炉后的12min内，不要开炉门和避免蛋糕受到震动。

2. 夏天或冬天多会出现蛋糕面糊搅打不起发的现象

（1）原因　因为蛋白在17～22℃时，其胶黏度维持在最佳状态，起泡性能最好，温度太高或太低时，均不利于蛋白的起泡。温度过高，蛋清变得稀薄，胶黏度减弱，无法保留打入的空气；温度过低，蛋白的胶黏度过大，在搅拌时不易拌入空气，所以会出现浆料的搅打不起发现象。

（2）解决方法　夏天可先将鸡蛋放入冰箱冷藏至合适温度，而冬天则要在搅拌面糊时，在缸底加温水升温，以便达到合适的温度。

3. 蛋糕膨胀体积不够

（1）原因

① 鸡蛋不新鲜，配方不平衡，柔性材料太多；

② 搅拌时间不足，浆料未打起，面糊相对密度太大；

③ 加油脂后，搅拌时间长，使面糊内空气损失太多；

④ 面粉筋力过高，或慢速拌粉时间太长；

⑤ 搅拌过度，面糊稳定性和保气性下降；

⑥ 面糊装盘数量太少，未按规定比例装盘；

⑦ 进炉时炉温太高，上火过大，使表面定性太早。

（2）解决方法

① 尽量使用新鲜鸡蛋，注意配方平衡；

② 搅拌要充分，使面糊达到起发标准；

③ 注意加油时不要一下倒入，拌匀为止；

④ 如面粉筋度太高可适当加入淀粉搭配；

⑤ 打发为止，不要长时间的搅拌；

⑥ 装盘分量不可太少，要按标准；

⑦ 进炉炉温要避免太高。

4. 海绵类蛋糕表皮太厚

（1）原因

① 配方不平衡，糖的使用量太大；

② 进炉时炉温控制不当，面火过大，使蛋糕表皮过早定型；

③ 炉温太低，烤的时间太长。

（2）解决方法

① 配方中糖的使用量要适当；

② 注意控制炉温，避免进炉时上火太高；

③ 炉温不要太低，避免烤制时间太长。

5. 蛋糕内部组织粗糙，质地不均匀

（1）原因

① 搅拌不当，有部分原料未拌溶解，发粉与面粉没拌匀；

② 配方内柔性材料太多，水分不足，面糊太干；

③ 炉温太低，糖的颗粒太粗。

（2）解决方法

① 注意搅拌程序和规则，原料要充分拌匀；

② 配方中的糖和油不要太多，注意面糊的稀稠度；

③ 糖要充分溶解，烤时炉温不要太低。

6. 蛋糕制品外形欠佳

（1）原因　一方面，未使用蛋糕发泡乳化剂的蛋糕面糊，由于稳定性差，空气泡容易发生合并和破裂，使蛋糕面糊中的空气泡量减少；另一方面，面糊浇注入烤模后在炉外停留时间太长，使蛋糕面糊的表层水蒸气蒸发干燥，结成一层皮膜，在入炉烘烤时，该层皮膜也会妨碍蛋糕制品体积膨发。

（2）解决方法　前后工序配合好，做好面糊，注模后及时入炉烘烤，如因故在炉外停留无法返工时，可将面糊顶表层稍予搅动后入炉烘烤。

7. 蛋糕蓬松不够，体积过小或过于膨大

（1）原因

① 由于蛋糕面糊搅打不当引起。调制海绵蛋糕面糊时，对鸡蛋和砂糖的搅打，无论是搅打不足还是搅打过度，都会导致蛋糕体积小，蓬松不够；

② 调制奶油蛋糕面糊时，脂肪与砂糖粉或与面粉搅打发松的程度不足，包含空气泡量小，会使蛋糕体积减小；而搅打发松过度，由于面糊中含空气量太多，使蛋糕的体积过于膨大，到烘烤后期和冷却过程中会形成蛋糕顶面向下凹陷，内部组织结构变差，气孔粗大，有损制品品质。

（2）解决方法　在实践过程中，当搅打发松的程度接近"最适点"之前，改用中速搅打，以利及时观察、测定。宁可在接近"最适点"之前停止搅打，也不可搅打过度。

8. 蛋糕中心凝聚，而顶面向下凹陷

（1）原因　多因烘烤操作不当引发。在蛋糕烘烤过程中，从外表看似乎已烤熟，而内部尚未凝固熟透之时，如果移动烤模位置、使其受到震动，打开炉门或取出观察、受到冷空气的侵袭、突然受冷，都会引起蛋糕中心凝聚，结成团块而塌落，造成顶面向下凹陷。

（2）解决方法

在蛋糕尚未熟透之前，切不可移动烤模和打开炉门，以免受到震动或冷空气侵袭。

9. 蛋糕顶面出现白色斑点

（1）原因　多因砂糖颗粒太粗未完全溶化而造成。制作海绵蛋糕宜选用颗粒较细的砂糖，制作奶油蛋糕使用的砂糖，必须磨成细的糖粉。如果蛋糕面糊中有未溶化的糖粒存在，则蛋糕顶面会出现白色的斑点，蛋糕内组织也会很粗糙。

（2）解决方法　将砂糖磨制成糖粉添加，或搅拌初期将糖粒充分溶解。

10. 蛋糕外表层出现较大的斑点或条纹

（1）原因　由搅拌混合不均匀所引起。如膨松剂事先未与面粉混合均匀，在搅拌缸内有死角，使搅拌器不能全部搅拌到，特别是在缸的底部与黏附在缸的上部边缘部分的物料，未能与蛋糕面糊充分混合均匀，会在蛋糕的外表层出现较大的斑点或条纹。

（2）解决方法　膨松剂与面粉先行混合，过筛两次，可使其混合均匀。若因搅拌缸结构问题，可在搅拌过程中适时停机，人工将黏附的物料刮下或将未搅拌到的物料翻出再搅拌，使全部物料混合均匀。

11. 蛋糕表面出现细小浅色斑点

（1）原因　由于搅拌操作失误所致。海绵蛋糕在使用蛋糕发泡乳化剂的情况下，搅打发泡只需 3～5min。由于搅打时间太短，砂糖尚未完全溶化，这时加入面粉，就使砂糖更加难以溶化，在蛋糕表面将会出现细小浅色斑点。

（2）解决方法　将鸡蛋与砂糖先行搅打数分钟，待糖溶化后再加入发泡乳化剂。

12. 蛋糕发干欠松软

（1）原因　蛋糕出炉后如存放在干燥通风的地方时间太久，会使蛋糕水分蒸发过多而变得干燥。

（2）解决方法　蛋糕出炉冷却后，应贮藏在温度较低的容器中，及时销售，避免存放过久。

13. 蛋糕脱模困难，易黏烤模造成破损

（1）原因　烤模不合格或烤模内蛋糕残屑没有清除干净造成。如烤模表面粗糙或烤模造型不好，烤模内黏附的蛋糕残屑没清除干净，模内油脂未涂均匀等，都可造成蛋糕脱模困难，易黏烤模造成破损。

（2）解决方法　选用光洁的金属材料，改进烤模结构造型；残屑清除干净，油脂涂抹均匀或用衬纸垫衬，最好是在烤模内涂上防粘涂料。

（二）蛋糕制作常见问题解答

（1）生产海绵蛋糕时，为何要求先将油加热后才能加入？用色拉油是否需加热？

海绵蛋糕的体积膨大是依赖于蛋的起泡性，而油脂对于鸡蛋的起泡性能破坏作用非常大。当油的温度升高时，这种破坏作用会大大降低，一般油脂加入的最佳温度是在 40～50℃。色拉油对于鸡蛋起泡性的破坏作用比较小，但最好也采用加热后拌入的方法。

（2）海绵蛋糕有时没有韧性，一拿起来容易破裂，如何才能使蛋糕不破裂？

海绵蛋糕没有韧性或韧性很差，主要与下面几个因素有关：海绵蛋糕与戚风蛋糕相比，其韧性本身就较差；蛋的用量多少是影响蛋糕韧性的主要因素，蛋量越少，韧性越差，只有提高蛋的用量，蛋糕韧性才能明显提高；海绵蛋糕的搅拌方法也是影响蛋糕韧性的主要因素。同一配方、用不同方法搅拌时，蛋糕的韧性有明显不同。用直接法搅拌其韧性最差；其次是糖蛋拌和法；用分步法搅拌（即蛋黄和蛋白分开搅拌，但不同于戚风蛋糕的搅拌）所生产的蛋糕韧性最好。

（3）生产杯式海绵蛋糕的表皮开裂好还是不开裂好？

蛋糕表皮开裂是杯式蛋糕的普遍现象，某些品种的蛋糕就是希望表皮裂开，表皮裂或是不裂，由生产者自己决定。表皮裂口的产生主要是由水分不足而引起。有足够水分油脂的配方，蛋糕表皮是不会裂开的。从蛋糕的品味和口感来考虑，水分足够的蛋糕会比水分不足的蛋糕质感要好。

（4）打蛋糊应使用哪种香精？

食用香精有两类，即水溶性香精和油溶性香精。通常水溶性香精用在不需要烘烤的产品中，而油溶性香精能耐高温，所以在烘焙产品中应使用这类香精。在购买时，应先了解是属于哪类香精后再购买。

（5）有时海绵蛋糕内部组织粗糙，黄色较深，是否与加入泡打粉的量有关？

蛋糕内部组织粗糙、发黄，主要是与搅拌有关，与泡打粉用量没有绝对关系。如果是由于泡打粉过多而引起的粗糙和黄色，那么蛋糕一定带有咸味，并且底部有一层黄色，而不是全部都带黄色。蛋糕的搅拌方法和搅拌过程，对蛋糕内部组织影响最大。如果使用糖蛋拌和法，打蛋时全部时间均用高速，最后没有用中速把大气泡打破，将会引起组织粗糙。同样，如果最后拌面粉时，搅拌不足，或者搅拌过度，都会引起组织粗糙，所以很多业者现在很少使用糖蛋拌和法来制作海绵蛋糕。如果使用直接法制作海绵蛋糕，基本上无论蛋糕成分高低，都可以把蛋糕组织变得很细腻，不会出现内部粗糙、色黄的现象。颜色呈黄色，主要是由于组织粗糙、横切面气孔太大而吸光，引起眼看为黄，如果蛋糕组织细腻，自然感觉就是白色。

（6）在海绵蛋糕中加入色拉油的目的是什么？

海绵蛋糕中并不是所有蛋糕都需加入油脂，如低成分的海绵蛋糕就不需加入油或者加少量油。因为蛋糕中含水量很高时，加入油已没有多大意义。但在高成分的海绵蛋糕中，往往需要加入一定量的油脂。加入色拉油的目的是：增进海绵蛋糕风味和光泽；调节面坯筋力和黏度；增加可塑性，有利于成形；使组织柔软，延缓淀粉的老化时间，延长产品保存期。

（7）蛋糕糊打发后，有时蛋糕油没充分溶化，有小块，怎么办？

有一些搅拌机，其打蛋器不能打到缸底，如果打蛋时，放入蛋糕油后，不注意升高搅拌缸，沉底的蛋糕油打不到，就会出现小块蛋糕油的现象。特别是当面糊较干，其黏性很高时，蛋糕油更不易打散。解决这个问题的方法最好是先打溶糖和蛋，打至糖溶化后，再加入蛋糕油并高速打散，然后再按一定的搅拌方法进行操作，这样便可避免蛋糕油打不开。

（8）油蛋糕有时会出现水与油分开的现象，应如何处理？

引起面糊类蛋糕的油水分离，主要与下列因素有关：油脂的可塑性太差，油脂含水量太高，乳化能力差等，油脂的品质如何是油水是否分离的重要因素之一；加蛋速度和搅拌速度的选用是油水分离的关键，加蛋太早或每次加蛋的搅拌程度不足，油水分离就加快；搅拌速度太慢，蛋与油没有足够的胶体化，也会引起油水分离；只有糖油拌和法才会出现油水分离，用其他的搅拌方法（如面粉油脂拌和法等）不会出现油水分离。

出现油水分离现象后，如果是在搅拌后期，油水分离现象不是太严重，可以不需另加处理，拌入面粉后多搅拌一些时间，使面糊有光泽即可。如果蛋还有很多，还未加完面糊已出现油水分离，那就应先回入少量面粉于蛋糊中，使蛋糊稠度增加，消除油水分离的现象后再分次加入剩下的蛋，至完成搅拌为止。

（9）为什么制作牛油戟时会经常出现蛋糕烤后下陷的现象？

糖油拌和法是制作牛油戟最常用的方法，也是最传统的打法。这种打法生产的蛋糕味道比用其他方法好得多。但这种方法的搅拌时常出现两种情况：一是很容易出现油水分离现象；二是拌粉程度很难掌握。蛋糕下陷的现象就是由于最后拌面粉的搅拌程度没有把握好而引起收缩。如果面粉加入后搅拌过度，面筋形成太多，面筋强度太大，会造成蛋糕体积小、组织太紧、表皮不光滑。如果面粉搅拌不充分，面筋形成太少，蛋糕的骨架不够强硬，则在炉内很难形成应有的形状，没有圆滑的表皮，所以蛋糕下陷，呈凹形。

（10）生产戚风蛋糕时，塔塔粉的作用是什么？

塔塔粉的化学名称为酒石酸氢钾，是一种经调制后的混合物，为酸性材料。其作用是中和蛋白中的碱性，降低蛋白膜的脆性，使蛋白完全细腻，蛋白气泡稳定、色白。由于蛋的新鲜度会影响蛋白的碱性高低，因而越不新鲜的鸡蛋，其蛋白碱性越大，故塔塔粉的用量应根据蛋白的新鲜程度来调节，不新鲜的蛋应多使用一些塔塔粉。

（11）为什么烘烤后戚风蛋糕组织不细腻，有不规则的大空洞产生？蛋黄部分的面粉能否用普通面粉加淀粉，如可以，淀粉的添加量该是多少？

戚风蛋糕的组织不细腻、组织粗糙的因素很多，要根据具体情况深入了解才能给予定论。主要因素有：面粉的面筋含量太高，或者面粉的面筋质量不好（添加大量的淀粉之后的低筋面粉）；配方中柔性材料（如蛋黄、乳粉溶液、色拉油等）不足；蛋白搅拌过度，即蛋白搅打太硬；烘烤温度不适宜（如温度太低）。这几种因素任何一种出现都可能引起戚风蛋糕的孔洞大、组织不均匀。

制作戚风蛋糕最好使用优质低筋面粉，但如果对戚风蛋糕的品质要求不是太高，只求体积够大，也可以用差一些的面粉并通过添加淀粉的方法来降低面筋含量，但切记，面筋低不等于高品质，因为差的面粉面筋品质也差，面筋的柔软性和保气性都不好。如果使用一般的精粉添加淀粉，则可以肯定地说，添加淀粉之后产品质量会好些。淀粉添加量可以根据面粉本身面筋含量的多少来考虑，应在 5% ~15% 的范围。

（12）制作戚风蛋糕有时用双效泡打粉，何为双效泡打粉？制作戚风蛋糕是否只能用双效泡打粉？

泡打粉是发粉的俗称，是英语 Baking Powder 的音译，按发粉中含有的酸性材料的不同，一般将发粉分为快性发粉、慢性发粉和双重性发粉三种。双效发粉是指该种发粉中既含有快性反应的酸性材料，又含有慢性反应的酸性材料，快性发粉在搅拌时能马上发生反应，产生气体，慢性发粉可在烘烤时发生反应，产生气体。在制作蛋糕类产品时，最好使用双效发粉，由于戚风蛋糕所需的发粉通常较多，故更希望使用双效发粉。但制作戚风蛋糕也并非一定要用双效发粉，发粉对体积提供的最有效阶段是在烘烤阶段，搅拌面糊时所产生的气体不是很重要的，使用一般的慢性发粉也能达到较理想的效果。

（13）制作瑞士卷把纸揭下时常会粘纸，是什么原因？

通常在制作瑞士卷的烤盘里需垫纸，有时为了降低底火还可以多垫几张纸，垫纸的目的是便于脱盘，引起粘纸的因素有：

底火太小，蛋糕底部没有充分烤熟；面糊搅拌时不均匀，糖与蛋的混合不均匀，引起面糊比重不匀，特别是某些搅拌机、搅拌器不能搅拌到缸底，故引起缸底糖不溶化，或者缸底部分的面糊比重太大，装盘后这部分面糊下沉，当这种现象不太严重时，只是蛋糕底部粘纸，如果很严重时，瑞士卷底部会有一层胶质状的面糊；搅拌不足也会引起粘纸，原因也是由于搅拌不充分，面糊比重大，蛋精易粘纸；所用配方中柔性材料太多（即水多、油多、糖多）也会引起粘纸；垫纸后，在纸上需刷油，不刷油的纸易黏。

（14）戚风蛋糕烘烤出炉后，怎样才能保证其不凹陷或者不回缩？

戚风蛋糕的凹陷或收缩现象，主要是由于蛋糕在烘烤过程中受热程度不同，蛋糕不同部位的水分损失不同，在出炉后冷却速度不同步而引起的，要解决这一问题，可从以下几个方面着手：若有条件，可考虑在烤盘周边垫薄木框，这样可使戚风蛋糕受热相对均匀，周边烘烤程度与中心部分的差异减少，可避免蛋糕收缩；炉温要掌握准确，用较温和的炉温烘烤，后期护温期低，延长烘烤时间，使蛋糕中心水分与周边差别不太大；在蛋糕尚未定型之前，不能打开炉门，出炉后马上脱离烤盘，翻过来冷却。或出炉时，用烤盘拍打地板，使蛋糕受一次较大振动，减少后期收缩。

任务四 ❯ 典型蛋糕制作工艺

一、乳沫类蛋糕

乳沫类蛋糕所使用的原料主要有面粉、糖、盐和蛋四种，在低成分的蛋糕中可添加少量牛乳，甚至泡打粉。又因乳沫类蛋糕的制作，配方中使用蛋的成分不同，有些只限于蛋白，有些又加重蛋黄的用量，所以依据其不同性质又可分为蛋白类的天使蛋糕和全蛋类的海绵蛋糕。

（一）天使蛋糕

1. 配方平衡

（1）使用实际百分比来制定天使蛋糕配方的标准见表 1 − 4。

表 1 − 4　　　　　使用实际百分比来制定天使蛋糕配方的标准

原　料	实际百分比/%
蛋白	40 ~ 50
细砂糖	30 ~ 42
塔塔粉	0.5 ~ 0.625
盐	0.5 ~ 1.375
低筋面粉	15 ~ 18

（2）天使蛋糕配方制定原则　　天使蛋糕内的水分含量应在 35% ~ 44%，而且全部水分是由蛋白所供应，并不是另外添加水或牛乳取得。所以调制蛋糕之前，应先考虑到蛋糕所需水量的多少，再决定蛋白的使用量，最后决定面粉的用量。如果决定制作水分含量较高的天使蛋糕，就应在配方中使用较高比率的蛋白，同时减低面粉的用量；反之如果需要制作含水量较低的蛋糕，则蛋白的用量应减少，同时面粉的用量也因而增加，在天使蛋糕中面粉与水，永远是处于相反的地位，蛋白的用量决定后，进一步应决定塔塔粉的用量，塔塔粉是一种酸性盐，它在蛋糕中的作用是使蛋白增加韧性及使蛋糕颜色洁白，其用量应视配方中蛋白的多少而决定。一般用量在实际百分比的 1/2 ~ 5/8，配方中塔塔粉的用量决定后，再决定盐的用量。按天使蛋糕基本配方中的规定，盐与塔塔粉的总和应是实际百分比的 1%。最后是糖，只有在天使蛋糕中，糖的比率是不根据面粉而计算的，它的用量是实际百分比 100%，减去其他配方内所有原料百分比的总和，其差数即为糖的用量。例如，在配方中使用 46% 的蛋白、0.6% 塔塔粉、0.4% 盐、16% 面粉，则糖的用量应为 37%。

根据以上天使蛋糕的配方原则，如果尝试用50%的蛋白、18%的面粉、0.625%的塔塔粉、0.375%的盐和31%的糖（实际百分比100%）来制作天使蛋糕，将会发现该蛋糕内水分的含量是44%（蛋白内的水量为87.5%），这么高分量的水分，可能会使蛋糕过于湿润及松软，影响蛋糕的包装及完整，因此这个配方将不十分理想，如果将蛋白的用量改为45%，面粉仍用18%，塔塔粉因蛋白减少而减为0.5%，同时将盐提高到0.5%，糖也增加为36%，这样蛋糕中水分将减少至39%，较适合于做好的天使蛋糕。

（3）根据天使蛋糕基本配方改为其他类型天使蛋糕时配方应作出调整。以上述天使蛋糕的基本配方为准，可以任意地在配方中添加许多其他不同的原料，制作多种不同样的天使蛋糕。在添加这种额外原料时应注意这种原料的干性和水分，以及它所含的酸度，均须从配方中的蛋白、面粉和塔塔粉中减去，例如用10%的新鲜橙来制作香橙天使蛋糕。因为橙中含有85%~90%的水分，所以配方内蛋白应同样减去10%（蛋白内含水分87.5%），又因橙本身内含有足够的酸度，因此配方中使用5%的新鲜柠檬，那么配方内除减去相同的蛋白外，塔塔粉同样可剔去不用。

如果制作各种不同种类的硬果天使蛋糕或蜜饯水果天使蛋糕时，可以依照使用面糊的数量增加硬果或蜜饯水果的10%~20%，或面粉用量的50%~100%。如果制作含有枫香风味的天使蛋糕时，可以使用10#糖蜜，同时减少配方内6%的糖和4%的蛋白（因为糖蜜的成分是糖70%、水30%），另外减少1%~1.5%的面粉而代替枫香香料，糖蜜应在第二次搅拌时，在糖之前加入搅拌物内。

如果制作可可天使蛋糕时，可使用3%~5%的可可粉，以代替同量的面粉，但是配方内的塔塔粉应减少25%或者说25%代替同量的小苏打粉，以增加蛋糕的可可颜色，可可粉的干性较面粉大，所以另外需增加蛋白用量2%~3%。使用粉粒状醋酸或柠檬酸代替塔塔粉时，应视其酸性的程度，按一定比例使用。一般来讲，醋酸的浓度约为塔塔粉的2倍，而柠檬酸的浓度约为塔塔粉的4倍，但醋酸和柠檬酸的酸度过强，在使用效果上不如塔塔粉理想。液体酸性原料如白醋和柠檬汁也可取代塔塔粉，其用量为3%~5%。

以上各种塔塔粉的代用酸性原料应谨慎使用，除非不易取得塔塔粉，因代用品做出的蛋糕内部组织总不如使用塔塔粉的好。

如果添加剁碎的水果制作天使蛋糕，应在配方中减少蛋白用量，同时提高面粉与糖的分量。总之在制作天使蛋糕时，应依照标准配方平衡的公式，添加其他原料和香料。添加新原料时，应依照其水分含量及酸度强弱，分别在配方中调整蛋白、面粉和塔塔粉的分量。

2. 搅拌

天使蛋糕品质的好坏，受搅拌工序影响很大，所以在搅拌过程中应特别小心。天使蛋糕搅拌分三个步骤：

（1）配方中所有蛋白倒入不含油的搅拌缸中，用网状搅拌器，中速打至湿性发泡。搅拌过程分为四个阶段：第一阶段蛋白经搅拌后呈液体状态，表面浮起很多不规则气泡；第二阶段蛋白经搅拌后渐渐凝固，表面不规则的气泡消失，而变为许多细小气泡，蛋白洁白具有光泽，用手指勾起时成一细长尖锋，留置指上而不下坠，此阶段即为湿性发泡；第三阶段如蛋白继续搅拌，则干性发泡，为蛋白打至干性发泡时无法看出发泡组织，颜色雪白而无光泽，用手指勾起时呈坚硬的尖锋，倒置也不会弯曲；第四阶段蛋白已完全成球形凝固状，用手指无法勾起尖锋，此阶段称为棉花状态。

（2）将2/3的糖和盐、塔塔粉等一起倒入第一步已打至湿性发泡的蛋白中，继续用中速打发至湿性发泡。

（3）面粉与配方中剩余的盐、糖，全部筛匀，慢速倒入第二步打好的蛋白中，搅匀即可，不可搅拌过久，以免面粉产生筋性，影响蛋糕的品质。蛋糕中如果使用醋或新鲜果汁代替塔塔粉时，此流质原料在糖加入打发时再加入拌匀。以上搅拌的步骤和搅拌速度均极为重要，不能有差错。

3. 烘烤

天使蛋糕的相对密度约0.38，如果蛋白搅打过发，相对密度会降低，面糊在装盘时需要与烤盘上缘齐平，这样面糊进炉烘烤时，已无膨胀弹性，因面糊内打入过多空气，且不均匀，所以烤好的蛋糕内部组织多大孔穴，粗糙干燥，韧性大，风味差。如果蛋白在搅拌时始终保持湿性发泡状态，拌好后面糊的相对密度保持在0.38左右，则装盘的数量为烤盘的2/3，这样，入炉后面糊本身变热而膨胀，使烤好后的蛋糕，内部组织均匀，弹性佳，水分充足而可口。

天使蛋糕应使用空心烤盘来烤，面糊的容量应为烤盘的2/3，但烤盘四周与底部不可擦油。面糊一旦遇油就收缩。蛋糕烤熟冷却后可用手指轻轻从烤盘边缘向内部拔开，随后用力向下摔落。

烤炉温度的控制对蛋糕的品质极为重要，过低的温度会导致蛋糕内部组织粗糙，并有粘手的感觉，过去多数蛋糕师喜欢使用176～190℃的炉温烤焙天使蛋糕，但经实验证明用此温度所烤出来的蛋糕体积小，水分不足。

天使蛋糕的标准焙烤温度是205～218℃，此温度所烤出来的蛋糕体积大，组织细密而富有弹性，水分适宜，尤其切片后具有洁白的光泽，其唯一缺点是顶部会有龟裂现象。

4. 装饰

天使蛋糕属于松软度的蛋糕，在装饰方面应使用较为松软的奶油装饰，最好用鲜奶油，则颜色和味道都可高出一筹。切碎的蜜饯和葡萄干、菠萝、樱桃、胡桃仁以及腰果等，均可加在拌好的面糊中，作为蛋糕的装饰，使蛋糕更为可口。

（二）海绵蛋糕

海绵蛋糕是以"全蛋"或"全蛋与蛋黄混合"，作为蛋糕的基本组织和膨化的原料。海绵蛋糕面糊的调制采用糖蛋调制法，糖蛋调制法是指在面糊调制过程中，先搅打蛋和糖，再加入其他原料的方法。

1. 配方平衡

海绵蛋糕可做很多不同类型的成品，如庆典用的大蛋糕、经奶油装饰后的各式小蛋糕、果酱蛋糕以及日本式的蜂蜜或麦芽糖蛋糕等。各种蛋糕都有不同的组织和风味，所以蛋糕组织的松紧粗细程度也不一致。调整蛋糕的组织结构不外乎是将蛋的比例增高或减少，一般来说，蛋的用量越多，蛋糕越松软，蛋的用量少则组织较为粗糙。又因消费者的口味和习惯不同，有的喜爱较甜的蛋糕，有的喜欢甜味稍淡的，所以在配方平衡中糖的用量可根据面粉量60%～100%调整，传统的海绵蛋糕配方见表1-5。

表1-5 传统的海绵蛋糕配方

原　　料	配比/%
面粉	100
糖	166
蛋	166（如掺加30%蛋黄则成品组织较好）
盐	3

在传统配方的基础上，想制作更松软的蛋糕还可将蛋的用量提高至200%，配方中面粉、糖、盐等的用量不变。如果蛋的用量少于标准用量，则每减少1%的蛋应减少0.03%的盐。此外，蛋减少后，蛋糕体积的膨胀与水分含量随之减少，所以需要增加发粉与水两种原料。发粉的用量可根据蛋的减少量来添加。每减少1%的蛋需增加0.8%的水和0.08%的发粉，配方内的糖也必须随着蛋量减少。

海绵蛋糕的基本配方中，使用的原料因偏重于韧性，所以除了原有的原料外，在面糊搅拌的最后步骤中，再添加40%的色拉油或溶解奶油，制作奶油海绵蛋糕，可降低蛋糕的韧性，提高蛋糕的品质。有时也可使用20%的色拉油及20%的牛乳，可达到同样柔软的效果。面糊中加入的油脂量，应视配方内蛋的多少而确定，蛋的用量在110%～140%时，油脂最多只能用20%，否则无法乳化，会破坏蛋的起泡性，使蛋糕制作失败。除了基本海绵蛋糕配方外，还可另外在配方中添加可可粉制作巧克力海绵蛋糕，或添加各种水果制作水果海绵蛋糕。

2. 面糊的调制

制作海绵蛋糕调制面糊的方法有三种。

（1）将配方中全部的蛋和糖先加热至43℃，蛋和糖在加热过程中必须用打蛋器不断地搅动，以使温度均匀，避免边缘部分受热而烫熟。盛装蛋的容器和搅拌缸不能有任何油迹。开始时用网状搅拌器中速搅打2min，蛋和糖搅打均匀后，改用快速将蛋糖搅至呈乳白色，用手指勾起时不会很快从手指流下，此时再改用中速搅打数分钟。把上一步快速搅打带入的不均匀气泡搅碎，使所打入的空气分布均匀。继而把面粉筛匀（如使用可可粉或发粉，必须拌入面粉中一起筛匀），慢慢地倒入已打发的蛋糖中，慢速搅拌均匀，最后再把流质的色拉油和牛乳加入拌匀即可。油在加入面糊时，必须慢速和小心地搅拌，不可搅拌过久，否则会破坏面糊中的气泡，影响蛋糕的体积。油与面糊搅拌不匀，在烘烤后会沉淀在蛋糕底部形成一块厚的油皮，应加以注意。

（2）把蛋黄和蛋白分开，分三步完成。一是先将蛋白放在干净的搅拌缸中，用中速打至湿性发泡后，加入蛋白数量 2/3 的糖继续打至干性发泡；二是把剩余的糖和蛋黄一齐拌匀（最好先予稍微加热），继而快速搅打至乳黄色，将色拉油或熔化的奶油分数次倒入，每次加入时必须与蛋黄完全乳化，再继续添加。搅拌速度太快或添加太快都会破坏蛋黄的乳化作用；三是将 1/3 的已打发的蛋白倒入打好的蛋黄混合物内，轻轻的用手拌匀，继而把剩余的蛋白混合物加入拌匀，然后把面粉筛匀倒入，牛乳或干果最后加入拌匀即可。用此方法所做的蛋糕失败的可能性较小，蛋糕体积较大，组织弹性很好，但需两次搅拌，增加了操作程序。

（3）使用蛋糕油的海绵蛋糕搅拌方法。先将蛋液、糖、盐混合，使糖盐基本溶解，用网状搅拌器高速搅打至蛋液呈乳白色，加入蛋糕油、水后继续打至泡沫稳定，再将面粉均匀地撒入搅拌机中，慢速搅拌均匀即可。

3. 烘烤

海绵蛋糕因成品种类多，所以使用的烤盘大小形式也不一样，烘烤温度、时间也不同，一般根据烤盘的形式来制定烘烤参数，下列准则仅供参考：

（1）小椭圆形或橄榄形的小海绵蛋糕，烘烤温度 205℃，上火大、下火小，烤焙时间 12～15min。

（2）实心直径小于 30cm，高 6.4cm 的圆形或方形蛋糕，烘烤温度 205℃，下火大、上火小，烤焙时间 25～35min；如直径或高度增加，则仍使用下火大、上火小，炉温降为 177℃，烤焙时间 35～45min。

（3）使用空心烤盘的面糊需下火大、上火小，炉温在 177℃ 左右，烤焙时间约 30min。

（4）使用平烤盘做果酱卷与奶油花式小蛋糕时，烤炉应采用上火大、下火小，炉温在 177℃ 左右，烘烤时间 20～25min。

（5）蜂蜜海绵蛋糕（常称长崎蛋糕）因较厚需较长的烤焙时间，为避免蛋糕四周受热太快而焦糊，所以必须在平烤盘中围一木制框架。此类蛋糕应用上火烤，下火尽量减弱，面糊胀满表面产生颜色后，即需将炉火调整最小段，直到完全熟透为止。烤炉温度在开始前 25min 上火大、下火小，炉温 177℃，烤焙时间 45min。

4. 注意事项

（1）面粉面筋含量的高低会影响蛋糕组织的粗细，如想使产品的组织细腻可使用10%～20%的玉米淀粉代替低筋面粉。玉米淀粉必须过筛两次以上，必须拌和均匀才能加入面粉内搅拌，否则因两者相对密度不同，会使玉米淀粉沉淀在蛋糕的底部，形成硬块。

（2）配方中使用蛋黄时，蛋黄的比例不要超过总量的50%。

（3）色拉油必须在面粉拌入后加入轻轻拌匀。如使用奶油必须先熔化，并保持温度在40～50℃。如果温度过低，奶油又将凝结，无法与面糊拌和均匀。油与面糊搅拌不匀，烤出的蛋糕底部也会形成一层坚韧硬皮。

（4）搅拌时所有盛蛋的容器、搅拌缸、拌打器等必须清洁，不含任何其他油迹，以免影响蛋的起泡。搅拌前如将蛋的温度加热，则可缩短搅拌时间，并增加面糊的体积，不仅使产品重量增加，而且组织松软。

（5）搅拌机的速度同样影响打入蛋内空气的多少，建议搅拌初期使用快速，在后期将完成之时改用中速，这样蛋内保存的空气较多，而且分布均匀。

（6）配方内如添加5%的柠檬汁可促进蛋的起泡作用。柠檬汁在蛋搅拌同时加入，如柠檬汁超过5%时，则超出部分应在搅拌蛋的后阶段加入。

（7）蛋的搅拌不可太过，以免影响烤好后的蛋糕组织和干燥，但也不可打发不够。可用手指把已打发的蛋液勾起，如蛋液凝在手指上形同尖峰状而不向下流，则表示搅拌太过；如蛋液在手指上能停留2s左右，再缓缓地从手指上流落下来，即为恰到好处。

（8）面糊装盘的数量最好不要超过烤盘边缘的2/3。

（9）盛装海绵蛋糕面糊的烤盘其底部及四周均需擦油，以使蛋糕出炉后易于取出。烤盘防粘油的调制为：白油100%、高筋面粉10%，拌匀即可。

（10）烘烤中的蛋糕不可从炉中取出或使其受震动，如因烤炉温度不均需要将蛋糕换边时要特别注意，烘烤未熟的蛋糕由炉内取出受冷后，内部组织会凝结产生硬的面块。烘烤海绵蛋糕的温度应尽量使用高温，可保存较多水分和组织细腻，蛋糕出炉后马上翻转使表面向下，以免遇冷而收缩。

二、面糊类蛋糕

蛋糕制作所用的材料可分为干性材料、湿性材料、柔性材料和韧性材料。干性材料如面粉、乳粉等，湿性材料如牛乳、鸡蛋、水等，柔性材料如油脂、糖、发粉、蛋黄等，韧性材料如面粉、蛋白、盐等。在调制一个合适的配方时，应考虑蛋糕的种类与特性才能合理地使用各种原材料，以制作出理想的蛋糕。

衡量蛋糕品质的好坏主要是看其是否水分充足，质地细嫩。在各种原料中，最能使蛋糕柔软并提高水分含量的是糖，因此在配方平衡中通常以糖分为平衡基础。因各类蛋糕的性能不一，其在配方中使用糖的分量也不同，所以在进行蛋糕的配方平衡时，首先就要按照所属的种类决定糖的使用量（以面粉100%为基础），其次再决定配方内可容纳的最大总水量，然后才是油、蛋及其他原料的用量。

面糊类蛋糕又称重油蛋糕，也有人称其为牛油蛋糕，广东话称为牛油戟。欧美人最早烘焙的蛋糕，制定了一个材料用量的标准，即一份鸡蛋可以溶解与膨大一份糖和一份面粉，以现代的配方平衡观点看，这个配方为：面粉100%、糖100%、蛋100%，是属于成分很少的海绵蛋糕。当时科学尚未发达，做蛋糕的原料品种有限，做出来的蛋糕韧性很大。如果使用的原料为面粉100%、糖100%、鸡蛋100%、奶油100%，柔性和韧性原料以2:2的比例加工蛋糕，这样所做出来的蛋糕松软可口，可解决蛋糕韧性过大的缺点。重奶油蛋糕所使用的原料成分很高，成本较其他类蛋糕昂贵，所以属于较高级的蛋糕，最影响蛋糕品质好坏的是油脂的品质及面糊搅拌程度。

轻奶油蛋糕和重奶油蛋糕同属面糊类蛋糕，此两种蛋糕不同点如表1-6所示。

表1-6 轻奶油蛋糕和重奶油蛋糕配料的不同点

	轻奶油蛋糕	重奶油蛋糕
油脂用量	最低用30%，最高用60%	最低用40%，最高用100%
发粉用量	最低用4%，最高用6%	0~2%
蛋糕组织	松软	紧密
颗粒	粗糙	细腻
焙烤温度	高温（190~232℃）	中温（162~190℃）

根据轻奶油蛋糕和重奶油蛋糕配料的区别，可以概括两种蛋糕的性质，用来控制蛋糕的组织和结构。顾客对蛋糕的喜好不同，有的喜欢组织紧密、颗粒细的蛋糕，而有的喜欢组织较为松软的蛋糕，所以掌握了以上两种蛋糕的性质，就可视情形在配方中调整组分含量高低来做出适合多数顾客所要求的蛋糕。

1. 配方平衡

重奶油蛋糕系属于面糊类蛋糕。所以其配方平衡的规则可以参照"配方平衡"的规定来处理，重奶油蛋糕与轻奶油蛋糕不同之处为：

（1）重奶油蛋糕组织紧密，颗粒细腻，而轻奶油蛋糕组织松软，颗粒粗大；

（2）重奶油蛋糕是依靠配方中的油脂，在搅拌时拌入空气而膨胀，而轻奶油蛋糕是依靠发粉来膨胀。

从以上两点来看，重奶油蛋糕较轻奶油蛋糕坚硬细腻的原因是配方中使用较多的韧性材料，尤其是与增加蛋和不用发粉的关系最大。所以，根据同样道理在制定重奶油蛋糕配方时先确定糖的用量，在不使用乳化油的配方中，糖的用量应不超过面粉，可先确定基准量，糖用量100%，再确定配方中的总水量，重奶油蛋糕中的总水量应大于糖的10%。总水量是蛋加牛乳的总和。配方中蛋的用量确定后，油的用量应等于蛋或小于蛋的10%，因此，由蛋的用量多少即可确定油的用量。

2. 搅拌

传统的重油蛋糕采用面粉油脂搅拌法，此法是将配方中所有的面粉和油脂先放在搅拌缸内用中速搅拌，使面粉的每一细小颗粒均先吸收了油脂，在后面步骤里遇到液体原料量不再会出筋，这样做出来的蛋糕组织较为松软，而且颗粒幼细，韧性较低。中等成分的配方可酌量采用面粉油脂拌和法或糖油拌和法，因为中等成分配方内所使用的膨大原料较少，为了增加面糊内膨大的气体，采用糖油拌和法则效果更佳，但糖油拌和法因最后添加面粉时遇到面糊中的水分容易产生韧性而且因糖油在每一步搅打时打入空气较多，使烤出的蛋糕组织的气孔较多。低成分配方因油的用量太少，如采用乳粉油脂拌和法时，第一步搅拌时所用的油量无法与全部面粉拌和均匀，难以拌入足够的膨大空气，且面粉也无法融合足够的油脂；在第二步搅拌添加蛋和牛乳时，面粉容易出筋，使烤好后的蛋糕不但体积小，而且韧性很大，故低成分重奶油蛋糕不宜采用面粉油脂拌和法，应使用糖油拌和法为宜。

除了面粉油脂拌和法和糖油拌和法外，制作高成分或中成分蛋糕时，还可使用两步搅拌法，把配方中全部的蛋加热至35～40℃。用网状搅拌器像打海绵蛋糕般快速打发，再将全部油脂、盐和乳粉用桨状搅拌器中速打松，最后把已打发的糖和蛋倒入1/3至已打松的面粉和油脂的混合料中，继续用中速拌匀，再倒入1/3的蛋糕混合料至面粉油脂中拌匀，把机器停止，将缸底未拌匀的原料拌匀，将剩余1/3的蛋、糖加入拌匀，再搅拌4～5min即可。用此方法搅拌出的面糊进炉焙烤膨胀很大，而且组织松软细腻，其缺点是在搅拌时需用两部搅拌机来搅拌。

3. 装盘和烘烤

多数重奶油蛋糕出炉后不做任何的奶油装饰，保持原来的本色出售，目前最常见的重奶油蛋糕有传统质量454g的裂口小长方形的，也有10cm切片出售的，达数十种之多，因为蛋糕出炉后不做进一步的装饰，所以其四边底部应保持平滑和光整，不能让面糊粘烤盘，并且要避免蛋糕从烤盘内取出时表皮受到破损，防止表皮破损的方法有：

（1）在烤盘四周和底部垫上一层干净的白纸，蛋糕烤熟后很容易就可以从烤盘取出；

（2）在烤盘四周和底部涂上一层防粘油脂。调配的方法是使用100%的油脂，加入20%的高筋面粉，拌匀后使用。蛋糕出炉冷却后，须用干净的布擦拭干净，整齐地堆放一处留待下次使用。重奶油蛋糕因为所含各种原料成分较高，而配方内总水量又比其他蛋糕少，因此面糊也较干硬和坚韧，在烘烤时需要较长时间，为防止蛋糕内水分在烘烤过程中损耗过多，避免烤焦，应使用中温（177 ~ 180℃），烘烤的时间视蛋糕大小而定，一般为 45 ~ 60min。

三、戚风类蛋糕

戚风类蛋糕是与乳沫类蛋糕、面糊类蛋糕均有所不同的一类蛋糕。戚风，是英文的译音，港澳地区译为雪芳，意思是像打发的蛋白那样柔软。戚风类蛋糕的搅拌方法是把蛋黄和蛋白分开，将蛋白搅拌至蓬松柔软程度，因此称为戚风类蛋糕。

面糊类蛋糕使用固体油脂较多，口感较重，尤以重奶油蛋糕为甚。而传统乳沫类蛋糕组织较软、粗糙，不够细密。戚风类蛋糕则综合了上述两类蛋糕的优点，把蛋白部分与糖一起按乳沫类蛋糕的搅拌方法打发，将蛋黄部分与其他原料按面糊类蛋糕的搅拌方法来搅拌，最后再混合起来。

1. 配方制定

较早时期的蛋糕配方如表 1 - 7 所示。

表 1 - 7　　　　　　　　　较早时期的戚风蛋糕配方

原　　料	配比/%	原　　料	配比/%
蛋白	230	蛋黄	77
盐	2.5	液体油	77
砂糖	114	蛋糕粉	100
酒石酸氢钾	0.9	细砂糖	114

后来经过不断改进得出戚风蛋糕配方如表 1 - 8 所示。

表 1 - 8　　　　　　　　　改进后的戚风蛋糕配方

原　　料	配比/%	原　料	配　比/%
蛋白	100 ~ 200	蛋黄	45 ~ 55
白砂糖	65 ~ 75	液体油	35 ~ 70
酒石酸氢钾	0.5 ~ 1	奶水或果汁	65 ~ 75
低筋面粉	100	盐	0.5 ~ 1
发粉	2.5 ~ 5	糖	70 ~ 100

戚风类蛋糕的面糊是乳沫类和面糊类两种不同的蛋糕面糊分别调制，再经混合而成，因此配方的制定不但考虑到这两种面糊本身的平衡，还需顾虑到混合后的平衡。首先确定面糊类和乳沫类两者之间的平衡。面糊类以面粉 100% 为基准，油脂的用量是蛋或少于蛋的 10%，发粉 2.5% ~ 5%，总水量包括牛乳、果汁等。果汁的量须视蛋糕的种类而确定。一般体积较大、较厚的蛋糕总水量在 65% 左右，而体积较小和用空心模具所做的蛋糕，总水量在 75% 左右。因此，原则上乳

沫类蛋糕中，蛋白如果是 100%，在称量蛋白时按需要的蛋白数量称出，剩下的蛋黄就作为面糊部分的用量，不必再计较蛋黄的多少（一般鸡蛋中蛋白和蛋黄的比例为 2:1 左右）。而面糊类蛋糕则要求每样材料都要精确。

乳沫类蛋糕通常都以蛋白 100% 标准，最高可用到 200%。在戚风类蛋糕配方中，乳沫类部分只有蛋白、糖和塔塔粉三种原料，一般蛋白如果为 100%，则糖为 66%，蛋白在搅拌时配以其量 2/3 的糖，这样打出来的蛋白韧性和膨胀性最佳，另外再配以 0.5% 的塔塔粉，就完成了戚风类蛋糕乳沫类部分的配方平衡。

戚风类蛋糕的种类很多，除了巧克力戚风在配方平衡上应注意可可粉的使用，必须调整配方中的糖量和水分外，其余如各种水果味戚风，只需依照标准配方，视所采用水果的酸度、水分来增减其果汁的用量，就可制作不同的水果戚风蛋糕。

2. 面糊调制

（1）蛋黄糊的搅拌　首先把面粉与发粉过筛，再把糖盐混合均匀。然后把液体油、蛋黄、牛乳或果汁等依照顺序加入，用桨状搅拌器中速搅拌均匀即可。若无搅拌机，也可用手动搅拌器来拌和均匀。

蛋黄糊部分的搅拌，关键是原料的投放次序，一定要先加入液体油，再加入蛋黄和水，这样面粉不会结块。如果先加蛋黄或先加牛乳，都会使面粉粘在一起不易搅散，甚至结块，使烤好后的蛋糕内部有不均匀的生粉粒。

（2）蛋白糊的搅拌　蛋白糊部分的搅拌，是戚风类蛋糕制作的最关键步骤。首先要把搅拌缸、搅拌器清洗干净，确保无油迹。然后加入蛋白、塔塔粉，用网状搅拌器中速打至湿性发泡，再加入细砂糖，打至干性发泡（即用手指勾起蛋白糊，蛋白糊可在指尖上形成一向上的尖锋）即可。

（3）蛋白糊与蛋黄糊的混合　先取 1/3 打好的蛋白糊加入到蛋黄糊中，用手轻轻拌匀。拌时手掌向上，动作要轻，由上向下拌和，拌匀即可。切忌左右旋转，或用力过猛，更不可拌和时间过长，避免蛋白部分受油脂影响而消泡，导致失败。拌好后，再将这部分蛋黄糊加到剩余的 2/3 蛋白糊里面，同样用手轻轻拌匀，要求手掌向上。两部分面糊混合好后，其面糊性质应与高成分海绵蛋糕相似，呈浓稠状。

如果混合后的面糊显得很稀薄，且表面有很多小气泡，则表明是蛋白打发不够，或是蛋白糊与蛋黄糊两部分混合时拌得过久，使蛋白部分的气泡受到蛋黄部分里的油脂的破坏而遭至消泡，此时蛋糕的机体组织均受到影响。

如果蛋白糊部分打发过度，则混合时蛋白呈一团团棉花状。此时蛋白已失去了原有的强韧伸展性，既无法保存打入的空气，也失去了膨胀的功能，混合时不易拌散，会有一团团的蛋白夹在面糊中间，使烤好后的蛋糕存在成块的蛋白，而周围则形成空间，影响蛋糕品质。同时，因这些棉花状蛋白难以拌匀，需要拌和时间较长，面糊越拌越稀，会导致制作失败。

3. 装盘与烘烤

戚风类蛋糕可用各种烤盘盛装，但最好是使用空心烤盘，容易烘烤和脱膜。不论是何种烤盘，都不能涂油。使用其他烤盘时，必须垫纸，用纸挡住烤盘的边缘部分，支撑住整个蛋糕的重量，避免收缩。

装盘时的面糊量，只需为烤盘容量的50%~60%满即可，不可太多。因为戚风类蛋糕内的液体用量较多，有较多量的蛋白起发，又有发粉或小苏打等化学膨松剂，故戚风类蛋糕的面糊在炉内的烘烤膨胀性较大。如装的太满，多余的面糊会溢出烤盘，或在蛋糕上形成一层厚实的组织，与整个蛋糕的松软性质不相符合。

烘烤戚风类蛋糕时，一定要掌握好炉温，要求上火高、下火低或很小。一般烘烤平烤盘装的用来做蛋糕卷的蛋糕坯，其上火为170~180℃、下火为130~150℃。

任务五 ❯ 蛋糕裱花技术

一、裱花蛋糕分类

裱花蛋糕是指在蛋糕表面进行裱花装饰的蛋糕，是以面粉、糖、油、蛋为主要原料，经焙烤加工而成的糕点坯，在其表面裱以奶油、人造奶油、植脂奶油等而制成的糕点食品。裱花蛋糕的花色品种很多，按照蛋糕坯和装饰材料的不同，可将其分为蛋白裱花蛋糕、奶油裱花蛋糕、人造奶油裱花蛋糕、鲜奶油裱花蛋糕、植脂奶油裱花蛋糕、巧克力裱花蛋糕、糖面裱花蛋糕、杏仁裱花蛋糕、白帽裱花蛋糕和胶冻裱花蛋糕10类。各种裱花蛋糕的口感、表面图案都有明显的特点。

二、蛋糕裱花过程

蛋糕裱花过程分三个阶段完成。创意和设计是两个关键阶段。好的创意要根据蛋糕作品的创作意图和主题，有选择地从素材中组织相应的内容进行表达。设计是对裱花蛋糕进行表面装饰、设计的过程，应考虑到构成、布局、色彩、设计形式等的表现手法，内容与形式的和谐统一。总之，把食品与艺术完美结合，是设计的最终目的。

装饰是蛋糕裱花过程中的第三个阶段，也是裱花过程中最重要的一个环节。裱花蛋糕常用的装饰原料有鲜奶油、巧克力、色素、水果、琼脂、黄油等。

三、蛋糕裱花设备、工具及原料

（一）设备

蛋糕装饰专用设备较简单，分为大型搅拌机、鲜奶油小型搅拌机、手提式搅拌机。搅拌机主要是用来搅打蛋糕装饰坯料浆糊和奶油浆料，其作用是将蛋糕装饰坯料或奶油经快速旋转搅打充气，改变其内部物理性状结构，形成新的性状稳定的组织，并能提高产值和口感，有利于稳定蛋糕装饰选型。

蛋糕裱花用的专业设备有冷藏柜、裱花喷枪、巧克力熔化炉、空调四部分。巧克力熔化炉是制作和调制巧克力溶液必用的设备，双重隔水、可调控温度，根据制作巧克力需要进行调节，温度可控制在 20～100℃。

（二）工具

蛋糕裱花所用工具种类多样，主要有以下几种。

1. 裱花袋

裱花袋主要配合花嘴使用，盛装奶油，通过手的握力，使奶油通过花嘴挤出蛋糕的装饰造型，也可用来盛装果膏，在蛋糕表面淋面装饰。裱花袋分布胶袋和塑料袋两种。布胶袋使用寿命长，比较专业，但易脱胶、成本高；塑料袋使用寿命短、成本低，一次性使用，比较卫生。目前，焙烤食品生产主要使用塑料袋。

2. 蛋糕垫

用来垫蛋糕坯的板，金色的色彩会使蛋糕更显档次。

3. 蛋糕盒

将制作好的蛋糕放在蛋糕盒里，可凸显蛋糕的质感。

4. 食品专用火枪

火枪是用于烧烫的工具，可进行脱模及烫面，同时也能用来修饰蛋糕的气泡。

5. 食品雕刀

从西洋油画技法工具中借鉴来的，在蛋糕装饰中非常适用，其刀形有菱形、方形、三角形、弧形，规格有多种，其中奶油雕画刀可以雕画山水、动物、花鸟、人物、植物，表现力丰富，具有浅浮雕的艺术表现力。

6. 纤维毛笔

用于蛋糕奶油造型制作，毛笔蘸果膏后，用中国国画技法画在奶油上，可以绘制各种平面视觉艺术效果，如中国画、西洋画都可以用毛笔表达出来。

7. 魔术铲

用来制作巧克力件，特别适用于铲卷类巧克力件。

8. 陶艺多功能小铲

既可用来修饰蛋糕面，又可用于制作巧克力叶子及各种巧克力件。

9. 吹瓶

用于制作手工巧克力糖的注模器，也可用于陶艺蛋糕的吹面。

10. 魔法吸囊

专用于陶艺蛋糕的造型。

11. 铸铁转盘

铸铁转盘因其有一定的质量，所以很适合快速完成蛋糕制作，也是专业裱花师必备的重要工具之一。

12. 有机玻璃转盘

适合家庭及一些非专业蛋糕装饰制作者使用。

13. 刮片

刮片按其用途可分为陶艺刮片、普通刮片，有铁质和塑料两种。陶艺刮片形状各异，一般可分为细齿类和粗齿类；普通刮片分为平口类和三角形类。主要用来制作手拉坯蛋糕和面饰刮图，方便快捷。

14. 喷枪

主要用途是结合其他奶油食品造型，进行色彩处理。使用时，将食用色素滴笔色料斗，通过气压将色浆喷出达到处理色彩的作用，颜色上色在奶油表面，易着色，色素量少，是食品着色的理想工具。市面上的喷枪有调压型和低压型两种，其中低压喷枪因携带方便、气压稳而深受专业蛋糕制作者的喜爱。

15. 花架

花架是用来摆花的，将做好的花放在架子上，以备蛋糕量多时使用。

16. 吻刀

盛装奶油的主要工具，也是抹坯的必备工具，有长短之分，如8、10、12寸。

17. 锯齿刀

锯齿刀分为粗锯齿刀和细锯齿刀两种，长短不同，粗锯齿刀可用来切割糕坯，也可用于抹坯，制作奶油面装饰纹理；细锯齿刀主要用来切割糕坯。

18. 水果雕刻刀

专用于水果雕刻造型，有钢质刀形、塑料质地刀形，形状各异，专业特点明显，是水果雕刻的必备工具。

19. 铲刀

铲刀分为平口铲刀和斜口铲刀，多用来制作巧克力花瓣、巧克力花、巧克力棒，也可以制作拉糖造型。规格有：3、1.5、1寸平口铲刀，1.2、1.7、3.5寸斜口铲刀。

20. 装饰片

专用于食品装饰的无毒塑料片，在高档蛋糕或艺术蛋糕装饰中运用较广。

21. 婚礼新人

用来装饰婚礼蛋糕，能提升蛋糕档次，是婚礼蛋糕制作时必备的模具。

22. 蛋糕切刀

用来切割蛋糕，特别适用于婚礼蛋糕中的重奶油蛋糕切割。

23. 捏塑棒

此工具用于巧克力泥及杏仁膏、糖膏等膏状物的造型。

24. 魔术棒

可用来制作多种巧克力件及陶艺面的造型。

25. 花棒

花棒两头呈锥形，是配合裱花托裱挤花卉的专业工具。花棒的形状有很多种：传统形花棒、马来花棒、英式花棒、筷子花棒等。此工具也可用在陶艺蛋糕面上。

26. 扎带

用来扎蛋糕盒的带子，也可用于刮各种特殊造型的面。

27. 巧克力字牌

用巧克力字模注入融化好的巧克力，放入冰箱里冷藏一下再脱模，字牌放在蛋糕上既显档次又美观。

28. 鲜乳机

市面上常见的鲜乳机规格有20、5L的容量机器，有专业用的大机器也有家用的小机器，但无论是哪一种机器，选择标准都是一样的，即搅拌球间距要密，要有低、中、高挡的速度调节。

29. 花嘴

花嘴按头数不同分为20、30、48、60头等，按用途不同分为特殊花嘴、陶艺花嘴、常规花嘴。由于品牌质量不同，工具的使用年限及挤出的花纹精细度会存在很大区别。花嘴形式多种多样，奶油通过花嘴可做边、花、动物等各种造型。

30. 三角纸

用于动物和人物的细节处理及蛋糕吐丝。

（三）原料

1. 色香油

色香油是一种食品添加剂，适用于各种慕斯、甜品、烘焙类产品的调香、调色及调味。

2. 色素

色素是蛋糕的着色材料之一，既可在奶油里调色，又能用喷枪喷色。其颜色有：黄色、大红、粉红、橙黄、紫色、蓝色、黑色、咖啡色、绿色等。

3. 巧克力酱

巧克力酱用于制作各种甜品、西点、冰淇淋蛋糕、慕斯蛋糕、杯装冰淇淋的外表装饰，也可用在鲜奶油蛋糕的淋面上。颜色有：纯白、橙黄色、柠檬黄、红色、绿色、咖啡色。

4. 巧克力线膏

巧克力线膏专用于细裱鲜奶油动物、卡通、花卉、人物等外观轮廓。表情是否好看与材料、手工有很大关系。

5. 喷粉

喷粉是一种食品添加剂，用于各种蛋糕的装饰及巧克力、糖膏的着色。

6. 果粒果酱

果粒果酱用来制作巧克力、慕斯甜品、冰淇淋、奶昔、冰粥、水果蛋糕的夹心及装饰。

7. 果膏

果膏用于蛋糕、冰淇淋的表面装饰。其口味有草莓、葡萄、柠檬、香橙、猕猴桃、桑葚。评价果膏质量的标准之一是，果膏是否能与鲜奶油很好的融合，不会出现颗粒或分离现象。

8. 巧克力块

我国规定黑巧克力可可脂含量不低于18%，白巧克力不低于20%，所以购买巧克力时要注意巧克力的可可脂含量。

9. 鲜奶油

常见的鲜奶油有植脂奶油、动物脂奶油、乳脂奶油。在我国应用最广的是植脂奶油，不含胆固醇的植脂奶油因其健康、可塑性强、奶香浓郁、价位适中而深受中国人的喜爱。植脂奶油可做动物、人物、花鸟、植物、建筑、陶艺、慕斯等各种类型的蛋糕。

10. 米托

米托是用糯米材料做成的花托。米托有大、中、小号之分，是配合花棒来使用的，用米托制作花托，具有方便、快捷、易操作的特点，所以在饼店使用较多。使用前最好将米托包装打开让潮气进去些。

四、裱花常用基本方法

裱花常用的基本方法有平挤法、直挤法、斜挤法、线描法、绕挤法、点绘法、浑染法、抖挤法、提挤法。

1. 裱头的高低和力度

裱头高，则挤出的花纹瘦弱无力，齿纹模糊；裱头低，则挤出的花纹粗壮，齿纹清晰。裱头倾斜度小，则挤出的花纹瘦小；倾斜度大，则挤出的花纹肥大。裱注时用力大，则花纹粗大有力；用力小，则花纹纤细柔弱。

2. 裱头运行速度

不同的裱注速度制成的花纹风格不同。若需粗细大小都均匀的造型，其裱注速度应较迅速，若需变化有致的图案，裱头运行速度要有快有慢，使挤出的图案花纹轻重协调。

裱花的方法多样，基本过程如图 1 - 3 所示、裱花袋自制过程见图 1 - 4。

①垂直握住裱花袋，挤压后，迅速地提起，拉出一个花样。

②按一定的角度挤压裱花袋，裱出贝壳形的花纹，一个裱好后一个连着其后。

③按一定的角度挤压裱花袋，裱一个，然后再裱一个与前一个方向相反的。

④用油纸做一个裱花袋，在袋子的前端剪出一个V形，按一定角度挤压会形成叶子状图案。

⑤用细裱花头拉出细条图案。

⑥拉细线时提起裱花袋往上一提。

⑦用油纸做一个裱花袋，在袋子的前端剪出一个W形，然后按一定的角度挤压。

⑧制作编织物状的图案。垂直的挤压裱花袋，拉出一条直线。然后在直线上拉出几小条。

⑨在刚拉好的一条的旁边再来一条。

⑩使用注射型裱花枪垂直裱花。

⑪用尼龙裱花袋装上裱花头。

⑫垂直挤压裱花袋，挤出星形图案。

图1-3 裱花基本过程

①折叠一张油纸，将其折成一个对角的三角形。

②用刀将三角形割下。

③将三角形的油纸卷成一个圆锥形。

④将折卷锥形的尾部折入锥形内部。

⑤握住圆锥的一点，固定住。

⑥将圆锥多出处折叠进去。

⑦将前端剪出V形口。　⑧展开圆锥体，装入裱花头。

图1-4　裱花袋自制过程

【项目小结】

蛋糕是以蛋、糖、面粉或油脂为主要原料，通过机械搅拌的作用或膨松剂的化学作用，经烘烤或汽蒸而使组织松发的一种疏松绵软、适口性好的烘焙制品。蛋糕的分类方法有三种：乳沫类蛋糕、面糊类蛋糕和戚风类蛋糕，最常见的是戚风类蛋糕。制作蛋糕常用的材料有小麦粉、蛋及蛋制品、乳化剂、糖及其他甜味剂、油脂、膨松剂、赋香剂、色素、乳制品等。各种类型的蛋糕除了所用材料不同外，制作工艺也有较大的区别，不论是哪种类型的蛋糕，其基本加工过程都是：原辅料预处理→面糊调制→注模→烘烤→冷却脱模→包装。

裱花蛋糕是指在蛋糕表面进行裱花装饰的蛋糕，是以面粉、糖、油、蛋为主要原料，经焙烤加工而成的糕点坯，在其表面裱以奶油、人造奶油、植脂奶油等而制成的糕点食品。蛋糕裱花过程分三个阶段完成。创意和设计是两个关键阶段，装饰是蛋糕裱花过程中的第三个阶段，也是裱花过程中最重要的一个环节。裱花常用的基本方法有平挤法、直挤法、斜挤法、线描法、绕挤法、点绘法、浑染法、抖挤法、提挤法。

【项目思考】

1. 小麦粉在蛋糕制作中的作用是什么？
2. 鸡蛋在蛋糕制作中的作用是什么？
3. 简述蛋糕膨松的原理。
4. 乳沫类蛋糕和面糊类蛋糕的区别是什么？
5. 简述戚风类蛋糕的加工工艺及操作要点。
6. 烘焙产品进行装饰的目的、原则是什么？
7. 蛋糕烘烤时如何控制温度？

实训一 海绵蛋糕的制作

一、实验目的

1. 掌握海绵蛋糕制作的基本原理、工艺流程及操作要点。
2. 学会对蛋糕成品做质量分析。

二、实验原理

海绵蛋糕属乳沫类蛋糕的一种，制作过程中，蛋白通过高速搅拌，使之快速地打入空气，形成泡沫。同时，由于表面张力的作用，蛋清泡沫收缩变成球形，加上蛋清胶体具有黏度和加入的面粉原料附着在蛋清泡沫周围，使泡沫变得很稳定，能保持住混入的气体，加热的过程中，泡沫内的气体受热膨胀，使蛋糕成品疏松多孔并具有一定的弹性和韧性。

三、实验设备与器具

（1）设备　搅拌机、烤箱、台秤等。
（2）器具　筛网、刮板、烤盘、面板、盆等。

四、配方

低筋面粉 1kg、鸡蛋 1kg、白糖 1.1kg、盐 0.002kg、水 0.4kg、泡打粉 0.01kg、色拉油 0.15kg。

五、工艺流程及操作要点

1. 工艺流程

原料预处理 → 面糊调制 → 注模 → 烘烤 → 冷却包装

2. 操作要点

（1）原料预处理　将面粉过筛，鸡蛋去壳。

（2）面糊调制　先将蛋液、糖、盐混合，使糖、盐基本溶解，用网状搅拌器高速搅打至蛋液呈乳白色，加入蛋糕油、水后继续打至泡沫稳定，再将面粉均匀地撒入搅拌机中，慢速搅拌均匀即可。

（3）注模　将调好的蛋糕糊倒入刷好色拉油的模具中，注入量为模具的2/3。

（4）烘烤　采用先低温后高温的方法，炉温为180~220℃，烘烤时间根据模具大小而定，大的约30min，小的约15min。烘烤到一定时间，用干净的牙签插入蛋糕内部，抽出观察，如光滑无黏着物，则为烤熟。

（5）冷却包装　烘烤后稍微冷却，然后脱模，再继续冷却包装。

六、注意事项

1. 所用器具必须清洁，不宜染有油脂，也不宜用铝制器具。

2. 蛋糕糊终点判断方法：用手挑起后呈鸡尾状。

3. 面糊装盘的数量最好不要超过烤盘边缘的2/3。

实训二　戚风类蛋糕的制作

一、实验目的

1. 掌握戚风类蛋糕制作的基本原理、工艺流程及操作要点。

2. 学会对蛋糕成品做质量分析。

二、实验原理

戚风类蛋糕是综合乳沫类和面糊类两种蛋糕的优点，把蛋白部分与糖一起按乳沫类蛋糕的搅拌方法打发，把蛋黄部分与其他原料按面糊类蛋糕的搅拌方法来搅拌，最后再混合起来制成。

三、实验设备与器具

（1）设备 搅拌机、烤箱、台秤等。
（2）器具 筛网、刮板、烤盘、油纸、面板、盆等。

四、配方

（1）蛋白糊部分 蛋白1.6kg、砂糖0.85g、盐0.008kg、塔塔粉0.015kg。
（2）蛋黄糊部分 低筋面粉0.11kg、蛋黄0.65kg、砂糖0.4kg、牛油香粉0.015kg、乳粉溶液0.4kg、泡打粉0.02kg、色拉油0.5kg。

五、工艺流程及操作要点

1. 工艺流程

原料预处理 → 面糊调制 → 注模 → 烘烤 → 冷却包装

2. 操作要点
（1）原料预处理 将面粉过筛，鸡蛋去壳，分开蛋白和蛋黄各自称重备用。
（2）蛋黄糊调制 先加入蛋黄、糖搅打至糖溶解，再加水，继续搅打，打到一定程度后，再加入事先过筛的面粉、泡打粉、牛油香粉混合物，快速搅打数分钟，再慢速搅拌2~3min，直至混匀为止。
（3）蛋白糊调制 加入蛋白快速搅打，直至搅拌到白沫状，再加入盐，搅拌数分钟，加入糖溶解后，继续搅拌至蛋白糊用手挑起呈鸡尾状停止搅拌。
（4）两种蛋糊混匀 先取1/3打好的蛋白糊加入到蛋黄糊中，用手轻轻拌匀。拌时手掌向上，动作要轻，由上向下拌和，拌匀即可。切忌左右旋转，或用力过猛，更不可拌和时间过长，避免蛋白部分受油脂影响而消泡，导致失败。拌好后，再将这部分蛋黄糊加到剩余的2/3蛋白糊里面，同样用手轻轻拌匀，要求手掌向上。两部分面糊混合好后，其面糊性质应与高成分海绵蛋糕相似，呈浓稠状。
（5）注模 把混合均匀的蛋糊装入事先铺好油纸的模具中，装入六成满即可。
（6）烘烤 采用先低温后高温的方法，炉温为180~220℃，烘烤时间根据模具大小而定，大的约30min，小的约15min。烘烤到一定时间，用干净的牙签插入蛋糕内部，抽出观察，如光滑无黏着物，则为烤熟。
（7）冷却包装 烘烤后稍微冷却，然后脱模，再继续冷却包装。

六、注意事项

1. 所用器具必须清洁，不宜染有油脂，也不宜用铝制器具。

2. 蛋白搅拌不可太过，以免影响烤好后的蛋糕组织和干燥，但也不可打发不够。可用手指把已打发的蛋液勾起，如蛋液凝在手指上形同尖峰状而不向下流，则表示搅拌太过；如蛋液在手指上能停留 2s 左右，再缓缓地从手指上流落下来，即为恰到好处。

3. 先制备蛋黄糊，然后再制备蛋白糊，以免蛋白糊放置时间太长而使蛋白糊内气泡逸出。

实训三 裱花操作

一、实验目的

1. 学会糯米托的使用方法。
2. 学会双手配合挤玫瑰花、山茶花和蔷薇花。

二、实验材料与工具

（1）材料 盒装植脂奶油 1 盒。
（2）工具 搅拌机、抹刀、花嘴、挤花袋、油纸、筷子。

三、操作要点

先将盒装奶油倒入搅拌机中，接通电源，先慢速搅拌 1min，然后逐渐提高速度，到 5 ~ 7 挡，搅打 15 ~ 20min。最后，慢速搅拌 1min 左右，低速消泡。奶油体积膨胀为原体积的 3 ~ 5 倍，表面光滑，转到搅拌器，有划痕、提起有尖即可。奶油打发好后盛装备用。

1. 玫瑰花的制法

（1）准备　将6号花嘴放入裱花袋中，放入打发后的奶油。

（2）挤花心　左手拿筷子，右手握住裱花袋，左手逆时针旋转，右手顺时针旋转，在筷子顶部挤一圈奶油，奶油要紧贴住筷子。

（3）包花心　用三瓣花瓣将花心包住。花瓣的挤法是花嘴贴住花心底部，沿马蹄形挤奶油，花瓣的高度略高于花心，花瓣的大小，以三瓣花瓣围住花心一圈为宜。挤花时，左手逆时针旋转，右手顺时针旋转，注意双手旋转的速度要一致。第二瓣花瓣从第一瓣花瓣的中间开始挤，让花瓣一瓣压着一瓣。

（4）挤花瓣　花瓣错开位置，一层比一层大，一层比一层低，逐渐向外开放。

2. 山茶花的制法

（1）准备　将13号花嘴放入裱花袋中，放入打发后的奶油。

（2）挤花心　左手拿筷子，右手握住裱花袋，左手逆时针旋转，右手顺时针旋转，在筷子顶部挤一圈奶油，奶油要紧贴住筷子。

（3）包花心　用三瓣花瓣将花心包住，方法同玫瑰花。由于该花嘴是向内弯曲，所以基础的花瓣也是向内弯曲。

（4）挤花瓣　花瓣一瓣压着一瓣的挤，错开位置，一层比一层大，注意花瓣不要重叠在一起。

3. 蔷薇花的制法

（1）准备　将6号花嘴放入裱花袋中，放入打发后的奶油。

（2）准备糯米托　左手拿住糯米托底或借用裱花棒，使糯米托口向上。

（3）挤花瓣　左手拿裱花棒，右手握住裱花袋，沿糯米托边顺时针旋转，挤出扇形圆润的花瓣，同时左手逆时针旋转，双手要配合好。依次挤出 5～6 瓣花瓣，花瓣一瓣压住一瓣，大小形态一致。

（4）挤花蕊　将黄色奶油放入纸卷中，将纸卷头剪去，在花瓣的中央从下向上挤花蕊，花蕊下粗上细，顶部尖，略弯曲。

四、挤花要求

（1）玫瑰花、山茶花　花心紧凑；花瓣滑润、不断不裂、逐渐绽放、层次清晰、美观漂亮。

（2）蔷薇花　花瓣滑润、不断不裂、大小形态一致、布局均匀、美观漂亮。

裱花蛋糕的制作

一、实验目的

1. 学会调色、裱花修饰等工艺。
2. 能根据蛋糕的用途设计,制作几种裱花蛋糕。

二、实验材料与工具

(1) 材料　鸡蛋、糖、色素、面粉等。
(2) 工具　搅拌机、抹刀、转盘、小勺、花嘴、挤花袋、小盆等。

三、配方

(1) 糕坯　面粉 3.5kg、鸡蛋 4.75kg、白砂糖 2.5kg、饴糖 1.5kg。
(2) 蛋白浆　蛋白 0.65kg、白砂糖 3.75kg、琼脂 0.025kg、橘子香精 5mL、柠檬酸 7.5g、水约 3.5kg。

四、操作要点

(1) 制作糕坯　将鸡蛋、白砂糖、饴糖一起放入打蛋机中搅打至乳白色后,轻轻加入过筛后的面粉,搅匀至无生粉为止。将蛋糕糊加入涂过油的油底的圆形铁皮烤模中(若无底铁皮模,则需在底部包一张牛皮纸),蛋糊高度约为模高的一半。用 200℃ 左右炉温焙烤蛋糕至熟,出炉,冷却。

(2) 制蛋白浆　将 0.025g 琼脂与水放入锅中煮,过滤后,加入白砂糖 3.75kg,继续煎熬至能拉出糖丝即可。另外,将蛋清搅打至乳白色后,倒入熬好的糖浆,继续搅拌至蛋白浆能挺住而不塌陷为止,加入橘子香精、柠檬酸拌匀。

(3) 蛋糕裱花　将烤好的蛋糕表面焦皮削去,再一剖二,成为两个图片,糕坯呈鹅黄色,内层朝上,其厚薄度根据需要而定。在二层糕坯中间夹一层 5mm 的蛋白浆。舀一勺蛋白浆在糕坯上,用长刮刀将蛋白浆均匀地涂满糕坯表面和四周,要求刮平整。将蛋糕碎边放于 30 目筛内,用手擦成碎屑,左手托起蛋糕,略倾斜，右手抓一把糕屑，均匀地粘满蛋糕四周，要避免糕屑落到糕面上。将裱头装入绘图纸制成的角袋中，然后灌入蛋白浆，右手捏住，离裱花3.3cm处，根据需要裱成各种图案。

五、注意事项

1. 卫生要求

（1）服装、鞋、帽、口罩穿戴整齐、整洁，操作时，奶油不撒、不漏，转盘、台面时刻保持清洁。

（2）所有用品使用后及时清洗干净。

2. 品质要求

（1）裱花蛋糕图案设计要符合主题要求，适于装裱，形态规范、表面平整、图案清晰美观。

（2）制坯要切割均匀、每层厚度一致，切面平整、台面干净；奶油薄厚均匀，坯面光滑平整，不漏坯。

（3）调色要求颜色均匀一致、柔和淡雅；不同颜色间深浅基本一致，色泽搭配合理。

项目二
糕点制作技术

>>>>

【学习目标】

1. 了解糕点的分类、特点及一般工艺流程。
2. 掌握糕点制作的关键工艺和常见质量问题的解决方法。

【技能目标】

学会各种面团（糊）的调制方法和典型糕点的制作方法。

任务一 ❯ 糕点概述

一、糕点的概念

　　糕点是以面粉、食糖、油脂、蛋品、乳品、果料及多种籽仁等为原料，经过调制、成形、熟制、装饰等加工工序，制成的具有一定色、香、味的一种食品。从概念上理解，糕点是糕、点、裹、食的总称。糕是指软胎点心；点是指带馅点心；裹是指挂糖点心；食是指既不带糖又不带馅的点心。至今人们仍无法确定糕点是在何时、何地由谁发明出来的。据考证，地球上最早出现糕点的时期大约距今1万多年前的石器时代后期。我国有文献记载的糕点在商周时期，距今已有4000多年的历史。

糕点种类繁多，按照商业习惯可以分为中式糕点和西式糕点。中式糕点是指中式传统的糕点食品，品种很多，据不完全统计可达300多种。从性质上有荤素之分，从民族风味上又可分为汉、满、回、藏等，从地域上可分为北点和南点。其中北点以京式为主，大多是纯甜咸品种。南点又可分为广式、苏式等。广式多用肉馅，苏式油用量大、米面多。西式糕点一般指源于西方欧美国家的糕点，相对于中式糕点而言，泛指从国外传来的糕点。西式糕点品种很多，花色各异，各国都有自己的特点，又可分为法式、德式、瑞士式、英式、俄式、日式等。西点熟制的主要方法是烘焙，多数西点是甜的，而咸点较少。中式糕点装饰较为简单，西式糕点图案较为复杂、精致。生坯烤熟后多数需要美化，注重装饰，有多种馅料和装饰料，装饰手段很丰富，品种变化层出不穷。中式糕点以粮食为主，多用小麦粉为主要原料，以油、糖、蛋等为主要辅料，油脂侧重于植物油和猪油，还经常使用各种果仁、蜜饯及肉制品。调味香料多用糖渍桂花、玫瑰及五香粉等，风味以甜味和天然香味为主。同时，由于各地区物产资源不同，又形成各种地方风味。西式糕点选料上多用小麦粉、蛋、油、糖，油脂侧重于奶油，巧克力和乳制品使用也很多，水果制品如果干、鲜水果、果脯、果仁等也大量使用，香料多用白兰地、朗姆酒、咖喱粉等，以及各种香精香料，风味上带有浓郁的奶香味，并常带有巧克力、咖啡或香精、香料形成的各种风味。

二、糕点的分类和特点

关于糕点的分类，国家尚未制定统一标准，根据中式糕点和西式糕点的各自特点再进行细分。

（一）中式糕点

中式糕点范围很广，广义而言，包括传统糕点、小吃、休闲食品、凉点心等，狭义的中式糕点只指中国传统的糕点食品，下面介绍几种分类方法。

1. 按传统生产地域分类

我国幅员辽阔、民族众多，由于各地的物产资源、饮食习惯、地理条件等差异，糕点在制作方法、用料、品种、风味上形成了各自不同的特点。中式糕点以长江为界可以分为北点（北方糕点）和南点（南方糕点）。北点主要以京式糕点为代表，南点根据生产地域不同可分为广式、苏式、扬式、潮式、宁绍式、高桥式、闽式、川式等。

（1）京式糕点 京式糕点起源于华北地区的农村和满族、蒙族地区。在北京地区形成了一个制作体系，现在遍及全国，在制作方法上受宫廷制作影响较大，同时吸收了北方少数民族如满族、蒙古族、回族等和南方一些糕点的优点，自成体系。京式糕点一般重油（油多）、轻糖（糖少），甜、咸分明，注重民族风味，造型美观、精细，产品表面多有纹印，饼状产品较多，印模清晰，同时也能适合不同用途和季节。主要代表品种有：京八件、核桃酥、莲花酥、红白月饼、提浆月饼、江米条、蜜三刀、状元饼等。

（2）广式糕点　广式糕点起源于广东地区的民间制作，在广州形成集中地，原来以米制品居多，清朝受满人南下的影响，增加了一些品种。近代又因广州对外通商较早，传入面包、西点等制作技术。在传统制作的基础上，吸取北方糕点和西式糕点的特点，结合本地区人民生活习惯，工艺上不断加以改进，逐渐形成了现在的广式糕点。其特点为一般糖、油用量都大，口味香甜软润，选料考究，制作精致，品种花样多，带馅的品种具有皮薄馅厚的特点。主要代表品种有：广式月饼、梅花蛋糕、德庆酥、莲蓉酥角、椰蓉酥等。

（3）苏式糕点　苏式糕点以苏州地区为代表，受扬式糕点制作影响较大。品种以糕、饼较多，多是酥皮包馅类。用料考究，使用较多的糖、油、果料和天然香料，油多用猪油，甜咸并重。主要代表品种有：姑苏月饼、芝麻酥糖、杏仁酥、云片糕、八珍糕等。

（4）扬式糕点　扬式糕点起源于扬州和镇江地区。制作工艺与苏式基本相似，花色品种少些，品种上米制品较多，分喜庆和时令等品种。馅料以黑麻、蜜饯、芝麻油为主，麻香风味突出。造型美观，制作精细。主要代表品种有：黑麻椒盐月饼，香脆饼，淮扬八件中的黑白麻、太师美么饼，粗八件中的小桃酥、小麻饼、大徽子等。

（5）潮式糕点　潮式糕点以广东潮州地区为代表。由民间传统食品发展而来，总称为潮州茶食，可以分为点心和糖制食品两大类，糖、油用量大，馅料以豆沙、糖冬瓜、糖肥膘为主，葱香味突出。主要代表品种有：老婆饼、春饼、冬瓜饼、潮州礼饼、蛋黄酥、猪油花生糖、潮州月饼等。

（6）宁绍式糕点　宁绍式糕点是起源于浙江宁波、绍兴等地的糕点。米制品较多，面制品较少，品种主要有茶食、糕类、饴糖制品。辅料多用苔菜、植物油，海藻风味突出。主要代表品种有：苔菜千层酥、苔菜饼、绍兴香糕、印糕等。

（7）高桥式糕点　高桥式糕点起源于上海浦东高桥镇，也称沪式糕点，外形淳朴，色泽鲜明，糖、油用量少，风味淡，馅料以红豆沙、玫瑰等为主。主要代表品种有：松饼、松糕等。

（8）闽式糕点　闽式糕点以福州地区为代表，起源于福建的闽江流域及东南沿海地区，用料多选用本地特产，突出海鲜风味，带馅的品种多，也有不少糯米制品，口味甜中带咸，香甜油润，肥而不腻。主要代表品种有：福建礼饼、猪油糕、肉松饼等。

（9）川式糕点　川式糕点以四川成渝地区为代表，品种以糯米制品、三仁（花生仁、核桃仁、芝麻仁）制品、瓜果蜜饯制品居多，糖、油用量大，但甜而适口，油而不腻，选料严格，工艺精细，形状繁多。主要代表品种有：仁青麻糕、成都凤尾酥、米花糖等。

2. 按生产工艺和最后熟制工序分类

中式糕点可分成四大类：烘焙制品、油炸制品、蒸煮制品、熟粉制品。其中烘焙制品是指以烘烤为最后熟制工序的一类糕点，又可分为12类。

（1）酥类　使用较多的油脂和糖，调制成酥性面团经成形、烘烤而制成的组织不分层次、口感酥松的制品。如京式的核桃酥、苏式的杏仁酥等。

（2）松酥类　使用较多的油脂和糖（包括砂糖、绵白糖和饴糖），辅以蛋品或乳品等，并加入化学疏松剂，调制成松酥面团，经成形、烘烤而制成的疏松制品。如京式的冰花酥、苏式的香蕉酥、广式的德庆酥等。

（3）松脆类　使用较少的油脂、较多的糖浆或糖调制成糖浆面团，经成形、烘烤而制成的口感松脆的制品。如广式的薄脆、苏式的金钱饼等。

（4）酥层类　用水油面团包入油酥面团或固体油，经反复压片、折叠、成形、烘烤而制成的具有多层次、口感酥松的制品。如广式的千层酥等。

（5）酥皮类　用水油面团包入油酥面团制成酥皮，经包馅、成形、烘烤而制成的饼皮分层次的制品。如京八件、苏八件、广式的莲蓉酥等。

（6）松酥皮类　用松酥面团制皮，经包馅、成形、烘烤而制成的口感松酥的制品。如苏式的猪油松子酥、广式的莲蓉甘露酥等。

（7）糖浆皮类　用糖浆面团制皮，经包馅、成形、烘烤而制成的口感柔软或韧酥的制品。如京式的提浆月饼、苏式的松子枣泥麻饼、广式月饼等。

（8）硬酥类　使用较少的糖和饴糖、较多的油脂和其他辅料制皮，经包馅、成形、烘烤而制成的外皮硬酥的制品。如京式的自来红、自来白月饼等。

（9）水油皮类　用水油面团制皮，经包馅、成形、烘烤而制成的皮薄馅饱的制品。如福建礼饼、春饼等。

（10）发酵类　采用发酵面团，经成形或包馅成形、烘烤而制成的口感柔软或松脆的制品。如京式的切片缸炉、苏式的酒酿饼、广式的西樵大饼等。

（11）烤蛋糕类　以禽蛋为主要原料，经打蛋、调糊、注模、烘烤而制成的组织松软的制品。如苏式的桂花大方蛋糕、广式的莲花蛋糕等。

（12）烘糕类　以糕粉为主要原料，经拌粉、装模、炖糕、成形、烘烤而制成的口感松脆的糕类制品。如苏式的五香麻糕、广式的淮山鲜乳饼、绍兴香糕等。

此外，油炸制品是以油炸为最后熟制工序的一类糕点。油炸制品包括酥皮类、水油类、松酥类、酥层类、水调类、发酵类、上糖浆类七类。蒸煮制品是以蒸煮为最后熟制工序的一类糕点。蒸煮制品包括蒸蛋糕类、印模糕类、韧糕类、发糕类、松糕类、粽子类、糕团类、水油皮类八类。熟粉制品是将米粉或面粉预先熟制，然后与其他原料混合而成的一类糕点。熟粉制品包括冷调韧糕类、冷调松糕类、热调软糕类、印模糕类、片糕类五类。

3. 按面团（面糊）分类

（1）水调面团类制品　水调面团（筋性面团、韧性面团）是用水和小麦粉调制而成的面团。面团弹性大，延伸性好，压延成皮或搓条时不易断裂。这种面团大部分用于油炸制品，如扬式徽子、京式的炸大排叉等。

（2）松酥面团类制品　松酥面团又称混糖面团或弱筋面团，面团有一定筋力，但比水调面团筋性弱一些。大部分用于松酥类糕点、油炸类糕点和包馅类糕点（松酥皮类）等。如京式冰花酥、广式莲蓉甘露酥、京式开口笑等。

（3）水油面团类制品　水油面团（水油皮面团、水皮面团）主要是用小麦粉、油脂和水调制而成的面团，也有用部分蛋或少量糖粉、饴糖、淀粉糖浆调制成的。面团具有一定的弹性、良好延伸性和可塑性，不仅可以包入油酥面团制成酥层类和酥皮包馅类糕点，也可单独用来包馅制成水油皮类和硬酥类糕点，南北各地不少特色糕点是用这种面团制成。如福建礼饼、春饼、京八件、苏八件、广式千层酥、京式酥盒子、广式莲蓉酥角等。

（4）油酥面团类制品　油酥面团是一种完全用油脂和小麦粉为主调制而成的面团，面团可塑性强，基本无弹性。这种面团不单独用来制作成品，而是作为内夹酥使用。如京八件、苏八件、千层酥、京式马蹄酥、酥盒子等。

（5）酥性面团类制品　酥性面团（甜酥性面团）是在小麦粉中加入大量的糖、油脂、少量的水以及其他辅料调制成的，这种面团具有松散性和良好的可塑性，缺乏弹性和韧性，半成品不韧缩，适合于制作酥类糕点，如京式的桃酥、苏式的杏仁酥等，产品含油量大，具有非常酥松的特点。

（6）糖浆面团类制品　糖浆面团（浆皮面团）是将事先用蔗糖制成的糖浆或麦芽糖浆与小麦粉调制而成的面团。这种面团松软、细腻，既有一定的韧性又有良好的可塑性，适合制作浆皮包馅类糕点，如广式月饼、提浆月饼和松脆类糕点。

（7）发酵面团类制品　发酵面团是以面粉或米粉为主要原料调制而成的面团，然后利用生物疏松剂（酵母菌）将面团发酵，发酵过程会产生大量气体和风味物质。这种面团多用于发酵类和发糕类糕点，如京式缸炉、精火烧、光头、白蜂糕、广式的伦教糕、酒酿饼等。

（8）米粉面团类制品　米粉面团是以大米或大米粉为主要原料调制成面团，如江米条、酥京果、苏式米枫糕、元宵、粽子、苏式八珍糕、片糕等。

（9）面糊类制品　面糊是原料经混合、调制成的最终形式，含水量比面团多，有较好的流动性，不像面团那样能揉捏或擀制。由面糊加工的品种有清蛋糕、油蛋糕等。

（二）西式糕点

1. 按生产地域分类

根据其他世界各国糕点的特点，可分为法式、德式、美式、日式、意大利式、瑞士式等，这些都是各国传统的糕点。如日式糕点与其他各国糕点相比有以下特点：低糖低脂；讲究造型；注重色彩；具有地方特色；包装精美。

2. 按广义的流通领域分类

（1）面类糕点　原料上以小麦粉、蛋制品、糖、奶油（或其他油脂）、乳制品为主要原料，水果制品、巧克力等为辅料，但有时为了突出特点，这些辅料的用量也可能较大。主要用烘烤方式熟制，如各式蛋糕等。

（2）糖果点心　最基本的原料是糖类中的蔗糖，并利用砂糖的特性，添加水果制品、巧克力等，主要采用煮沸、焙煎等加工。如各种风味的糖果等。

（3）凉点心　以乳制品、甜味料、稳定剂为主要原料，采用冷冻、冻结加工，如冰淇淋等。

3. 按生产工艺特点和商业经营习惯分类

传统的西式糕点可分为四大类，即面包、蛋糕、饼干和点心。

（1）面包类　主要指其中的点心面包（花色面包），如油炸面包圈、美式甜面包、花旗面包、丹麦式甜面包等。

（2）饼干类　主要指作坊式制作的饼干，工业化饼干中辅料含量多的饼干和花色饼干，如小西饼、夹馅饼干、涂层饼干等。

（3）蛋糕类　主要有面糊类蛋糕、重奶油蛋糕、水果蛋糕、乳沫蛋糕、戚风蛋糕等各种西式蛋糕。

（4）点心类　主要有甜酥点心（塔类、派）、帕夫酥皮点心（松饼）、巧克斯点心（又称烫面类点心，如奶油空心饼）等。

4. 按照面团（面糊）分类

（1）泡沫面团（面糊）制品　主要包括各种西式蛋糕等。

（2）加热面团制品（烫面类点心）　烫面面团（糊）是在沸腾的油和水的乳化液中加入小麦粉，使小麦粉的淀粉糊化，产生胶凝性，再加入较多的鸡蛋搅打成膨松的团（糊）。用于制作巧克斯点心，国内称为搅面类点心，产品又称哈斗、泡芙、气鼓、奶油空心饼等。

（3）甜酥面团制品　甜酥面团（捏和面团）是以小麦粉、油脂、水（或牛乳）为主要原料配合加入砂糖、鸡蛋、果仁、巧克力、可可、香料等制成的一类不分层的酥点心。产品品种富于变化，口感松酥。用甜酥面团加工出的西点主要有小西饼、塔等。

（4）折叠面团制品　折叠面团是用水油面团（或水调面团）包入油脂，再经反复擀制折叠，形成一层面与一层油交替排列的多层结构，最多可达 1000 多层（层极薄）。如帕夫酥皮点心、派、小西饼等。

（5）发酵面团（酵母面团）制品　如点心面包、比萨饼、小西饼等。

（6）其他面团（面糊）制品　上述各类制品以外的糕点。

三、糕点制作常用原辅料及作用

（一）小麦粉

面粉一般指小麦面粉，是制作糕点的重要原料，在中式糕点的配方中占40%～60%，西式糕点中面粉用量范围变化较大，面粉的品质优劣直接影响着产品品质。如果想把产品品质保持在一定水平上，首先要控制面粉的品质，而控制小麦面粉的品质关键在于小麦的选用。大多数糕点要求是面粉具有较低的面筋蛋白、灰分含量和较弱的筋力，这就要求是由软质冬小麦磨制而成的白面粉（粉心粉），白面粉来自麦粉的胚乳部分，出粉率占总粉的45%～65%，出粉率低，蛋白质、灰分都低，颜色白，烘焙性能良好。

面粉通常可按面筋（或蛋白质）含量的多少分为以下三种基本类型：

1. 强力粉

湿面筋含量在35%以上或蛋白质含量为12%～15%的面粉称为强力粉，适合于制作点心面包、松饼（帕夫起酥点心）等。

2. 中力粉

湿面筋含量在26%～35%或蛋白质含量为9%～11%的面粉称为中力粉，适合于制作水果蛋糕、派、肉馅饼等。

3. 薄力粉

湿面筋含量为26%以下或蛋白质含量为7%～9%的面粉称为薄力粉，适合于制作饼干、蛋糕、甜酥点心和大多中式糕点等。

目前我国的面粉种类比较单一，很难适应制作不同食品的需要。即使同一种专用粉，制作同一类不同品种产品时，对其品质要求也不同，表2-1列出了蛋糕专用粉的种类和用途。另外，为了适合家庭制作不同糕点需要，一些厂家还推出了预混合粉。

表2-1　　　　　　　　　　　蛋糕专用粉的种类和用途

蛋糕专用粉	蛋白质/%（14%含水量）	灰分/%（14%含水量）	用　　　　途
1	6.7	0.23	天使蛋糕等
2	7.35	0.29	戚风、天使、轻奶油白蛋糕和黄蛋糕等
3	8.3	0.32	海绵、巧克力、重油蛋糕等
4	9.10	0.42	重油蛋糕及其他较低成分的蛋糕等

例如，蛋糕预混合粉是将低筋面粉、发酵粉、粉末油脂、食盐、砂糖、脱脂乳粉等原料，经特定工艺，预先制成一种混合料，使用时只需加水和鸡蛋，即可方便地制作出松软可口的高品质蛋糕。蛋糕预混合粉的配比：低筋面粉100kg、

发酵粉 5kg、粉末油脂 30kg、食盐 1kg、砂糖 100kg、脱脂乳粉 5kg。

（二）大米

大米作为糕点的原料大多需要加工成米粉，以粳米、籼米磨制的粉称为大米粉，以糯米磨制的粉称为糯米粉。大米粉通常用来制作各种糕团和糕片等，大米粉多用来制作干性糕点，产品稍硬，由于大米粉的黏性较小，可以适当搭配淀粉，以适合某些糕点品种的质量要求。糯米粉宜制作黏韧柔软的糕点，由于糯米的胚乳为粉状淀粉，柔软，能吸收大量的油和糖，适宜生产重油重糖的品种，也可广泛地作为增稠剂使用。

（三）豆类

糕点中常用的豆类有黄豆、红豆、绿豆三种。豆类在糕点加工中除用来制作豆糕、豆酥糖外，主要用于制作馅料，其中红豆用于制豆沙，绿豆用于制鲜豆蓉，绿豆粉用于制作豆蓉。

使用豆类时一般均需加工成粉，其加工方法因品种而异。加工黄豆粉时先除杂，炒熟，然后磨粉。红豆一般加碱水煮，过筛去皮，经过滤压干即成豆沙，豆沙再加油、糖炒，制成豆沙馅使用。绿豆粉的制法为（广式）绿豆经清洗浸泡后，取出 40% 晒干，60% 粗沙炒熟，冷却后两者混合，然后研碎，过筛去壳，再磨成豆粉，供制豆蓉用。加工豆粉的绿豆采用晒干与炒熟的方法，与豆蓉的色泽和香味有密切关系。如果绿豆全部炒熟，制成的豆蓉色泽很深，如果全部晒干，制成的豆蓉色泽灰白，而且缺乏豆香味。

（四）油脂

油脂是糕点的主要原料之一，有的糕点用油量高达 50%，油脂不仅为制品添加了风味，改善了制品的结构、外形和色泽，也提高了营养价值，而且是油炸糕点的加热介质。糕点用油脂根据其不同的来源，一般可分为动物油、植物油和混合油三种。

1. 动物油

经常使用的动物油有奶油、猪油、牛羊油等。奶油又称黄油、白脱油，具有特殊的天然纯正芳香味道，具有良好的起酥性、乳化性和一定的可塑性，是制作传统西点使用的主要油脂。奶油可以分为含水和无水两种，含水的奶油含 80% ~ 85% 的乳脂肪，另外有 16% 左右的水分和色素等，大多用于涂抹面包，为了经济起见，最好采用无水奶油。奶油和糖一起搅打膨松所制成的奶油膏是西点常用的装饰料，商品奶油有含盐和无盐两种，奶油膏最好使用无盐奶油。

猪油具有较好的起酥性和乳化性，但不如奶油和人造奶油，且可塑性与稳定性差，猪油经精制脱臭、脱色后，可用于中式糕点和面包内，或加在派的酥皮中，由于猪油可使制品有松和酥的性质，在西点制作中不宜用于蛋糕或小西点中，主要用于制作咸酥点心。牛、羊油具有较好的可塑性和起酥性、但熔点高，不易消化，西点中多用于布丁类点心制作，炼油时如采用熔点低的部分，或与其他熔点较低的植物油混合炼制，可适于蛋糕与西点的制作。

2. 植物油

植物油广泛用于中式糕点的加工，某些植物油还具有特殊的用途。如芝麻油能够赋予制品特殊的芳香，在西点加工中因为植物油大多为流质的，起酥性和搅打发泡能力差，除了部分蛋糕（戚风类）、部分西点（奶油空心饼、小西饼）外，大部分都使用固体油脂。植物油一般多用于煎炸制品的煎炸用油，如炸面包圈、煎饼等。

人造奶油（麦淇淋或玛琪琳）用途很广，在糕点、西点、小西饼等用量也较大，一般人造奶油含有 80% ~ 85% 的油，其余 15% ~ 20% 为水分、盐、香料等，使用时一定要考虑其组成，并相应调整配比。氢化油中添加乳化剂就成为乳化油，是制作高成分蛋糕和奶油霜饰料不可缺少的一种油脂。

3. 混合油

以几种不同的原料油经脱色、脱臭后混合制成以上各种氢化油、乳化油、人造奶油等。例如，以低熔点的牛油与其他动、植物油混合制成高熔点的起酥人造奶油，可作为松饼、丹麦面包专用油脂。

（五）糖

糖是制作糕点的主要原料之一，对糕点的质量起着很重要的作用。因为大多数糕点都是甜的，所以糖在糕点中的用量很大，特别是在制作蛋糕时，其用量在面糊内、蛋糕中经常超过面粉。糕点用的食用糖主要是蔗糖，糖除了使焙烤食品产生甜味外，还能对产品的物理和化学特性产生各种不同影响，其他糖类或非糖甜味剂至今还无法取代蔗糖在糕点中的地位。糕点中使用糖的品种也很多，有砂糖、淀粉糖浆、转化糖浆、蜂蜜等，每一种糖的性质不同，在焙烤食品中产生的作用也不相同。所以在使用糖时应了解每一种糖的性能，才能控制产品的品质。

一般糕点中常用的是砂糖，其中白砂糖为颗粒状晶体（甜味纯正，是糕点中使用最多的一种糖，也可用于装饰、化浆熬糖等，有时根据品种需要也可磨成粉使用），按颗粒大小分为细砂、中砂和粗砂三种，大多选用细砂糖为好，因其颗粒几乎适用于所有产品，容易溶解，协助膨松的效果好，除可用作霜饰原料外，中砂糖也可用于制作海绵蛋糕，粗砂糖可用来制作糖浆，也可作为部分西点的撒糖用糖。

（六）蛋品

蛋品是制作糕点的重要原料，在某些产品中（如蛋糕等）则是主要原料，使用量很大。蛋品对糕点的生产工艺和改善产品的色、香、味及提高营养价值等方面都起到一定的作用。糕点中使用的蛋品主要是鸡蛋及其制品，包括鲜蛋、冰蛋及蛋粉等。鸭、鹅蛋因有异味，很少在糕点中使用。但鸭蛋加工成咸蛋、皮蛋后可用来制作蛋黄月饼、皮蛋酥等。

在糕点生产中，一般要根据蛋品加入量的多少，来相应调整各项原料的配比，因此有必要了解蛋的各部分的成分，如表2-2所示。

表2-2　　　　　　　　　　蛋的各部分所含成分　　　　　　　单位:%

可食用部分	固形物	水分	固形物内所含物质			
			蛋白质	脂肪	灰分	糖类
全蛋	26	74	12.8	11.5	1	0.7
蛋黄	45~50	50~55	16.8	31.9	1.7	0.7
蛋白	12.5	87.5	10.8	微量	0.6	0.8

糕点中使用蛋品，不仅能提高产品营养价值和使糕点具有蛋香味，同时还能提高产品的质量。例如，鸡蛋蛋白有良好的发泡性，利用这一特性可以得到体积膨大（不添加其他化学物质）的制品，也能促进制品（特别是蛋糕）的膨松。蛋的蛋白经搅拌打发成泡沫后，蛋白质变性，同时泡沫形成稳定的气孔结构，加入面粉搅拌成面糊后，对产品最后的形状、体积、骨架都起重要的作用。蛋黄中含有大量的油脂，起着起酥油的作用，可以使制品酥松绵软。鸡蛋中的磷脂是很好的乳化剂，帮助油脂和水的分散，使制品组织细腻，滋润可口。在制作奶油膏时，添加鸡蛋可使制品细腻爽口。在西点中用于装饰产品表面和夹馅的各种糕、糊，大多都是添加蛋品制作的。蛋品对糕点的颜色也起着重要作用，使产品容易着色，蛋液涂刷在产品表面，经烘烤后更增加了光泽。

带壳鲜蛋的焙烤品质最好，是糕点生产中使用的主要蛋品，使用时要注意，选用新鲜的，并要洗净去壳，打出的蛋液不要让个别变质鸡蛋污染。新鲜蛋白和蛋黄在空气中暴露过久，其表面会结皮影响使用，故多余的蛋液用湿布盖好，放入冰箱中暂存。

冻蛋（冰蛋）一般在-20℃左右的条件下贮存，使用时需要解冻。冰蛋解冻后要尽快使用完，解冻后的蛋液再重冻。冰蛋的贮存时间过长会影响产品质量。

蛋粉有全蛋粉、蛋白粉、蛋黄粉等多种产品，焙烤品质比鲜蛋差，在糕点中用量不大。使用全蛋粉时，先加3倍左右水配成蛋液再使用，因起泡性差不适合制作海绵蛋糕。使用蛋白粉时需加7倍左右水放置3~4h，制成蛋白后使用，这种蛋白液比鲜蛋清需要更长的搅打时间，可用于糖霜、蛋白膏等的制作。

（七）乳及乳制品

乳品同蛋品一样也是制作糕点（特别是西式糕点）的重要辅料，乳品用于糕点制作可以提高营养价值，增加产品入口咀嚼时的香味，改善产品的色泽和在面团中起乳化作用。乳品在中式糕点中较少使用，在西式糕点中用量较多，西点使用的乳品主要是牛乳及其制品，牛乳不仅是制作其他乳制品（如奶油、奶酪、乳粉等）的原料，在西式糕点加工中也常作为辅料，还大量用来制作各种馅料和装饰料。

新鲜牛乳具有良好的风味，传统西点使用的乳品大都是新鲜牛乳。在制作中、低档蛋糕时，蛋量的减少也往往用新鲜牛乳来补充，新鲜牛乳的缺点是不便运输和贮存，容易变质。因此，目前在西点生产中大多都以乳粉代替新鲜牛乳。

乳粉是由新鲜牛乳经浓缩干燥而去掉几乎全部水分的粉状制品，不易变质污染，贮存空间小，贮存容易，无须冷藏即可保存相当长的时间，使用方便，目前多数西式糕点大多直接使用乳粉。如果配方中为鲜乳，应根据乳粉情况，加水、奶油等调制乳液。

鲜奶油也是常用于西点制作的乳品，它是白色或乳黄色的具有光泽的凝脂膏状体，大多用来制作高档西点（如鲜奶油空心饼、鲜奶油蛋糕等）。其他乳制品在西式糕点制作中也有很多应用，如奶酪可用于制作奶酪馅料和奶酪蛋糕等。

（八）水

水是糕点制作中重要的辅料，绝大多数糕点加工离不开水，有的糕点用水量达50%以上，因此，正确认识和使用水也是确保糕点质量的关键。

水的性质与糕点质量有密切关系，它在糕点中的主要作用：作为溶剂溶解各种干性原、辅料。使各种原、辅料充分混合，成为均一的面团或面糊。具有水化作用，使面团（面糊）达到一定黏稠度和温度，面粉中的蛋白质吸水膨润形成面筋网络，构成制品骨架，淀粉吸水膨润，容易糊化，有利于消化吸收。作为糕点中某些生化反应的介质和产品焙烤时的传热介质。水、油乳化能增加糕点的酥松程度。制品中保持一定的含水量可使其柔软湿润，延长制品保鲜期。

水分为硬水、软水、碱性水、咸水，有些糕点对水质要求很严（如点心面包等），要求使用硬度为8～12度的中硬度，pH为5～6的水。

（九）果料

果料在焙烤食品生产中应用广泛，以糕点最多，面包、饼干仅在少数品种中应用。果料是糕点生产的重要辅料。糕点中使用果料的主要形式有果仁、果干、糖腌水果（果脯、蜜饯）、果酱、干果泥、新鲜水果、罐头水果等。糕点中使用各种果料，既可增加糕点花色品种和营养成分，又可提高产品的风味，有时分布在糕点表面，则起到装饰美化作用。

（十）添加剂

为了提高糕点的加工性能和产品质量，除了使用上面的各种原辅料外，往往还要添加各种添加剂。糕点中常用的添加剂主要有以下几种。

1. 疏松剂

能使产品体积膨胀、结构疏松的物质称为疏松剂。可以分为化学疏松剂和生物疏松剂两大类。使用疏松剂可以提高食品的感官质量，而且有利于食品消化吸收。

（1）化学疏松剂　化学疏松剂主要有碱性疏松剂（碳酸氢钠、碳酸氢铵等）和复合疏松剂（发粉等）。大多数糕点都使用化学疏松剂，利用化学疏松剂受热分解，释放出大量气体，使制品体积增大，并形成疏松多孔的结构。应根据糕点的品种来选用合适的化学疏松剂。

（2）生物疏松剂　主要用于经过发酵的糕点（如点心面包）。面包酵母是常用的生物疏松剂，学名啤酒酵母属真菌类，是一种单细胞微生物。目前，我国市场上销售的酵母品种很多，有进口的如法国燕牌，也有国产的如宜昌安琪牌等，在众多的酵母中发酵特性各不相同。同时也要注意酵母的适应性，有的酵母适合低糖配方产品，有的酵母适合高糖配方，有的酵母适合冷冻面团等，要注意正确的使用方法和使用量。

2. 调味剂

调味剂是增进糕点味道、突出一定风味的添加剂，其中有的还含有人体需要的营养成分。糕点中常用的调味剂包括咸味剂、甜味剂、酸味剂、鲜味剂、香辛料以及其他调味剂等。

（1）咸味剂　咸味剂主要指食盐，能促进消化液的分泌和增进食欲，可调味，并能维持人体正常生理功能的需要。食盐可以改进糕点风味，如改进糕点单纯的甜味，使甜味更为突出，增加甜香口味的特色。在面包制作过程中，食盐的使用必不可少，它可以提高面包的风味，改善面筋的物理性能，增强面筋弹性，使面团组织紧密，内相颜色发白有光泽，表面细腻。同时，也可提高搅拌耐性，调节和控制发酵速度。在制作蜜饯时，需先用食盐腌渍果坯。有时，将食盐撒在制品表面，还有一定的装饰作用，如椒盐卷饼。另外，食盐还具有一定抑菌作用。食盐有精盐、粗盐、工业用盐等几种，生产糕点用的食盐以精盐为好，一般使用量为小麦粉的 1%～2%。

（2）甜味剂　甜味剂是赋予食品以甜味的食品添加剂。糕点中的甜味剂除来自各种糖外，有时还使用一些糖醇类等非糖甜味剂。非糖类甜味剂有天然甜味剂和合成甜味剂，天然甜味剂使用更安全，有的还具有特殊疗效或有改善食品品质的特殊性质，越来越受到重视，常用的有木糖和木糖醇，用于糖尿病患者的疗效食品。由于不能为细菌、酵母所利用，还具有防龋齿效果。

（3）酸味剂　酸味剂具有提高食品质量的许多功能特性，例如改变和维持食品的酸度并改善其风味，增进抗氧化作用，防止食品酸败等；与金属离子络合，具有增强凝胶特性等；也有一定的抗微生物作用。糕点中加入酸味剂，能提高制品风味，增进食欲，还有一定防腐作用，也有助于溶解纤维素及铁、钙、磷等物质，促进消化吸收。常用的酸味剂有柠檬酸、苹果酸、醋酸、酒石酸等。柠檬酸是无色透明结晶或白色颗粒与结晶粉末，无臭、酸味圆润、滋美。熬制果酱适量添加柠檬酸可以产生爽口的酸味和防腐作用，还能促进蔗糖转化，防止果酱返砂。

（4）鲜味剂　鲜味剂主要是补充或增强食品原有风味，多用于部分糕点的馅料，以增加鲜味和增强风味。按其化学性质的不同主要有氨基酸类和核苷酸类。

（5）香辛料　香辛料多用于糕点的馅料，具有特殊香辛味，能提高糕点产品的口味，食品中加入的香辛料主要有两类：香辛料粉末和香辛料抽提物（如香辛料油等）。香辛料粉末是由香辛类芳香植物的产品经处理后制成粉末，单独或复合使用，作为调味用。香辛料风味抽取物有香辛类植物的乙醇抽取物和香料油抽出的挥发性油状物。

（6）其他调味剂　如可可、咖啡、酒、腐乳等也常用于糕点制作。制作糕点加入可可、咖啡，能使制品具有特殊风味，特别是在西点中经常使用，既能调味，又能起到装饰美化作用。白兰地、朗姆酒等酒类多用于西点膏糊、糖水及馅心，以其浓郁的芳香和酯香，为产品增加特色风味，并有去腥作用。某些中式糕点将腐乳加入馅内，以利用其特殊风味，增加产品的特色，如小凤饼等。

3. 着色剂

一些糕点制作时需要使用适量的着色剂，一般用于产品表面装饰、馅心调色以及果料、蜜饯着色等，它可使制品色彩鲜艳悦目，色调和谐宜人，起一定的美化装饰作用。呈现设计需要颜色的物质均称为着色剂，用于糕点制作的着色剂包括天然色素和人工合成色素两大类。天然色素是来自天然动植物或微生物，且大多是可食资源，利用一定的加工方法所获得的有机色素，如叶绿素、番茄红素、胡萝卜色素、红曲、焦糖、姜黄、虫胶色素、可可粉等。人工合成色素主要指人工化学合成方法所制得的有机色素。合成色素色彩鲜艳，性质稳定，着色力强，而且价格便宜，使用方便，因而在实际中广泛应用。不过，合成色素本身无营养价值，而且有一定毒性，应严格按《食品添加剂使用卫生标准》中的规定使用。

4. 食品香料

食品香料是使食品增香的物质，不仅能加强制品的原有香味，使之更加突出，而且对增加食品的花色品种和提高食品质量具有重要作用，也能增进食欲，促进消化吸收。糕点加工中广泛使用的一种香料粉（吉士粉），主要取其特殊的香气和味道，它呈粉末状，浅黄至浅橙黄色，易溶化，适用于软、香、滑等冷热甜点，如蛋糕、面包及面包馅、水果馅饼等。香料按来源不同可分为天然香料、天然等同香料和人造香料三大类。

（十一）增稠剂

增稠剂可提高食品的黏稠度或形成凝胶，从而改变食品的物理性质，赋予食品黏润适宜的口感，并兼有乳化、稳定或使呈悬浮状态的作用。按其来源可分为天然和合成或半合成两大类。天然来源的增稠剂大多数是由植物、海藻或微生物提取的多糖类物质，如果胶、黄原胶、瓜尔胶、甲壳素等，也有一部分是来自动物的高分子多肽聚合物，如明胶等。合成或半合成的增稠剂有羧甲基纤维素钠、海藻酸丙二醇酯以及种类繁多的变性淀粉等。糕点中使用的增稠剂主要有琼脂、明胶、果胶、黄原胶、羧甲基纤维素钠、变性淀粉等，常用于蛋白膏以及某些馅料、装饰料的制作，起增稠、胶凝和稳定作用。

（1）琼脂 又称琼胶、洋菜、冻粉，半透明、白色至浅黄色的薄膜带状、碎片、颗粒或粉末，无色或稍有臭味，口感黏滑，不溶于冷水，可溶于热水，吸水性和持水性很强。在糕点中常用作表面胶凝剂，或制成琼脂蛋白膏等装饰蛋糕及糕点表面。做果酱时添加琼脂，可增加成品黏度，也可加入糕点馅心中，以增加稠度。

（2）明胶 是动物胶原蛋白经部分水解的衍生物，为非均匀的多肽物质，白色或浅黄褐色。半透明、微带光泽的脆片或粉末状，无味，几乎无臭，不溶于冷水，但能吸收 5 倍量的冷水而膨胀软化，溶于热水，冷却后形成凝胶，比琼脂的胶冻韧性强。明胶是制作大型糖粉点心所不可缺少的，也是制作冷冻点心的一种主要原料。

（3）果胶 是白色至黄褐色粉末，几乎无臭。在 20 倍水中溶解成黏稠体，不溶于乙醇和其他有机溶剂。甲氧基高于7%的果胶称为高甲氧基果胶，低于7%的果胶称为低甲氧基果胶。甲氧基含量越高，胶凝能力越大。多用于果酱、果冻的制作，作为蛋黄酱的稳定剂，防止糕点硬化，改进干酪质量等。

（4）黄原胶 是由甘蓝黑腐病单胞菌以糖类为主要原料经发酵制成，又称汉生胶、黄杆菌胶，为类白色或淡黄色粉末，可溶于水，不溶于大多数有机溶剂，水溶液对冷、热、氧化剂、酸、碱及各种酶都很稳定。黄原胶可以提高糕点在焙烤和贮存期的持水性和口味的柔滑性，能延缓淀粉老化，从而延长糕点的保质期。还可防止面糊中葡萄干、干果等固体颗粒在烘烤期间的沉降。

（十二）营养强化剂

糕点是由粮、油、糖、蛋、乳、果料等原料制成，富含各种营养成分。但是由于不同品种的糕点所使用的原料在品种和数量上均有一定差别，因此有可能存在某些营养成分的不平衡，在加工及焙烤过程中，某些营养成分还会受到一定的损失。为了使食品保持原有的营养成分，或者为了补充食品中所缺乏的营养素，而向食品中添加一定量的营养强化剂，以提高其营养价值。食品营养强化剂是指为增强营养成分而加入食品中的天然的或人工合成的，属于天然营养素范围的食品添加剂。通常包括氨基酸、维生素和无机盐三大类。

（1）氨基酸 是蛋白质合成的基本结构单位，也是代谢所需其他胺类物质的前身。作为食品强化用的氨基酸主要是必需氨基酸，主要有赖氨酸、蛋氨酸、苏氨酸和色氨酸 4 种，其中以赖氨酸最为重要。在谷物蛋白质中一般含量较低，故用作糕点类制品的强化剂，以提高人体对蛋白质的吸收率。赖氨酸在酸性时加热较稳定，但在还原糖存在时加热，则有相当数量被分解。对于婴幼儿类糕点，还有必要适当强化含氮化合物类的牛磺酸。

（2）维生素 是一类具有调节人体各种代谢，维持机体生命和健康必不可少的营养素。它不能或几乎不能在人体内合成，必须从外界不断摄食。当膳食中长期缺乏某种维生素时，会引起代谢失调、生长停滞，甚至进入病理状态。所以维生素强化在食品强化中占有相当重要的地位。糕点中需要强化的脂溶性维生素有维生素 A、维生素 D 等，可直接添加到油脂中。需要强化的水溶性维生素有维生素 B 复合物和维生素 C。对于婴幼儿糕点食品有进一步强化胆碱和肌醇的必要。

（3）无机盐　在食物中分布很广，一般均能满足机体需要，只有某些种类因膳食调配不当等原因比较容易缺乏，如钙、铁、碘、硒等。对于婴幼儿、青少年、孕妇和乳母，钙、铁的缺乏比较常见，而碘、硒因环境条件而异。强化的钙盐不一定是要可溶的，如碳酸钙、乳酸钙等，但应是较细的颗粒，强化钙时应注意钙、磷的比例，维生素 D 可促进钙吸收，植酸等含量高则影响钙的吸收。

用于强化的铁盐种类也很多，一般来说，二价铁比三价铁易于吸收。应该注意，抗坏血酸和肉类促进铁的吸收，植酸盐和磷酸盐降低铁的吸收，抗氧化剂与铁反应着色等。

任务二 ❯ 糕点制作工艺

一、面团调制

面团（面糊）的调制就是指将配方中的原料用搅拌的方法调制成适合于各种糕点加工所需要的面团或面糊。面团（面糊）调制的主要目的如下：

（1）使各种原料混合均匀，发挥原材料在糕点制品中应起的作用；

（2）改变原材料的物理性质，如软硬、黏弹性、韧性、可塑性、延伸性、流动性等，以满足制作糕点的需要，便于成形操作。

糕点的种类繁多，各类糕点的风味和质量要求存在很大差异，因而面团（糊）的调制原理及方法各不相同，为了叙述的方便，将糕点的皮、酥调制也列入面团（面糊）的调制范围之内，下面分别加以阐述。

（一）中式糕点面团（面糊）调制技术

1. 松酥面团

松酥面团又称混糖面团或弱筋性面团，面团有一定筋力，但比水调面团筋力弱一些。大部分用于松酥类糕点、油炸类糕点和包馅类（松酥皮类）糕点等，如京式冰花酥、京式开口笑等。典型配方见表 2 - 3。

表2-3 松酥面团配方 单位：kg

糕点名称	面粉	砂糖	油脂	鸡蛋	糖浆	水	疏松剂	其他
枣泥酥	100	30	21	8	30	5	0.1	枣泥5
开口笑（皮）	100	26	12	10	20	5		
冰花酥	100	30	18	10	12	5	0.5	
莲蓉甘露酥	100	60	45	20	7	7	1	莲蓉5

将糖、糖浆、鸡蛋、油脂、水和疏松剂放入调粉机内搅拌均匀，使之乳化形成乳浊液，再加入面粉，继续充分搅拌，形成软硬适宜的面团，面团调制时，由于糖液的反水化作用和油脂的疏水性，使面筋蛋白质在一定温度条件下，部分发生吸水胀润，限制了面筋大量形成，使调制出的面团既有一定的筋性、又有良好的延伸性和可塑性。

2. 水调面团

水调面团是用水和小麦粉调制而成的面团。面团弹性大，延展性好，压延成皮或搓条时不易断裂，因而又称筋性面团或韧性面团。对水调面团的要求是光洁、均匀，有良好的弹性、韧性和延伸性。这种面团大部分用于油炸制品，如馓子、京式的炸大排叉等。典型配方见表2-4。

表2-4 水调面团配方 单位：kg

糕点名称	面粉	水	盐	砂糖	发粉	其他
盘丝饼	100	60	0.5			
馓子	100	63	1.9		4.5	
栗子酥	100	45		14		栗子适量

将面粉、水及其他辅料（如食盐、蛋、疏松剂等）放入调粉机内，充分搅拌，使小麦粉充分吸水形成大量面筋。面团经充分调制，达到适当弹性即可停机。如果为手工调制，要求充分揉压面团，使面团达到一定软硬度和充分起筋。面团调制结束后静置15～20min（醒面），使面团内应力消除，变得更均匀。同时降低部分弹性，增加可塑性和延伸性，便于成形（搓条或压延）操作。

3. 水油面团

水油面团（水油皮面团、水皮面团）主要是用小麦粉、油脂和水调制而成的面团，为了增加风味，也有用部分蛋或少量糖粉、饴糖、淀粉糖浆调制成的。面团具有一定的弹性，良好延伸性和可塑性，不仅可以包入油酥面团制成酥层类、酥皮包馅类糕点（如京八件、苏八件、千层酥等），也可单独用来包馅制成水油皮类、硬酥类糕点（如京式自来红、自来白月饼、福建礼饼、奶皮饼等），南北各地不少特色糕点是用这种面团制成。典型配方见表2-5。

表 2 - 5 水油面团配方 单位：kg

糕点名称	面粉	水	油脂	鸡蛋	砂糖	淀粉糖浆	其他
京八件	100	50	45				
广式冬蓉酥（皮）	100	40	25			10	冬蓉
广式莲蓉酥	100	30	30				莲蓉
小胖酥	100	32	18	27	6.8		

水油面团按加糖与否分为无糖水油面团和有糖水油面团，糖的添加主要是为了使表皮容易着色和改善风味。水油面团按其包馅方式又可分为两种：一是单独包馅用的水油面团，面团延伸性好，有时也称延伸性水油面团，二是包入油酥面包制成酥皮再包馅，面团延伸性差，有时也称弱延伸性水油面团。另外，熟制方式不同，水油面团也有差异，用于焙烤的筋力强些，用于油炸的筋力差些。

目前，水调面团的调制根据加水的温度主要有以下三种方法：① 冷水调制法：首先搅拌油、饴糖，再加入冷水搅拌均匀，最后加入面粉，调制成面团。用这种面团生产出的产品，表皮浅白，口感偏硬，酥性差，酥层不易断脆；② 温水调制法：将 40～50℃ 的温水、油及其他辅料搅拌均匀，加入面粉调制成面团。这种面团生产的糕点，皮色稍深，柔软酥松，入口即化。③ 热、冷水分步调制法：这是目前国内调制水油面团普遍采用的方法。首先将开水、油、饴糖等搅拌均匀，然后加入面粉调成块状，摊开面团，稍冷片刻，再逐步（分 3～4 次）加入冷水调制，继续搅拌面团，当面团光滑细腻并上筋后，停止搅拌，用手摊开面团，静置一段时间后备用。这种方法淀粉首先部分糊化调成块状，由于其中油、糖作用，后期加入的冷水使蛋白质吸水膨润受到一定限制，所以最后调制出的面团组织均匀细密，面团可塑性强。生产出的糕点表皮颜色适中，口感酥脆不硬。

4. 油酥面团

油酥面团是一种完全用油脂和小麦粉为主调制而成的面团。即在小麦粉中加入一定比例的油脂，放入调粉机内搅拌均匀，然后取出分块，用手使劲擦透而成，所以也称擦酥面团。面团可塑性强，基本无弹性。这种面团不单独用来制作成品，而是作为内夹酥使用。酥皮类糕点皮料多用水油面团包入油酥面团，酥层类糕点的皮料还可使用甜酥性面团、发酵面团等。能使糕点（或表皮）形成多层次的酥性结构，使产品酥香可口，如酥层类糕点广式千层酥等的酥料、酥皮类糕点京八件、苏八件等的酥料。典型配方见表 2 - 6。

表2-6   油酥面团配方   单位：kg

糕点名称	面粉	油脂	其他
京八件（酥料）	100	52	
广式冬蓉酥（酥料）	100	50	
京式百果酥（酥料）	100	50	着色剂少许
宁绍式千层酥（酥料）	100	50	

首先将小麦粉和油脂在调粉机内搅拌约2min，然后将面团取出分块，用手使劲擦透，防止出现粉块，这种面团用固态油脂比用流态油脂好，但擦酥时间要长些，流态油脂擦匀即可。面粉选用薄力粉，而且粉粒要求比较细。

5.酥性面团

酥性面团（甜酥性面团）是在小麦粉中加入大量的糖、油脂及少量的水以及其他颜料调制成的面团。这种面团具有松散性和良好的可塑性，缺乏弹性和韧性，半成品不韧缩，适合于制作酥类糕点，如京式的桃酥、苏式的杏仁酥等，产品含油量大，具有非常酥松的特点。产品不仅油、糖含量大，而且具有各种果仁，表面呈金黄色，并有自然裂开的花纹，裂纹凹处色泽略浅，产品组织结构极为酥松、绵软、口味香甜、口感油润，入口易碎，大多数产品不包馅。生产工艺简单，便于机械化生产，产量高，是中式糕点大量生产的主要品种之一。典型配方见表2-7。

表2-7   酥性面团配方   单位：kg

糕点名称	面粉	油脂	砂糖	鸡蛋	核桃仁	桂花	水	疏松剂	其他
桃酥	100	50	48	9.0	10	5	适量	1.2	
吧啦饼	100	50	50		10	5	16~18	1.5	瓜仁1
杏仁酥	100	47	42	6			适量	1.1	杏仁1

酥性面团的特点是油、糖用量特别高，一般小麦粉、油和糖的比例为1:（0.3~0.6）:（0.3~0.5），加水量较少。面粉要求使用薄力粉；而且面粉颗粒较粗一些为好，因为粗颗粒吸水慢，能增强酥性程度。面团调制方法：面团调制关键在于投料顺序，首先进行辅料预混合，即将油、糖、水、蛋放入调粉机内充分搅拌，形成均匀的水/油型乳浊液后，再加入疏松剂、桂花等辅料搅拌均匀。最后加入小麦粉搅拌，搅拌时以慢速进行，混合均匀即可，要控制搅拌温度和时间，防止形成大块面筋。

为了使调制出的酥性面团真正达到酥性产品的要求，调制时必须注意以下几点：

（1）辅料预混合必须充分乳化，乳化不均匀会出现浸油出筋等现象。

（2）加入面粉后，要控制好搅拌速度和搅拌时间，尽可能少揉搓面团，均匀即可，防止起筋。

（3）控制面团温度不要过高，温度过高，面粉会加速水化，容易起筋，也容易使面团走油。一般控制在 20～25℃较好。

（4）调制好的面团不需要静置，应立即成形，并做到随用随调。如果放置时间长，特别在夏季室温高的情况下，面团容易出现起筋和走油等现象，使产品失去酥性特点，质量下降。

6. 糖浆面团

糖浆面团（浆皮面团）是将事先用蔗糖制成的糖浆或麦芽糖浆与小麦粉调制而成的面团。这种面团松软、细腻，既有一定的韧性又有良好的可塑性，适合制作浆皮包馅类糕点，如广式月饼、提浆月饼和松脆类糕点（如广式的薄脆、苏式的金钱饼等）。

糖浆面团可分为砂糖面团、麦芽糖浆面团、混合糖浆面团三类，这三类面团制作的糕点，生产方法和产品性质有显著区别，以砂糖浆制成的糕点比较多。砂糖浆面团是用砂糖浆和小麦粉为主要原料调制而成，由于砂糖浆是蔗糖经酸水解产生转化糖而制成，加上糖浆用量多，制作浆皮类糕点时约占饼皮的 40%，使饼皮具有良好的可塑性，不酥不脆，柔软不裂，并且在烘烤时易着色，成品存放 2d 后回油，饼皮更为油润。麦芽糖浆面团是以小麦粉与麦芽糖为主要原料调制而成的，用它加工出产品的特点：色泽棕红、光泽油润、甘香脆化。混合糖浆面团是以砂糖糖浆、麦芽糖浆等与小麦粉为主要原料调制而成的，用这种面团加工出的产品，既有比较好的色泽，也有较好的口感。典型配方见表 2-8。

表 2-8　　　　　　　　　　　　糖浆面团配方　　　　　　　　　　单位：kg

糕点名称	面粉	砂糖	饴糖	水	疏松剂	油	鲜蛋
提浆月饼	100	32	18	15	0.3	24	
广式月饼	100	80（糖浆）		2		24	
鸡仔饼	100	20	66	1		20	12
甜肉月饼	100	40	5	15		21	

制作不同品种的糖浆面团，其糖浆有不同的制作方法，即使同一品种，各地的糖浆制法也有差异。

糖浆面团的调制方法：首先将糖浆放入调粉机内，加入水、疏松剂等搅拌均匀，加入油脂搅拌成乳白色悬浮状液体，再逐次加入面粉搅拌均匀，面团达到一定软硬，撒上浮面，倒出调粉机即可。搅拌好的面团应该柔软适宜、细腻、不浸油。由于糖浆黏度大，增强了对面筋蛋白的反水化作用，使面筋蛋白质不能充分吸水胀润，限制了面筋大量形成，使面团具有良好的可塑性。

调制糖浆面团时应注意以下几点：

（1）精浆必须冷却后才可使用，不可使用热浆。

（2）糖浆与水（碱水等）充分混合，才加入油脂搅拌，否则成品会起白点，再者对于使用碱水的糕点，一定控制好用量，碱水用量过多，成品不够鲜艳，呈暗褐色，碱水用量过少，成品不易着色。

（3）在加入小麦粉之前，糖浆和油脂必须充分乳化，如果搅拌时间短，乳化不均匀则调制的面团发散，容易走油、粗糙、起筋，工艺性能差。

（4）面粉应逐次加入，最后留下少量面粉以调节面团的软硬度，如果太硬可增加些糖浆来调节，不可用水。

（5）面团调制好以后，面筋胀润过程仍继续进行，所以不宜存放时间过长（在 30～45min 成形完毕），时间拖长面团容易起筋，面团韧性增加，影响成品质量。

7. 发酵面团

发酵面团是以面粉或米粉为主要原料调制成的面团，然后利用生物疏松剂（酵母菌）将面团发酵，发酵过程会产生大量气体和风味物质。这种面团多用于发酵类和发糕类糕点，如京式缸炉、糖火烧、光头等。发酵面团制作利用酵母菌的方式有三种：一是利用空气中浮游的酵母菌，二是利用酿酒的曲，三是利用酵母（鲜酵母、干酵母、高活性干酵母）。前两种是我国传统的方法，操作方便，简单易行，但有许多缺点。目前，我国酵母生产已有一定规模，酵母具有活性强、发酵快、稳定性好、易贮存、无损失浪费等特点，在发酵面团制作中逐渐被认识和使用。发酵方法有一次发酵法、二次发酵法等，应根据品种的特点而采用，发酵类糕点的典型配方见表 2-9。

表 2-9　　　　　　　　　　　　发酵类糕点配方　　　　　　　　　　单位：kg

糕点名称	面粉	猪油	白糖	桂花	碱	水	其他
切边缸炉	100（一次发酵）		32	1.5	0.12	55～60	
糖火烧	100（一次发酵）	2～6			0.1	55～60	
光头	100（20%发酵）	0～1	31		0.15	55～60	奶油 5、牛乳 13
白凤膏	米粉 100（二次发酵）		40	2.0		55～60	青红丝 0.5、瓜仁 0.5、杏仁 0.5

8. 米粉面团

米粉是以大米为原料，经过加工磨碎成粉，一般使用粳米、籼米和糯米，以粳米、籼米制的粉称为大米粉，以糯米磨制的粉称为糯米粉。粳米和籼米的胚乳中，多为硬质淀粉，粉粒坚硬不易碎，所以用大米粉制成的产品缺乏透明度，制品稍硬。再者粳米和籼米中直链淀粉含量高，黏度低，松散难成团，制造糕点时，可以适当搭配淀粉，以适合某些糕点品种的质量要求。糯米粉的胚乳为粉状。淀粉排列疏松，含糊精较多，在结构上几乎全是支链淀粉，黏度大，易结成团块，糊化后黏性很大，其制品具有韧性而柔软，能吸收大量的油和糖，适宜生产重油重糖的品种。在调制米粉面团时，要按照糕点的品质要求，选用一种米粉或按一定比例搭配不同米粉。

米粉面团的调制方法主要有以下几种：

（1）打芡面团　选用糯米粉，取量 10% 的糯粉，加入 20% 的水捏和成团，再制成大小适宜的饼坯。在锅中加入 10% 的水，加热至沸腾后加入制好的饼坯，边煮边搅，煮熟后备用，这一过程称为打芡或煮芡。有的品种是将制好的饼坯和糖浆一起煮制打芡。将煮芡与糖一起投入调粉机内搅拌，糖全部溶化均匀后，再加入剩余的糯米粉，继续搅拌调成软硬合适的面团。这种面团多用于油炸类糕点，如江米条、酥京果等。

（2）水磨面团　将粳米或籼米除杂，洗净浸泡 3h，水磨成浆，装入布袋中挤压出一部分水备用。按配方取出 25%，加入 0.8% 左右的鲜酵母，发酵 3h 后进入下道工序，该面团可制作藕筒糕等蒸制类糕点。如果不需发酵，先将糯米除杂洗净，浸泡 3~5h 水磨成浆，沥水压干，然后与糖液搅拌而成。

（3）烫调米粉面团　将糯米糕粉、砂糖粉等原料用开水调制而成面团。因为糕粉已熟制，再用沸水冲调，糕粉中的淀粉颗粒遇热大量吸水，充分糊化，体积膨胀，经冷却后形成凝胶状的韧性糕团。这种面团柔软，具有较强的韧性。

（4）冷调米粉面团　首先将制好的转化糖浆、油脂、香精等投入调粉机中混合均匀，再加入米粉充分搅拌，有黏性后加入冷水继续搅拌，当面团有良好的弹性和韧性时停止搅拌。当加入冷水时，糕粉中的可溶性 α - 淀粉大量吸水而膨胀，在糖浆作用下使糕粉互相连接成凝胶状网络。调制中可分批加水，使面团中淀粉充分吸水膨润，降低面团黏度。增加韧性和光泽。多用于熟粉制品，如苏式的松子冰雪酥、清凉酥、闽式的食珍橘红糕等。

（二）西式糕点面团（面糊）调制技术

面团（面糊）是原料经混合、调制成的最终形式，面糊含水量比面团多，不像面团那样能揉捏或擀制。西式糕点中由面团加工的品种有：点心面包、松酥点心（松饼）、酥皮点心、小西饼、派等。由面糊加工的品种有：蛋糕、巧克斯点心、部分饼干等。糕点品种不同，其面团（面糊）的调制也有差异，下面介绍几种有代表性的面团（面糊）调制方法。

1. 泡沫面团（糊）

（1）蛋白面糊　蛋白面糊（加糖蛋白面糊）是指利用蛋白中加入砂糖打发起泡而调制成的面糊，是起泡面团中最基本的面团之一，品种变化多样。蛋白面糊加入坚果类（核桃等）、奶油、小麦粉等能调制出许多糕点的面糊。典型配方见表 2－10。

表 2-10   加糖蛋白面糊配方   单位：kg

面糊名称	蛋白	砂糖	其他	备 注
冷加糖蛋白面糊	100	糖粉 200		糖粉可减少至 150
热加糖蛋白面糊	100	糖粉 280		加热至 50℃起泡
煮沸加糖蛋白面糊	100	果糖 200	水约 60	果糖制成 110~125℃的糖浆

利用蛋白的起泡性调制，有如下三种方法：

① 冷加糖蛋白面糊：在蛋白中先加入少量的砂糖（40%~50%），将蛋白慢慢搅开，开始起泡后立即快速搅打 5~6min，然后分数次加入剩余的糖继续搅打，可制成坚实的加糖蛋白面糊。

② 热加糖蛋白面糊：将蛋白水浴加热，采用冷加糖蛋白的调制方法搅打，温度升至 50℃时停止热水浴，继续搅拌冷却到室温，就可制得坚实的加糖蛋白面糊。如果过度受热，蛋白质发生变性，采用这种加糖蛋白面糊加工出的产品发脆。

③ 煮沸加糖蛋白面糊：先在蛋白中加入少量糖（约 20%），采用①、②介绍的方法搅拌 7min 左右，将熬好的糖浆呈细丝状注入搅拌器，同时继续搅拌，糖浆加完后，继续搅拌时停止加热即可。由于这种加糖蛋白稳定性好，与稀奶油等混合，适合于蛋糕的装饰。

三种方法的工艺流程：

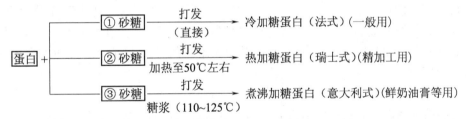

（2）乳沫面糊 乳沫面糊也是西式糕点中基本面糊（不加油脂或仅加少量油脂），充分利用蛋白、全蛋的起泡性，先将蛋白搅打起泡，再利用全蛋的起泡性，然后加入砂糖搅拌，最后加入过筛的小麦粉调制而成。这种面糊广泛应用于海绵蛋糕的制作，所以也称海绵蛋糕面糊。产品具有密的气泡结构，质地柔软而富有弹性。典型配方见表 2-11。

表 2-11   乳沫面糊配方   单位：kg

面糊名称		原料				备注
		鸡蛋	砂糖	面粉	其他	
基本面糊	全蛋搅打法或分开搅打法	高档	200	100	100		也可以加适量的水
		中档	150	100	100		
		低档	100	100	100		
	乳化法		100-150	100	100	乳化剂 4.5~8.5 水或牛乳 10~80	

海绵面糊调制方法主要有三种：全蛋搅打法、分开搅打法和乳化法。

① 全蛋搅打法（热起泡法）：全蛋中加入少量的砂糖充分搅开，分数次加入剩余的砂糖，一边水浴加热一边打发，温度至40℃左右去掉水浴，继续搅打至一定稠度、光洁而细腻的白色泡沫。在慢速搅拌下加入色素、风味物（如香精）、甘油、牛乳、水等液体原料，最后加入已过筛的小麦粉，混合均匀即可。一般分开搅打法不用水浴，全蛋搅打法使用水浴，主要是为了保证蛋液的温度，使蛋液充分发挥搅打起泡性。

② 分开搅打法（冷起泡法）：将全蛋分成蛋白和蛋黄两部分。蛋白中分数次加入1/3的糖搅打，制成坚实的加糖蛋白膏；用2/3的糖与蛋黄一起搅打起泡；将前两者充分混合后加入过筛的小麦粉，拌匀即可。也有用2/3的糖与蛋白一起搅打成蛋白膏。面粉与1/3的糖加入搅打好的蛋黄中，再与加糖蛋白混匀。

③ 乳化法：蛋糕乳化剂能促进泡沫及油、水分散体系的稳定，它的应用是对传统工艺的一种改进，比较适用于大批量生产。使用乳化剂有如下优点：蛋液容易打发，不需水浴加温，缩短了打蛋时间，可适当减少蛋和糖的用量，并可补充较多的水，产品冷却后不易发干，延长了保鲜期，产品内部组织细腻，气孔均匀，弹性好。但如果乳化剂用量过多和减少蛋的用量，会使蛋糕失去应有的特色和风味。调制方法：用牛乳、水将乳化剂充分化开，再加入鸡蛋、砂糖等一起快速搅打至浆料呈乳白色细腻的膏状，在慢速搅拌下逐步加入筛过的面粉，混匀即可。也可采用一步调制法，即先将牛乳、水、乳化剂充分化开，再加入其他所有原料一起搅打成光滑的面糊。如制作含奶油的面糊时，可先将蛋和糖一起打发后，在慢速搅拌下缓慢加入熔化的奶油，混匀后再加入面粉搅打均匀即可。

（3）油脂面糊（奶油蛋糕面糊）　油脂面糊所使用的原料成分很高，小麦粉、砂糖、鸡蛋、油脂的比例为1:1:1:1，这是比较基本的配比，如果改变这些配比，并选择添加牛乳、果料、发粉等其他原料，就可以制作出品种多样的油脂面糊。油脂面糊搅打时间和气泡的稳定性、弹性和柔软度不如海绵面糊，但质地酥散、滋润，带有油脂（特别是奶油）的香味。油脂的充气性和起酥性是形成产品组织与口感特征的主要因素。典型配方见表2－12。

表2－12　　　　　　　　　　　油脂面糊配方　　　　　　　　　　　单位：kg

面糊名称	原料					备注
	鸡蛋	绵白糖	面粉	油脂	其他	
糖油法面糊	100	100	100	50~100	发粉1~2	发粉、牛乳可以不用，添加朗姆酒、柠檬汁、香草香精等
粉油法面糊	85	65	100	65	发粉1~2.5，牛乳10~30	
糖/粉油法面糊	70	85	100	85	发粉1~2.5，牛乳10~30	

油脂面糊的调制方法主要有糖油法、粉油法和糖/粉油法三种。

① 糖油法：将油脂（奶油、人造奶油等）搅打开，加入过筛的砂糖充分搅打至呈淡黄色、蓬松而细腻的膏状，再将全蛋液呈缓慢细流状分数次加入上述油脂和糖的混合物中，每次均需充分搅拌均匀，然后加入筛过的面粉（如果需要使用乳粉、发粉，需预先过筛混入面粉中），轻轻混入浆料中，注意不能有团块，不要过分搅拌以尽量减少面筋生成。最后，加入水、牛乳（香精、色素若为水溶性可在此加入，若为油溶性在刚开始加入），如果有果干、果仁等可在此加入，混匀即成糖油法油脂面糊。另外，除上述全蛋搅打的精油法外，蛋白和蛋黄还可以分开搅打，即先将蛋白搅打发泡至一定程度，加入 1/3 的砂糖，充分搅打成厚而光滑的糖蛋白膏，再将奶油与剩余的糖（2/3）一起搅打成蓬松的膏状，加入蛋黄搅打均匀，然后加入糖蛋白膏拌匀。最后加入过筛的面粉。

② 粉油法：将油脂（奶油、人造奶油等）与过筛的面粉（比奶油量稀少）一起搅打成蓬松的膏状，加入砂糖搅拌，再加入剩余过筛的小麦粉，最后分数次加入全蛋液混合成面糊（牛乳、水等液体在加完蛋后加入）。还有一种方法就是将小麦粉过筛分成两份，一份面粉与油脂搅打混合，全蛋液与砂糖搅打成泡沫状（约 5～7min），将蛋、糖混合物分数次加入到油脂与面粉的混合物中，每次均要搅打均匀，再将另一份面粉（需要使用发粉时，过筛加入这份面粉中）加入浆料中，混匀至光滑、无团块为止，最后加入牛乳、水、果干、果仁等混匀即可。手工调制油脂面糊（粉油法）时经常采用后一种方法。

③ 糖/粉油法：糖/粉油法又称混合法、两步法，是将糖油法和粉油法相结合的调制方法。将小麦粉过筛等分为两份，一份面粉与油脂（奶油、人造奶油等）、砂糖一起搅打，全蛋液分数次加入搅打，每次均需搅打均匀，另一份小麦粉与发粉、乳粉等过筛混匀再加入，最后加入牛乳、水、果干（仁）等搅拌均匀即可。也有将所有的干性原料（如面粉、糖、乳粉、发粉等）一起混合过筛，加入油脂中一起搅拌至"面包渣"状为止，另外，将所有湿性原料（如蛋液、牛乳、水、甘油等）一起混合，呈细流状加入干性原料与油脂的混合物中，同时不断搅拌至无团块、光滑的浆料为止。

2. 加热面团（糊）

加热面团（糊）烫面面团是在沸腾的油和水的乳化液中加入小麦粉，小麦粉中的蛋白质变性，降低面团筋力，提高可塑性，同时淀粉糊化，产生胶凝性。再加入较多的鸡蛋搅打成蓬松的面糊，可用于制作巧克斯点心。面团（糊）调制好后进炉烘烤，借助于鸡蛋的发泡力，烘烤时产品有较大胀发，同时在产品内部形成较大的空洞结构（中空状结构），可以充填不同的馅料。产品口感松软，外酥内软，风味主要取决于所填装的馅料。另外，还有些西点使用烫面面糊经油炸或蒸煮而制成。典型配方见表 2–13。

表 2-13　　　　　　　　　　　　加热面糊配方　　　　　　　　　单位：kg

面糊名称		鸡蛋	绵白糖	面粉	油脂	其他
			原料			
基本面糊	1	270		100	100	水180、盐2
	2	235		100	100	水160、盐2
	3	245		100	75	水120、盐2
	4	200	10	100	33	猪油33、水167、盐2
奶酪面糊	1	160		100	50	半硬干酪40、牛乳200、盐2
	2	250		100	50	干酪150、水196、盐1.7

3. 酥性面团

酥性面团（甜酥面团、混酥面团、松酥面团）是以小麦粉、油脂、水（或牛乳）为主要原料配合加入砂糖、鸡蛋、果仁、巧克力、可可、香料等制成的一类不分层的酥点心。产品品种富于变化，口感松酥。传统上又可把甜酥面团分为两类：酥点面团和甜点面团，前者含糖油量高于后者。用酥性面团加工出的西点主要有：部分饼干、小西饼、塔等。典型配方见表 2-14。

表 2-14　　　　　　　　　　　　酥性面团配方　　　　　　　　　单位：kg

面糊名称		鸡蛋	绵白糖	面粉	油脂	其他	备注
				原料			
无糖面团	1			100	50	水50	也可用人造奶油、起酥油
	2			100	50	发粉3、盐3、水27.5	使用冰水，也可换成白葡萄酒
	3			100	50	碳酸氢铵0.5、水32	
低糖面团	1		9.4	100	50	蛋黄6.7、水30	
	2		19	100	50	盐0.8、水15.5	
	3		4	100	50	蛋黄8、盐2.4、水30	
高糖面团	1	20	50	100	50		
	2			100	50	糖粉30、水50	
	3		43	100	50	水50、淀粉14	
低脂面团	1		40	100	20	牛乳50、碳酸氢铵2	
	2	20	40	100	30	水6	
	3	13	40	100	40		
中脂面团	1	13	60	100	55	蛋黄4	
	2	9	60	100	60	蛋黄4	
	3	12	47	100	67	蛋黄1	
高脂面团	1		28	100	75	水16	
	2			100	80	糖粉27、蛋黄40	
	3		50	100	100	蛋黄9	面团至少冷藏1h后使用

酥性面团的调制方法主要有三种：擦入法、粉油法和糖油法。

① 擦入法：用手或机器将油脂均匀混进面粉中，用手操作时，用双手搓擦，将油脂和面粉混合至屑状为止，不能有团块存在。将糖溶于水、牛乳、蛋液中，加入上述油粉混合物围成的圆圈内，然后将周围的混合物逐渐与中间的糖液混合。机器操作时，将糖液在搅拌下慢慢加入油粉混合物中，继续混合至光滑的面团即可。适于无糖、低糖甜酥面团的调制。

② 粉油法：与油脂蛋糕面糊中粉油法调制相同。即将油脂与等量的小麦粉搅打成到蓬松的膏状，再加入剩余的小麦粉和其他原料调制成面团。适于高脂酥性面团的调制。

③ 糖油法：类似于油脂蛋糕面糊调制中的糖油法。先将油脂与糖一起充分搅打成性松而细腻的膏状。边搅拌边分数次加入蛋液、水、牛乳等其他液体，然后加入过筛的面粉混合成光滑的面团即可。适于高糖酥性面团的调制。

4. 帕夫酥皮面团

帕夫酥皮面团（折叠面团、帕夫面团、泡芙面团、酥层面团）是以小麦粉、油脂、水、食盐为原料调制而成的，用于制作西点中的帕夫酥皮点心（帕夫点心），类似于中式的清酥点心。

帕夫酥皮面团是用水油面团（或水调面团）包入油脂，再经反复擀制折叠，形成一层面与一层油交替排列的多层结构，最多可达 1000 多层（层极薄）。焙烤过程中，面层中的水分受热产生蒸汽，蒸汽的压力迫使层与层分开，防止了面层的相互黏结。另一方面油热熔化，面层中淀粉糊化，同时吸收油脂，而且油脂也作为传热介质使面层酥碎。所以，产品一般单位体积质量较小、分层、酥脆而爽口。

帕夫酥皮面团主要有两类：一类是折叠帕夫酥皮面团，这种面团较为常见。先用小麦粉、盐、水调制成面团，包入油脂后要经反复擀制折叠。另一类是速成帕夫酥皮面团，先将小块油脂与面粉混合，再包入油脂反复擀制折叠，这种面团调制简单快捷，但油脂容易渗出。

（1）典型配方　如表 2－15 所示。

表 2－15　　　　　　　　　　帕夫酥皮面团配方　　　　　　　　　单位：kg

面团			面粉	油脂	其　他	折叠方法
包入折叠帕夫酥皮面团	面团包油	1	100	100 ① 20.8 ② 67	盐 2.4、水 50	3 折 6 次
		2	100	① 12.5	盐 2.5、水 42	3 折 6 次
		3	100	② 87.5	水 62.5	3 折 6 次 注：① 与粉混合② 用于包油
	油包面团	1	① 33 ② 67	① 61 ② 5.6	蛋黄 2.8、盐 1.7、水 45	1. 用粉① 和油② 制成面团，包入其他面团 3 折 6 次
		2	① 67 ② 33	67	盐 2.1、水 42	2. 粉② 和油制成面团，包入其他面团 3 折 6 次

续表

面团		面粉	油脂	其　他	折叠方法
速成帕大酥皮面团	1	100	125	盐3、水60	3折4次
	2	100	8	蛋 10、盐 2、水 50、蛋黄 5、绵白糖 3、盐1.6	
	3	100	50	乳 20、水 20、朗姆酒2	

（2）调制方法　皮面面团调制：皮面中油脂的加入量约为面粉量的12%，加水量为面粉量的44%～56%，调制方法与甜酥点心面团类似，即将面粉、油脂和水一起搅拌成面团。也可用手工调制，先将皮面油脂搓进面粉中，再加水混合并揉成面团。包入折叠帕夫酥皮面团主要有面团包油法和油包面团法。① 面团包油法（法式）：将调制好的皮面面团擀成正方形，中心部厚些，四边薄一些，将油脂拼成比皮面稍小的正方形，对角线与皮面正方形相等，将油脂放在皮面上，四个顶点正好位于皮面的四条边上。再将皮面未盖有油脂的四角往中心折叠，并完全包住油脂。最后折叠成二层面、一层油的三层结构，擀制成长方形，折叠数次；② 油包面团法：油脂中加入一些小麦粉混合均匀，擀制长方形，将皮面团擀制成油面皮的2/3，然后包入油面皮中，反复折叠擀制数次。这种面团表面难于干燥，产品分层不明显，表面有不少斑点；③ 英式法：将皮面团擀成厚度约为0.5cm的长方形，油脂擀成宽与皮面相同，长约皮面的2/3 的长方形，把擀好的油脂放在皮面上，并正好盖住皮面的2/3。将皮面未盖有油脂的部分往中间折，再将另一端的油脂和皮面（为皮面总长的1/3）一起往中间折叠，最后即形成一层面，一层油交替重叠的五层结构，其中面三层、油二层；④ 对折法：简便的法式法，即先把皮面团擀成长方形，经擀制或整形的油脂大小约为皮面的一半，将油脂放在皮面的一半上，皮面以对折的方式把油脂完全包住，再将边缘捏拢，反复折叠擀制数次即可。

（3）折叠方式　帕夫面团的折叠方式主要有三折法、四折法和两者复合法。三折法是将长方形面团沿长边方向分为三等分，两端的部分分别先往中间折叠。折成的小长方形面团，宽度为原长的1/3，呈三折状（图2-1）；四折法类似于叠被子，将长方形面团沿长边方向分为四等分，两端的两部分均往当中折叠，折至中线外，再沿中线折叠一次。最后折成的小长方形面团，其宽度为原长的1/4，呈四折状。无论是三折法或四折法，主要是使粉层和油层变得很薄，得到完全延展的层状组织面团。面团的层数随折叠的次数成对数增长，面团层数过多过少都不好，一般3折6次或4折5次制出的成品组织较好。但有时根据产品不同，面团折叠的层数也有差异。

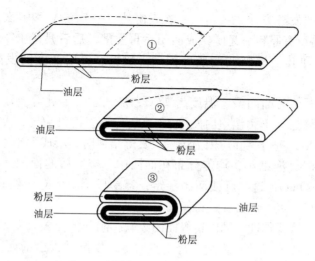

图 2 – 1　三折法

5. 发酵面团

糕点用的发酵面团（酵母面团）同面包面团一样，主要利用酵母发酵产生二氧化碳，使面团膨胀，同时产生风味物质。糕点用的发酵面团，一般蛋、油脂、乳品等辅料用量大。

发酵面团主要有油脂、蛋等用量高的软面团，油脂、蛋等用量低的发酵面团以及包入油脂的折叠发酵面团。发酵折叠面团油脂用量为帕夫折盈面团的 1/4 ~ 1/2，折叠次数也少。发酵面团多用于制作点心面包、小西饼、派、比萨饼等西点。基本配方见表 2 – 16。

表 2 – 16　　　　　　　　　　　发酵面团配方　　　　　　　　　　单位：kg

面团		原　料					其　他	
		面粉	砂糖	酵母	油脂	水		
基本方法	100		2		60	盐 1.5		
一次法	1	100	5	2		60	盐 2、起酥油 4	
	2	100	0.9	5	1.9	57	盐 1.9、脱脂乳粉 5	
	3	100	8.3	5.5	5.5	94.5	盐 2.8、脱脂乳粉 8.3、蛋粉 5.5	
二次法	1 中种	70		2		40		
	本种	30	5			20	盐 2、起酥油 4	
	2 中种	75				45		
	本种	25				15	盐 1.7	
	3 中种	10	1.2			5	脱脂乳粉 2.4	
	本种	90	12		12.5	45	鸡蛋 17.8、盐 2	
	4 中种	44.5		1.7		28		
	本种	55.5			5.6		牛乳 28、麦芽 1.2	

发酵面团的发酵方法主要有：一次发酵法（一次法）和二次发酵法（二次法）。前者是将所有原料一起搅拌成面团后再发酵，后者是用 1/3 的面粉制成种面团，然后再加其他原料调制成面团。一般糖、蛋用量多的发酵面团采用一次法。

由于发酵开始时面团最适温度为 27℃，加入水、牛乳等要注意调整最适温度，第一次发酵在 30℃ 恒温室内发酵 30～90min，发酵结束时，要将面团中产生的 CO_2 部分排出，进行揉和。因为第一次发酵结束时，形成大小不均匀的气泡组织，进行揉和时气泡细小，均匀分布在面团中。排气后的面团，有必要分成大块，静置 15～20min，这样可使面团稳定，容易成形。但对于法式月牙形面包、丹麦点心等发酵糕点，没必要进行揉和。

果肉面包、法式加朗姆酒的饼等面团柔软，刚开始便放入醒发箱发酵，直接焙烤较好。对于法式月牙形面包、丹麦点心等，发酵结束后的面团，包入油脂，3 折法 3 次或 4 折法 2 次后，拼制切分，然后制成各种形状。

成形后的面团，放入醒发箱再发酵，膨发成原来 2.5～3 倍后焙烤。为了防止发酵过度开始后要注意测定、观察、调整。

酵母有鲜酵母、活性干酵母和高活性干酵母。鲜酵母用 3～5 倍、35～40℃ 的水活化后使用。活性干酵母由于干燥方法不同，有粉状、粒状。先用 5 倍的微温水活化 10～15min 后使用。活性干酵母用量理论上为鲜酵母的 1/3，考虑到干燥过程酵母有些失活，所以用量一般为鲜酵母的 1/2。高活性干酵母可以直接混合到小麦粉中。

酵母中含有一些酶，如酿酶（即酒化酶，引起酒精发酵）、蔗糖酶（转化蔗糖），小麦粉中也含有一些酶（如淀粉酶、蛋白酶等），在面团发酵过程中起很大作用。面团内添加其他原料也含有各种各样的酶，参与组织和风味的形成。酵母的发酵和小麦粉中的酶对发酵面团类组织形成、风味的产生起着主要作用。

6. 其他面团

由于西点的品种繁多，除了上面介绍的几种面团外，还有液体面团（糊）、果仁面团、乳酪蛋糕面团、糖果点心面团等。

二、成形技术

成形是将调制好的面团（糊）加工制成一定形状，一般在焙烤前，糕点的成形基本上是由糕点的品种和产品形态所决定，成形的好坏对产品品质影响很大。

面团的物性对成形操作影响很大，调制出的面团一般有两种：① 面糊：水分多，有流动性，不稳定；② 面团：水分较少，有可塑性，比较稳定。可以根据面团的物性选用合适的成形方法，成形方法主要有手工成形、机械成形和印模成形。

（一）手工成形

手工成形比较灵活，可以制成各种各样的形状，所以糕点的成形仍以手工成形为主。手工成形主要有以下几种方式。

1. 手搓成形

手搓是用手搓成各种形状，常用的是搓条，适合发酵面团、米粉面团、甜酥面团等，有些品种需要与其他成形方法（如印模、刀切或夹馅等）互相配合使用。手搓后，生坯一般外形整齐规则，表面光滑，内部组织均匀细腻。

2. 压延成形

用面棒（或其他滚筒）将面团压延成一定厚度面皮的形状，常用于点心饼干、小西饼、派等的成形。压延的目的是调整面团的组织结构，赋予原料粒子一定的方向性，使面坯内部组织均匀细腻，便于后续加工操作（如切割、印模等）进行。因此，压延操作用力要均匀，否则面坯内部组织不均匀，易出现裂纹等。

压延可分为单层压延和多层压延，单层压延是将面团压成单片，使面团均匀扩展，不进行折叠压延。多层压延是将压延后的面片折叠后再压延，可重复数次，目的是为了强化面坯内部组织结构，使产品分层状。

3. 包馅成形

包馅是将定量的馅料，包入一定比例的各种面皮中，使皮馅紧密结合并达到该产品规定的技术要求。适合于需要包馅的糕点，如糖浆皮类、甜酥性皮类、水油酥性皮类糕点等。包馅的技术要求为皮馅分量准确、严密圆正、不重皮、皮馅均匀，并按下道工序的要求达到一定形状。

4. 卷起成形

卷起是先把面团压延成片，在面片上可以涂上各种调味料（如油、盐、果酱、椰蓉等），也可以铺上一层软馅（如豆沙、枣泥等），然后卷成各种形状，用卷起成形法可以制成许多花色品种和风味的糕点。卷起成形分为单向和双向卷起，示意图如图 2 - 2 所示。

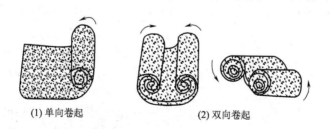

(1) 单向卷起　　　　　　　(2) 双向卷起

图 2 - 2　卷起法示意图

5. 挤注成形

挤注方法除用于西点装饰外，也用于部分糕点的成形，这类糕点的面团一般是半流动状态的膏状，面团内原料粒子间的距离相当近。原料粒子受物理冲击等条件变化运动时，彼此会相互阻碍，所以这种面团具有一定保持形状的能力。成形时即便不挤入模具中，也能比较好地保持挤出时的形状，或者说能形成所用花嘴的特色形状。一般是用喇叭形的挤注袋，下端装有各种形状花嘴子，将膏状料装入挤注袋中，挤入各种模具中。这种成形方式能够发挥操作者的想象力，创造出各种形态和花纹。这种成形方法多用于烫面类西点（如空心饼、爱克力等）的成形。

6. 注模成形

注模成形用于面糊类糕点的成形，如海绵蛋糕、油脂蛋糕等面糊组织内有的含有气泡、有的不含气泡、富有流动性，不能进行压延、切断操作，所以浇注到一定体积、一定形状的容器中。

面糊的水分含量较高，组织内原料成分、气泡呈悬浮状态，刚调制好后呈均匀分散状态，慢慢会发生变化，特别是面糊内含有原料粒子的大小不同和存在不同分散相时，这种变化较快。所以，注模成形时尽量避免面糊的这种变化。

7. 切片成形

切片成形可用于部分糕点面团、半成品等的成形。如冰箱小西饼（酥硬性小西饼），面团经调制好后，用纸包起来放入冰箱中 $0.5 \sim 1h$，使其变硬，用手搓成圆棒状，再放入冰箱中冷却硬化数小时，然后从冰箱中取出，用刀切成不同形状（约 1cm 大小）的面坯焙烤。

8. 折叠成形

产品需要形成均一的层状结构时，面团采用折叠方式成形，如中式的千层酥、西式松饼、帕夫点心等。常用的是二折法（对折法）、三折法、四折法和十字法（图 2 - 3），其中三折法和四折法可交叉使用，折叠方式、折叠次数与形成油脂层数的关系见表 2 - 17。

表 2 - 17　　表 2 - 17　折叠方式、折叠次数与形成油脂层数的关系

折叠方式	折叠次数		油脂层数/层
三折法	2	3^2	$3 \times 3 = 9$
三折法	3	3^3	$3 \times 3 \times 3 = 27$
三折法	4	3^4	$3 \times 3 \times 3 \times 3 = 81$
四折法	2	4^2	$4 \times 4 = 16$
四折法	3	4^3	$4 \times 4 \times 4 = 64$
四折法	4	4^4	$4 \times 4 \times 4 \times 4 = 256$
三折法、四折法、三折法	3		$3 \times 4 \times 3 = 36$
三折法、四折法、三折法、四折法	4		$3 \times 4 \times 3 \times 4 = 144$

9. 包酥成形

包酥成形又称皮酥包制，它是以皮料包入油酥后，经擀制和折叠使面团形成

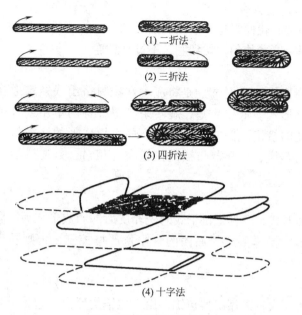

(1) 二折法

(2) 三折法

(3) 四折法

(4) 十字法

图2-3 面团折叠形式

层次分明的层次结构，多用于中点中酥层类糕点制作。一般使用面皮和油酥的比例为1:1，有的品种油酥的比例稍高些。包酥方法可分为大包酥和小包酥两种方法。大包酥是用卷的方法制作的，将一大块皮料面团擀成长方形（或圆形）面片，再将一块油酥铺到面片上，用皮料将油酥包严，包时防止皮料重叠，然后擀成大片，顺长度方向切成2条，从刀口处分别往外卷成长条形。用手或刀具分成小块，按成薄饼即为生坯饼皮。大包酥的特点是效率高，速度快；缺点是层次少，酥层不容易起得均匀、清晰，成品质量较低，适合于生产低档的品种。小包酥可以用卷的方法，也可以用叠的方法制作，将皮料面团和油酥分别搓成细长条，分成各自对等的小块，以一个皮料包一个油酥，擀成片，卷成小卷，将小卷两端向中间折叠，按成圆饼状即为生坯饼皮，也可以一次制4～6个。小包酥的特点是皮酥层次多，层薄，且清晰均匀，坯皮光滑不易破裂，产品质量高，但比较费工，效率低，适宜制作精细、高档的品种。

（二）机械成形

机械成形是在手工成形的基础上发展起来的。是传统糕点的工业化，目前西点中机械成形的品种较多，中点的机械成形的品种较少，但近年来发展较快。常见的糕点机械成形主要有：压延、切片、浇注、辊印、包馅等。

1. 压延机

压延操作容易实现机械化，常见的压延设备有往复式压片机、自动压延机等。面团在两个轧辊之间做往复运动，自动来回辗压，逐渐压延成一定厚度的面皮。

2. 切片机

由刀片升降偏心轮使刀片上下做切削运动，边切边进行传动，切制对象大多是粉制糕片。要求厚薄均匀，切到底，不过分黏连。

3. 浇注机

浇注机（浇模机、注模机）是将流动性物料挤出成一定形状的设备，其工作原理主要四种形式。依靠活塞、旋转泵、螺杆等的单用或合用，能将喂入的物料定量或连续的挤出。例如，浇注蛋糕糊入模成形的注模机。蛋糕糊通过料槽和下料器注入糕模，下料器与糕模位置完全相对，是通过活塞升降来完成浇注过程的。

4. 辊印机

辊印有两种形式，一种是饼干式的先轧皮后冲印成形，另一种用松散面团的印酥成型机。辊印操作要求对面团的含水量严格控制，否则易产生黏模、黏辊现象。

5. 包馅机

现代大型工厂大都采用机器包馅，用于包馅类糕点的包馅操作。所用的包馅机多为日本雷恩 RHEON 公司的产品。

（三）印模成形

印模是一种能将面团（皮）经按压切成一定形状的模具，形状有圆形、椭圆形、三角形等，切边又有平口和花边口两种类型。借助印模可使产品具有一定的形状和花纹，常用的有木模、金属模等（图 2 - 4）。

三、熟制技术

面团（糊）经成形后，一般要进入熟制工序。熟制是糕点生坯通过加热熟化的过程，熟制方法主要有焙烤、油炸、蒸制三种，其中以焙烤最为普遍，这里主要介绍焙烤技术。焙烤就是把成形的糕点生坯，送入烤炉内，经过加热，使产品烤热定形，并具有一定的色泽。焙烤过程中发生一系列物理、化学变化，如水分蒸发、气体膨胀、蛋白质凝固、淀粉糊化、糖的焦糖化与美拉德褐变反应等，焙烤对产品的质量和风味有着重要影响。根据糕点的品种及类别来选用恰当的焙烤条件。影响焙烤的因素主要有以下几点。

（一）炉温

焙烤糕点应根据品种选择不同的炉温，常用的炉温有以下三种。

1. 低温

低温是在 170℃ 以下的炉温，主要适宜烤制白皮类、酥皮类、水果蛋糕等糕点。产品要保持原色。

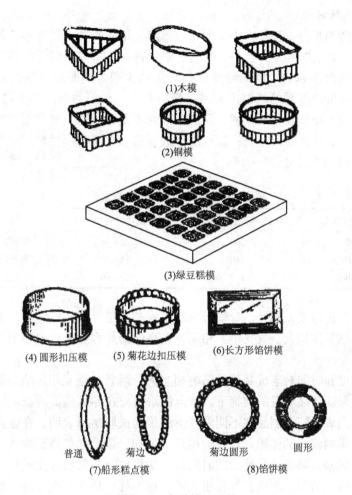

(1)木模

(2)铜模

(3)绿豆糕模

(4) 圆形扣压模　　(5) 菊花边扣压模　　(6) 长方形馅饼模

普通　　菊边　　　菊边圆形　　圆形

(7)船形糕点模　　　　　(8)馅饼模

图2-4　各种模具形状

2. 中温

中温是在170~200℃的炉温，主要适宜烤制大多数蛋糕、甜酥类及包馅类等糕点。产品要求外表色泽较重，如金黄色。

3. 高温

高温是200~240℃的炉温，主要适宜于烤制酥类、部分蛋糕及其他类糕点的一部分品种等。产品要求表面颜色很重，如枣红色或棕褐色。

(二) 底火和面火 (上、下火)

焙烤糕点时要充分利用上下火调整炉温，根据需要发挥烤炉各个部分的作用。上火是指焙烤时烤盘上部空间的炉温，所以也称面火；下火是指烤盘下部空间的炉温，也称底火。炉中上下火温度要根据糕点品种的要求而定，同时还要考虑到炉体结构。

(三) 焙烤时间

焙烤时间与炉温、坯体大小、形状、薄厚、馅芯种类、焙烤容器的材料等因素有关，但以炉温影响最大。一般而言，炉温越高，所需焙烤时间越短；炉温越低，所需焙烤时间越长。因为焙烤时热传递的主要方向是垂直的，而不是水平的，因此产品的厚度对焙烤温度和时间影响较大，较厚的制品如焙烤温度太高，表皮形成太快，阻止了热的渗透，易造成焙烤不足，故适当降低温度。总之，糕点越大或越厚，焙烤时间越长；糕点越小或越薄，焙烤时间越短。蛋糕大小与炉温、焙烤时间的关系见表 2 – 18。

表 2 – 18　　　　　　　　糕点大小与炉温、焙烤时间的关系

糕点质量/g	炉温/℃	焙烤时间/min	上下火控制
<100	200	12 ~ 18	上下火相同
100 ~ 450	180	18 ~ 40	下火大、上火小
450 ~ 1000	170	40 ~ 60	下火大、上火小

焙烤容器色深或无光泽，对辐射热的吸收和发散性能较好，可以缩短焙烤时间，烤出的成品体积大、气孔小。相反，光亮的焙烤容器能反射辐射热，使焙烤时间延长。

焙烤温度和时间对于成品质量影响相当大，两者又是互相影响和制约的。一般来说，在保证产品质量的前提下，糕点的焙烤应在尽可能高的温度下和尽可能短的时间内完成。同一制品在不同温度下的焙烤试验结果表明，在较高的温度下焙烤，可以得到较大的体积和较好的质地。例如，蛋糕如焙烤温度太低，热在制品中的渗透缓慢，浆料被热搅动的时间长，这将导致浆料的过度扩展和气泡的过度膨胀，使成品的组织粗糙，气孔粗大，质地不好。糕点种类不同，焙烤温度不同。不同糕点的焙烤温度见表 2 – 19。

表 2 – 19　　　　　　　焙烤温度与焙烤时间、产品体积的关系

焙烤温度/℃	焙烤时间/min	糕点体积/cm³	成品含水量/%
153	45	2400	28.8
177	40	2520	29.7
190	35	2600	30.6
204	30	2690	31.4
219	25	2760	32.3
232	21	2790	32.9

注：试验采用 730g 天使蛋糕面糊，装于直径为 25.5cm、深 9cm、中间 8cm 空管的烤盘。

糕点产品含水量要求不同，焙烤温度和时间也不同。生坯中含水量较高，而产品含水量要求较低，则应用低温焙烤，时间也长些。这样有利于水分充分蒸发

且产品熟而不焦。蛋糕和发酵类产品含水量要求较高，体积要求膨胀，宜用中温焙烤。酥类和月饼含水量要求较低，配方中油、糖含量高，制品要求外形规整，宜采用高温焙烤。配方中含油脂、糖、蛋、水果等配料在高温下容易烤焦或使制品的色泽过深。所以，含这些配料越丰富的产品所需的炉温越低。同样道理，表面有糖、干果、果仁等装饰材料的制品，其烘烤温度较低。另外，烤炉中如有较多蒸汽存在，则可以允许制品在高一些的炉温下烘烤，因为蒸汽能够推迟表皮的形成，减少表面色泽。

（四）炉内湿度

焙烤时炉内湿度也直接影响产品的品质。炉内湿度适当，制品上色好、皮薄、不粗糙、有光泽。炉内湿度太小，产品上色差，表面粗糙，皮厚无光泽。炉内湿度太大，易使产品表面出现斑点。炉内湿度受炉温高低、炉门封闭情况和炉内制品数量多少等因素影响，如烤炉中装载的制品越多，产生的蒸汽也越多，湿度也越大。目前，大多烤炉内都有自动控制炉内湿度的装置。

（五）装盘方式

糕点所用的烤盘多数选用导热性能好的金属材料。烤盘的厚度影响传热效果，我国多选用 0.5~0.75mm 的铁板。大多数糕点都使用平盘焙烤，生坯在烤盘内摆放方式及疏密程度会直接影响焙烤效果，如生坯在盘内摆放过于稀疏，易造成烤盘裸露多的地方火力集中，使产品表面干燥、灰暗甚至焦煳。蛋糕等面糊类糕点，多用烤听注模焙烤。烤听的容积与所装面糊的重量应有一定比例，过多、过少都会影响蛋糕的品质，同样的面糊使用容积不同的烤听所做出的蛋糕体积、组织、颗粒都不相同，而且如果使用不当能增加 6%~7% 的焙烤损失。

蛋糕面糊因种类、配方、调制的方法不同，面糊装听的重量也不同。标准的装听数量要经过多次的焙烤试验才能确定，使用同一种面糊和同样容积的数个烤听，各分装不同重量的面糊，焙烤后比较各烤听蛋糕的体积、组织和颗粒，选出品质最好的蛋糕，以此面糊的重量作为该项蛋糕装盘的标准。

（六）烤炉种类

烤炉种类也直接影响着产品的焙烤效果，最关键的是炉内温度是否均匀。烤炉主要有箱体炉、旋转式炉、转炉、隧道炉。加热方式有电、煤气、油、远红外线等。目前，以远红外线电烤炉使用最普遍，这种炉升温快、加热时间短、使用控温方便，但降温、散热也快，保温性差。

四、冷却技术

糕点刚出炉时表面温度一般在 180℃，而中心层温度较低（约 100℃）。大多数品种冷却到 35~40℃进行包装，但也有少数品种（如广式月饼）须经冷却重新吸收空气中水分还潮，才包装。

（一）冷却中水分的变化与保质

糕点刚出炉时，其内部水分高于外表，成批产品的冷却等于在低温环境中继续焙烤，水分逐步在冷却过程中挥发，产品最终达到一定含水量。

糕点的品种不同，脆、酥、松、软等口感特性要求也不同，规定中的水分含量也差别较大。例如，蛋糕类含水量一般在 20% ~ 35%，点心面包 35% ~ 40%，月饼在 20% 左右，小西饼低于 5% 等。

糕点冷却过程中水分的变化与空气温度、相对湿度关系密切。适宜的冷却时间应根据糕点品种和车间布置等具体条件，进行测定后判别应当冷却的时间。糕点的包装或装箱都要在冷却后进行，如果不冷却，热蒸汽不易散发，过冷产生的冷凝水便吸附在糕点表面或包装上，为微生物的生长繁殖提供了必要条件，糕点容易霉变。空气相对湿度能影响产品的含水量，空气相对湿度大于产品含水量时，产品吸湿，反之，产品中水分向空气中散失而逐渐变得干硬。不同糕点品种，对其湿度的控制，一般有三种情况。

（1）防止水分蒸发（散失）的品种　都是含水量较高的糕点，如点心、面包、蛋糕等。产品出炉冷却 1 ~ 2h 以后，如不及时包装，水分逐渐向空气中转移，变得干硬，保鲜期短。

（2）防止吸湿的品种　一般是水分含量较低的糕点，如甜酥类糕点、小西饼等。这类糕点冷却时间控制较严，如甜酥类糕点冷却 6 ~ 8min 时，水分挥发降到最低，在 8 ~ 12min 内属于相对稳定阶段，12min 以后开始吸湿。所以这类糕点在冷却后要迅速包装密封，否则会失去应有的酥脆性，导致质量降低。

（3）需要适当吸湿的品种　这类糕点比较特殊，如广式月饼，出炉后饼皮比较干硬，而质量要求松软，存放 24h 后，内部水分向表面转移，表面也可吸收空气中的水分，使饼皮复软，显得油润，达到产品质量要求。所以广式月饼等包装可在 24h 后进行。

（二）冷却与产品形态的关系

糕点刚出炉时，温度和水分含量都较高，需要在冷却过程中挥发水分和降温，才能保持正常的形态。糕点内部结构是疏松物体，往往产生以下两种现象。

1. 变形

大多发生在糕点刚出炉后，马上进行刮盘（又称"炉口刮盘"）。有两方面的原因：一种是外力因素变形，刚出炉时温度高，糕点皮硬内软，因刮刀和堆积作用而变形；另一种是内力因素变形，产品刚出炉时，表面温度 180 ~ 200℃，立即刮盘暴露在室温 20 ~ 30℃ 低温空气中，将会发生热量交换过快、水分急速挥发，使固体微粒之间相对位置发生变化而产生变形。

2. 裂缝

一些含水量较低的糕点，会发生这种情况。随着变形的发生，内部产生的应力超过一定限度，即产生裂缝。产生裂缝的产品一般在生产当天不会发生，到第二天以后出现产品中心部位碎裂，而且每块裂缝的部位大同小异，即称为自然裂缝。这裂缝不同于某些糕点（如桃酥等）因配料和工艺而形成的裂纹。裂纹发生在冷却之前，限于表面不裂到底；裂缝发生在冷却以后，则会到底。当然在裂纹中也会产生裂缝。

以上两种情况说明糕点出炉后不宜马上脱离载体（烤盘、烤听等），进行急速降温冷却，应连同载体缓慢冷却。有些需装饰的糕点（如面糊类蛋糕）出炉后，先在烤盘内冷却10min，取出继续冷却1~2h，然后再加奶油或巧克力等需要的装饰。另外，还有些糕点，如海绵蛋糕等，出炉后应马上翻转使表面向下，以免遇冷而收缩。

五、装饰技术

有很多糕点在包装前需要进行装饰（也称美化），装饰能使糕点更加美观、吸引人，也增加了糕点的风味和品种，特别是西点装饰是其变化的主要手段。装饰需要扎实的基本功，熟练精湛的技术，同时也涉及美术基础、审美意识和艺术的想象力，装饰手法多样，变化灵活，可繁可简。中西糕点装饰用料和方法差别较大，但目的相同。

（一）装饰的目的

1. 使产品更加美观

糕点焙烤出炉冷却后，进行适当的装饰，使其外表有诱人的色泽和图案，以吸引消费者的食欲和购买欲，增加销量。

2. 提高糕点风味，增加糕点营养

糕点装饰所用的装饰料（如奶油、巧克力、果冻、水果、籽仁等），一般都具有独特的风味和营养成分。通过装饰赋予糕点这些装饰料的风味，增加营养成分。由于装饰料的风味不同，装饰后可变化出很多的花样和口味。

3. 延长糕点的保鲜期

由于装饰料大多为奶油、糖冻、巧克力、涂料等，有的本身含有大量的油脂，能够防止内部水分蒸发散失，这些装饰料具有延缓产品老化的作用，经装饰后可达到延长保鲜期的效果。

（二）装饰类型

1. 简易装饰

简易装饰是仅用一、两种装饰材料进行的一次性装饰，操作简便、快速。如涂蛋装饰；在糕点表面上撒糖粉，摆放几粒果干或果仁；以及在糕点表面镶附一层巧克力等。仅使用馅料的夹心装饰也属于简易装饰。

2. 图案装饰

图案装饰是比较常用的装饰类型，一般需要使用两种以上的装饰材料并通常具有两次以上的装饰工序，操作比较复杂，带有较强的技术性。如在制品表面抹上奶膏、糖霜等或裹上翻糖后再进行裱花、描绘、拼摆、粘边等。大多西点的装饰都属于这类。

3. 造型装饰

造型装饰属于糕点的高级装饰，技术性要求更高。装饰时，将制品做成多层体、房屋、船、马车等立体模型，再进一步装饰；或事先用糖制品等做成平面或立体的小模型，再摆放在经初步装饰的糕点上（如蛋糕）。这类装饰主要用于传统高档的节日喜庆蛋糕和展品上。

（三）装饰方法

装饰糕点的方法有很多，常用的方法主要有以下几种。

1. 色泽装饰

糕点的色泽是重要的感官指标，能够直接影响到消费者的食欲。调配色泽时，应根据糕点本身特点和消费习惯，最理想的是使用天然着色剂，如果天然着色剂效果不理想，可以补充人工合成着色剂。另外，注意一般不使用着色剂调配轻微焙烤色等。

2. 裱花装饰

裱花装饰是西点常用的装饰方法，大多用于西式蛋糕，如常见的生日蛋糕、圣诞节大蛋糕、婚礼蛋糕等。主要方法是挤注，原料主要为膏类装饰料（如奶油膏），其次也可用熔化为半固体的糖霜类装饰料和巧克力。通过特制的裱花头和熟练的技巧，裱制出各种花卉、树木、山水、动物、果品等，并配以图案、文字。要求构图美观、布局合理、形象生动、色彩协调。裱花装饰操作难度大，技术要求高，操作者也要有一定的美术和书法基础。操作时，将装饰料装入挤注袋中，挤注袋可用尼龙布缝制或用防油纸折成，尖端出口处事先放入裱花嘴或将纸袋尖端剪成一定形状。由于不同形状的裱花嘴以及手挤的力度、速度和式样（手法）的差异，挤出的装饰料可以形成不同的花纹和图形。成形的基本种类主要有：类似用笔书写字体和绘图，挤撒成无规则的细线，挤成圆点和线条（直线、曲线和各种花式线）；裱成各种花形（玫瑰花等）。

3. 夹心装饰

夹心装饰即在糕点的中间或几层糕点之间夹入装饰材料进行装饰的方法。夹心装饰不仅美化了糕点，而且改善了糕点的风味和营养，增加了糕点的花色品种。糕点中有不少品种需要夹心装饰，如蛋糕、奶油空心饼等，将蛋糕切成片状，每片之间夹入蛋白膏、奶油膏、果浆等，可制成许多层次分明的花色蛋糕。奶油空心饼也是一种夹心装饰，将烤好冷却后的奶油空心饼装入奶油布丁馅或巧克力布丁馅即成；另外，夹心装饰也用于面包、饼干中。

4. 表面装饰

表面装饰是对糕点表面进行装饰的方法，在糕点装饰中被普遍采用。表面装饰又可分为许多种，常见的有涂抹法、包裹法、拼摆法等。

5. 模具装饰

模具装饰是用模具本身带有的各种花纹和文字来装饰糕点，是一种成形装饰方法。如中式糕点的月饼、龙凤喜饼等。

六、馅料和装饰料制作技术

糕点中有相当一部分需要使用馅料和装饰料，馅料和装饰料属于半成品，一般先单独加工，然后再与其他原材料或生坯配合使用。丰富多样的馅料和装饰料是糕点品种变化的主要手段，具有一定的通用性，即大多可用于不同种类的糕点。馅料和装饰料制作的好坏对糕点的质量和风味影响极大。

中式糕点相当一部分是包馅制品，如酥皮包馅、浆皮包馅等，一般馅的质量占糕点总质量的40%～50%，有的甚至更高。馅料能反映各式糕点的特点风味。同样的馅料，由于在配方和加工方法上的变异，会使制品口味具有不同的特点。

馅料的种类很多，有荤素之分，也有甜、咸、椒盐之分，通常按馅料的制作方法可分为炒制馅和擦制馅。炒制馅是将糖或饴糖在锅内加油或水熬开，再加入其他原料炒制而成，炒制的目的是使糖、油熔化，与其他辅料凝成一体。常见的有豆沙馅、豆蓉馅、枣泥馅、山楂馅、咸味馅等。擦制馅（又称拌制馅）是在糖或饴糖中加入其他原料搅拌擦制而成，依靠糕点成熟时受到的温度熔化凝结，但馅料中的面粉或米粉必须预先进行熟制加工。常见的品种有果仁馅（百果馅）、火腿馅、椰蓉馅、冬蓉馅、白糖芝麻馅、黑麻椒盐馅等。

制作馅料的原料有小麦粉、糕粉、油脂、糖、果料等，这些原料应符合质量要求，味道纯正。使用前，大多需要一定的预加工或预处理。如擦制馅所用的小麦粉或米粉要求预先熟制，如果采用生粉，制出的馅易发黏、糊口。炒制馅一般不需预先熟制加工，糖是大多数馅料的重要原料，炒制馅可直接使用白砂糖或黄砂糖。擦制馅最好使用绵白糖，如用砂糖应先粉碎成糖粉，以免在馅中分布不匀。馅料中有时也加入适量饴糖，可使馅料细腻、湿润、不干燥、口感好。制作不同馅料时要选用合适的油脂，咸味馅料最好选用猪油，甜味馅料最好选用芝麻油或花生油。使用豆油或其他植物油时，最好先热熬一下，使不良气味挥发掉，冷却后再用。另外，对于使用芝麻等籽仁时，应烤熟，使其发挥出籽仁特有的香味。

西点中有不少品种也经常使用各种馅料，通常以夹心方式使用，如派、塔、一些点心面包、奶油空心饼等。西点的馅料与中点的馅料有很大区别，常见的西点馅料有果酱与水果馅料、果仁（主要是杏仁）糖馅料、奶油类馅料、蛋奶糊与冻类馅料等。

由于糕点所用馅料种类繁多，即使同一种馅料，各地也有差别。下面介绍一些常用馅料的加工方法。

（一）豆沙馅

1. 配方

豆沙馅是糕点中常用的馅料，用于月饼、蛋糕、面包、绿豆糕、豆沙卷、粽子等品种。配方见表 2 - 20。

表 2 - 20　　　　　　　　　　豆沙馅配方　　　　　　　　　　单位：kg

品种	红豆	砂糖	饴糖	油脂	其　　　　　他
京式 1	20	20	2.5	6	桂花 1
京式 2	14（干粉）	20	9.5	2.8	桃仁 1、糖玫瑰 1
广式	25	35		13	碱适量、糖玫瑰 1.8
苏式	18	30		5（猪油）	糖桂花 1、黄丁 0.5、橘皮 0.5、猪油 2.5

2. 制作方法

（1）制备豆沙　将红豆去杂后放入锅中，先旺火后文火煮烂（有的要加入红豆量 0.2% ~ 0.3% 的碱），然后过筛去皮，浸入清水中，待豆沙沉淀后，轻轻倒去上清液，再过滤去清水，用粗布袋过滤压干即成豆沙，这样制作的豆沙为细豆沙。

（2）炒制豆沙馅

① 京式制法：先将水和白糖加热至沸腾，随之加入白糖继续熬制。熬制时要不断搅拌糖液以保证熔化均匀，待糖液能拉丝时，加入豆沙炒制一定稠度后，再加入油脂拌匀，最后加入桂花等拌匀即可。

豆沙粉馅的炒制方法与上述相似，只不过加工时使用豆沙粉，豆沙粉是把煮熟的赤豆（豆粒裂开即可）捞出晾干，干磨成粉。

② 广式制法：将湿豆沙、白糖、部分油（约为总油量的 1/5）放入锅中，用猛火煮沸，边煮边搅拌，至一定稠度后，改用文火，然后把剩下的油分多次逐步加入，炒至一定黏稠度后，有可塑性，加入其他辅料（糖玫瑰等）拌匀即可。

③ 高桥式制法：在烧热的锅中放入一小部分油，加入豆沙，用文火加热，边炒边逐次加入剩余的油、糖，使其混为一体，炒至一定稠度后加入其他辅料拌匀即可。

炒制好的豆沙馅，色泽紫黑透亮，软硬适度，无焦块杂质，口感软润，细腻香甜，无焦苦味。

（二）莲蓉馅

莲蓉馅是广式糕点常用的馅料之一，主要用于月饼，也可用于其他糕点。莲蓉带有莲子的清香，深受广东地区和全国各地消费者的喜爱。莲子在长江流域和华南各地普遍栽种，质量以湖南产的莲子最佳，称"湘莲"，广式月饼的莲蓉馅就是以湘莲为原料制备的。

1. 配方

见表 2 - 21。

表 2 - 21 莲蓉馅配方 单位：kg

名　称	莲子	砂糖	花生油	猪油	碱
红莲蓉馅	25	37.5	7.5	6.5	0.4
白莲蓉馅	15	22.5	4.5	3	0.25

2. 制作方法

（1）莲子脱衣（去皮）、去心　生产莲蓉的莲子，一般采用的是带衣通心莲。莲子的脱衣一般采用碱煮脱衣的方法，先将水和碱煮沸后，即放入莲子煮约5min，也可先将碱用水溶化。将莲子拌湿，放入容器中，倒入热开水将莲子浸没，盖好焖一会，待莲子皮能用手捏脱即可取出。迅速用清水冲洗多次，以消除碱味。然后用竹刷刷去莲子皮，再用清水冲洗干净。如果所用莲子带心，稍沥干后，再用竹签逐个捅去莲心。

（2）煮烂、粉碎　把脱衣、去心的莲子加清水再煮沸约30min，以慢火煮至能用手捏搓烂，然后用胶体磨磨烂，此工艺是莲蓉好坏的关键控制点之一，莲蓉的绵滑与此工艺有很大的关系。

（3）炒蓉　先将一部分花生油和白糖放入锅中加热至金黄色，然后加入莲蓉及剩余的糖和花生油（约总量的1/3），用猛火煮沸，边煮边搅拌至稠，改用文火炒，再将剩余的油分次加入，烧至莲蓉稠厚，手握成团即可。红莲蓉以不泻、甘香幼滑、色泽金红油润为好，白莲蓉要求白里带浅象牙色，入口香甜软滑。

（4）冷却　莲蓉出锅后，要及时冷却、冷透，所以，需冷却的莲蓉要分成小量以加速冷却。冷却时要防止莲蓉表面变硬，一般都采用覆盖表面的方法，如采用油脂覆盖的方法。

（三）枣泥馅

枣泥馅多用于月饼馅，各地制法基本相同，但配方不同，所以风味也不一样。京式、苏式用糖量大，重视配合果料和香料，广式用糖量少，突出天然枣的风味，往往加绿豆粉增加黏度。

1. 配方

见表 2 - 22。

表 2 - 22 枣泥馅配方 单位：kg

品种	黑枣	红枣	白糖	饴糖	油	其　　他
京式		18.5	17.5	9	3	糖玫瑰1、桃仁1
广式	37.4		16.5		13	糕粉、绿豆粉各1.5

2. 制作方法

（1）枣泥　枣子经挑选，洗清浸泡（也有在此去核），然后蒸熟或煮熟，再用金属丝筛擦去枣皮和剥枣机去核，取出枣泥，捣拌成酱枣泥。

（2）炒馅

① 京式：将馅糖和枣泥同时放入锅中用温水炒制，不断翻动搅拌，蒸出部分水后，再放入砂糖一起炒制。待糖化开、馅软硬适宜，再加油炒匀，最后加入糖玫瑰、桃仁稍加搅拌直至均匀。

② 广式：将枣泥放入锅中，与油、糖、绿豆粉混合后，用文火加热熬制，最后放入糕粉搅拌均匀即可。

（四）果仁馅

果仁馅是由多种果仁、蜜饯等组成，也称百果馅。由于各地出产不同，口味要求各异，用料也各有侧重。广式用杏仁、橄榄仁，苏式用松子仁，闽式加桂圆肉，京式用山楂，川式加蜜樱桃，湘赣式用茶油，东北地区用榛子仁等。

1. 配方

见表 2 - 23。

表 2 -23　　　　　　　　　　　　　　　　果仁馅配方　　　　　　　　　　单位：kg

原　料	京式	广式	苏式	湘式
热面粉			8.8	
糖粉				
炒米粉	9			26
白糖	绵白 14.4	19	绵白 14.4	4.8
猪油				
花生油		3		
香油	9			
糖猪板油丁			10	
糖猪肥膘丁		15		20
核桃仁	3	4	4.5	2.5
杏仁		3		
松子仁			2.3	
瓜子仁	0.5	1	2.8	1
炸花生仁	2			
熟芝麻	2	5		3
去皮红枣	2			2.5
桂皮肉				1.5
糖橘皮末		1	2	
糖橘皮末		3		
糖冬瓜丁		5		
青梅丁			4	
橄榄仁		2		

2. 制作方法

（1）原料处理 花生仁、核桃仁要剔除其中的杂质和霉粒、虫粒，然后切成小粒，杏仁、橄榄仁要浸泡去皮，糖冬瓜、青梅、红枣肉、桂圆肉等需切丁，橘皮、橘饼等要切末。

（2）拌馅 将果料、蜜饯、肥膘丁等拌和，再加入油、糖以及适量水继续拌和，最后加入熟面粉或糕粉拌得软硬适度，即成百果馅。

3. 注意事项

（1）馅料中加水仅为适当降低硬度，以便于包制，但水分不宜过大，否则焙烤时易产生蒸汽，使饼皮破裂跑糖。

（2）使用橄榄仁要在拌料最后时刻加入，因橄榄仁粒扁而长，质地脆嫩，早加入容易拌碎成屑。

（五）椰蓉馅

椰蓉馅是广式糕点中特有的馅料，色泽淡黄，质软肥润，不韧腻，不干燥，有椰香味，特别是奶油椰蓉馅，香而肥润，有奶香味。

1. 配方

见表 2-24。

表 2-24 椰蓉馅配方 单位：kg

品　种	椰丝粉	糕粉	猪油	白砂糖	鸡蛋	人造奶油	牛乳	椰子香精/mL	水
椰蓉馅	20	7.5	10	23	13			100	3.5
奶油椰蓉馅	26	6	8	30	15（蛋黄）	5	10	100	

2. 制作方法

先将椰丝轧成粉末，再与白糖、鸡蛋、油脂等拌和均匀，然后加入开水3.5kg（奶油椰蓉馅用牛乳代替水）继续拌匀，最后加入糕粉一起搅拌均匀即可。

3. 注意事项

加开水搅拌时应使白糖充分溶解，使糖水渗入椰丝。

（六）冬蓉馅

冬蓉馅是以糖冬瓜为主要原料而制成的馅，是广式和潮式糕点的特色馅料，多用于月饼。冬蓉馅可分为广式和潮式。广式冬蓉馅微松而爽口，光亮。潮式软韧，葱香味浓，肥润。

1. 配方

见表 2-25。

表2-25　　　　　　　　　　冬蓉馅配方　　　　　　　　　　单位：kg

品　种	糖冬瓜	肥膘	糕粉	熟面	猪油	花生油	绵白糖	熟芝麻	葱
广式	30	6		7.5	3	3	15		
潮式	35	7	5		7		15	5	0.5

2. 制作方法

（1）广式　将肥膘切丁糖渍，糖冬瓜磨成粉屑（如碎米粒大），然后将所有原料混合均匀即可。

（2）潮式　将肥膘煮熟后切成薄片，用糖拌和。糖冬瓜切成小粒，葱切成末，然后将所有原料混合均匀即可。

（七）果酱与水果馅料

1. 果酱

果酱是西点最普通、最常用的馅料，在西点制作中可起黏结作用。

（1）配方　果酱几乎可用各种水果与大约等量的糖制成。富含果胶的水果（如苹果、葡萄、醋栗等）加糖量为水果量的125%，果胶为中等含量的水果（如杏、李、桃、青梅等）加糖量为水果量的75%，也可适量添加少许琼脂，以助凝结。如果水果酸味不足，在熬煮时可添加适量柠檬汁或果酸。

（2）制作方法　将成熟的水果洗净，较大的水果需切成小块，硬质水果需先加适量水预煮至软。把处理好的水果和糖放入锅中，置小火上加热，同时不断搅拌，一旦糖全部溶化，迅速升温直到果酱的凝结点为止。

2. 水果馅料

水果馅料是指水果经烹煮而制成的水果泥，最常用的水果是苹果，其次是桃、李、草莓、樱桃等。可以用作水果派馅等。

（1）配方　水果100g、砂糖20g。

（2）制作方法　水果去皮、去核后切成片，放入锅中，加糖搅拌均匀，加热煮沸，待水果片煮熟后将其捞出，再将溶液继续熬浓，然后把捞出的水果片再次放入锅中，搅拌均匀即可。也可将切好的水果先放在少许油（奶油）中煎炒片刻，再加入少许水焖软，如馅料汁太多，可用淀粉增稠。

任务三 ❯ 糕点生产质量标准及要求

一、糕点的质量标准

（一）主要内容与适用范围

本标准适用于以烘为最后熟制工序的各种烘烤制品。

（二）引用标准

（1）GB317—2006《白砂糖》

（2）GB1355—2005《小麦粉》

（3）SB/T10143—1993《糕点用小麦粉》

（4）GB1445—2000《绵白糖》

（5）GB2716—2010《食用植物油卫生标准》

（6）GB2748—2003《鲜蛋卫生标准》

（7）GB2754—1981《鸡全蛋粉卫生标准》

（8）GB2755—1981《鸡蛋黄粉卫生标准》

（9）GB2760—2011《食品添加剂使用卫生标准》

（10）GB19644—2005《乳粉卫生标准》

（11）GB15196—2003《人造奶油卫生标准》

（12）GB7100—2003《饼干卫生标准》

（13）GB7718—2011《预包装食品标签通则》

（14）GB 8883—2008《食用小麦淀粉》

（15）GB 8884—2007《马铃薯淀粉》

（16）GB/T 8885—2008《食用玉米淀粉》

（17）GB10146—2005《食用动物油脂卫生标准》

（18）GB20883—2007《麦芽糖饴》

（19）GB 5009.56—2003《糕点卫生标准的分析方法》

（20）GB4789.24—2003《糕点卫生微生物学检验 糖果、糕点、果脯检验》

（21）GB4789.15—2010《食品卫生微生物学检验 霉菌和酵母计数》

（三）技术要求

（1）感官要求见表2-26。

表2-26 感官要求

项 目	要 求
形 态	外形整齐，不变形，无塌陷，无收缩，无缺损，不漏馅，薄厚一致，底部平整，花纹清晰
色 泽	具有该品种应有的色泽，色泽均匀，有光泽
组 织	气孔分布均匀，大小一致，无不规则大空洞。无糖粒，无粉块。带馅类的，馅料分布均匀，皮、馅比例适当，组织细腻，具有该品种应有的组织特征
滋味与口感	味纯正，甜咸适度，具有该品种应有风味，不粘牙，无异味
杂 质	外表和内部均无肉眼可见的杂质

（2）理化指标见表2-27。

表 2 - 27　　　　　　　　　　　　　　　　理化指标

项　目	指　标
水分	按企业标准执行
总糖	≥10%
脂肪	≥10% 或按企业标准执行

（3）卫生要求应符合 GB7100—2003 的规定。

（四）检验规则和检验要求

1. 检验类别

（1）自检　生产企业应建立健全检验机构，负责监督、指导本企业食品卫生工作和产品的质量检验，生产车间、班组应配备专职的质量检验人员，加强生产各环节的质量检验工作，每批产品须经检验合格，附产品检验合格证，方可出厂。

（2）抽检　上级质量监督部门应对企业的产品进行定期或不定期的抽样检验。

（3）复检　产品经检验后，符合标准规定的产品为合格品。如不符合标准规定，可复检 1~2 次。采用随机取样方法抽取样品，按技术要求进行检验，一次不合格时，应加倍抽取样品复检，复检仍不合格时，产品按不合格品处理。检验结果卫生指标不符合的产品，应及时报请企业产品质量、卫生主管部门研究处理，不得自行销售或处理。对卫生指标合格、其他指标不符合的产品，可按质论价处理。

2. 检验项目

以同一班次生产的同品种、同规格的产品为一批，产品规格和感官指标为每批产品的必检项目，其他项目应定期检验。

3. 取样方法

（1）检样的抽取　以随机取样法于成品仓库抽取样品，每批抽取 10 块作为检样。检样一式三份，供检验、复检和备查用。

（2）检样的处理　检样应贴上标有品名、生产单位、生产日期及批号、抽样日期及抽样人姓名的封签。

4. 检验要求

（1）重量检验　以感量 0.1g 的天平称量后，与标准规定对照，作出评价。

（2）感官检验　将样品置于洁净的白瓷盘中，目测包装、形态、色泽及表面杂质，口味、内部组织以餐刀剖开后，进行目测、鼻嗅和口尝。

（3）理化检验　按 GB/T 5009.56—2003 执行。

（4）卫生检验　按 GB5009.56—2003，GB4789.24—2003，GB4789.15—2010执行。

（五）验收、包装、标志、运输及保管

1. 验收

（1）每批产品均应有生产企业的质检部门按照产品质量要求验收。

（2）销售部门提货时可按标准对产品进行验收。

2. 包装

（1）包装 形式分为箱包装、纸包装、袋（纸袋、塑料袋）包装及盒（纸盒、塑料盒）包装。

（2）包装材料 符合卫生要求。

（3）大包装产品 应使用清洁、干燥、无异味的糕点专用箱，产品不得外露，箱内应垫包装纸，装箱高度应低于箱边 2cm。

3. 标志

包装上的标志应符合 GB7718—2011《预包装食品标签通则》的要求。

4. 运输

（1）运输 要用专用车、船，车、船内应保持清洁、干燥，不得与其他物品混运。

（2）装卸 应小心，严禁重压。

5. 保管

（1）仓库应保持清洁卫生，有防尘、防蝇、防鼠等设施。

（2）产品不得接触墙面或地面，间隔应在 20cm 以上，堆放高度应以提取方便为宜。

（3）产品应勤进勤出，先进先出，不符合技术要求的产品不得入库。

（4）产品仓库应通风干燥，夏季库温应控制在 27℃ 以下，相对湿度不得超过 75%。

（5）最低保质期参见企业标准。

二、糕点质量检验方法

中式糕点质量检验方法（GB/T 5009.56—2003《糕点卫生标准的分析方法》），适用于以面粉为主，以油、糖、蛋、果仁等原料为辅，经烘烤、蒸制或油炸而成的中式糕点。

1. 取样方法

在成品库抽取样品 250g，单位质量超过 250g 的样品取 1 块或 1 袋，每块取 1/3 ~ 1/4，在乳钵中研碎，硬馅类可先用刀切碎再研磨，混匀后置广口瓶内备用。

2. 粗脂肪含量的测定（索氏抽提法）

（1）原理 将样品浸于无水乙醚中，借助于索氏抽提器进行循环抽提，所得的粗脂肪烘干称量。

（2）试剂　无水乙醚：分析纯。

（3）仪器　索氏抽提器；分析天平：感量 0.0001g，最大称量 200g；电热恒温水浴锅：六孔或四孔，电热恒温干燥箱：最高温度 250℃。

（4）操作方法　将接收瓶放入干燥箱内于 98～100℃烘 2～3h，取出放入干燥器中，冷至室温后称重。再烘 30min，再称重，如此重复操作直至恒重（前后两次称重相差不超过 0.0004g）。用滤纸在分析天平上精确称取样品 2～3g，包好烘干后（或用测水分后的样品）用线捆紧，放入抽提管内。将抽提管与接收瓶连接好，沿抽提管壁倒入无水乙醚至超过虹吸管上部弯曲处，再与冷凝管连接好。接通冷凝水，在 60～70℃（夏季 50～60℃）水浴中回流抽提 3～4h。利用抽提管回收无水乙醚后，将接收瓶取下擦净，放入干燥箱于 98～100℃烘 2～3h，取出置干燥器中，冷至室温后称量，反复操作直至恒重。

（5）计算　粗脂肪含量 X_1（％）计算：

$$X_1 = \frac{G}{W} \times 100\%$$

式中　G——粗脂肪质量，g

　　　W——样品质量，g

平行测定两个结果间的差数不得大于 0.5％。

3. 粗蛋白含量的测定（凯氏定氮法）

（1）原理　样品与硫酸共热时有机物被破坏，其中氮转变为硫酸铵。加入过量的氢氧化钠溶液使其生成氨。将氨蒸馏入硼酸溶液中，用盐酸标准溶液滴定，从而计算出总氮量，再乘以 6.25 即为粗蛋白含量。

（2）试剂　硫酸：化学纯，30％氢氧化钠溶液，3％硼酸，0.1mol/L 盐酸标准溶液，混合指示剂：0.2％溴甲酚绿乙醇溶液 10mL 与 0.2％甲基红乙醇溶液 2mL 混合。硫酸铜 – 硫酸钾混合物：6 份硫酸铜与 100 份硫酸钾混合，用乳钵研匀，备用。锌粒：化学纯。

（3）仪器　凯氏烧瓶：500mL；三角烧瓶：250mL；酸滴管：25mL；电炉：800W 或 1000W；定氮球；冷凝管。

（4）操作方法　在分析天平上精确称取样品 0.8～1.2g，放入干燥的凯氏烧瓶中，加硫酸铜 – 硫酸钾混合物 3～5g 及硫酸 10mL。缓慢加热，待泡沫消失后加大火力，消化至溶液澄清并呈绿色，冷却后加入 120mL 蒸馏水，接入蒸馏系统。

取 250mL 三角烧瓶，加 35mL 3％硼酸和 3 滴混合指示剂，将冷凝管口浸于硼酸吸收液中。在盛消化液的凯氏烧瓶中添加防暴沸的锌粒 2～3 粒和 30％氢氧化钠溶液 40mL，立即与定氮球连接好，蒸馏到瓶内液体减少约 2/3 时，将冷凝管口移出吸收液，切断电源，冲洗冷凝管，用 0.1mol/L 盐酸标准溶液滴定至灰红色为终点。同时做一试剂空白。

粗蛋白含量 X_2（％）计算：

$$X_2 = \frac{N(V - V_0) \times 0.014}{W} \times 6.25 \times 100\%$$

式中　N——盐酸标准溶液的物质的量浓度，mol/L

　　　V——样品消耗盐酸标准溶液的体积，mL

　　　V_0——空白试验消耗盐酸标准溶液的体积，mL

　　　W——样品质量，g

　0.014——氮的毫摩尔质量，g/mmol

　6.25——氮换算为蛋白质的系数

平行测定两个结果间的差数不得大于 0.3%。

4. 总糖含量的测定（斐林氏容量法）

（1）原理　斐林溶液甲、乙液混合时，生成的酒石酸钾钠铜被还原性的单糖还原，生成红色的氧化亚铜沉淀。达到终点时，稍微过量的还原性单糖将蓝色的次甲基蓝染色体还原为无色的隐色体而显出氧化亚铜的鲜红色。

（2）试剂　斐林溶液甲液：称取 69.3g 化学纯硫酸铜，加蒸馏水溶解，配成 1000mL；斐林溶液乙液：称取 346g 化学纯酒石酸钾钠和 100g 氢氧化钠，加蒸馏水溶解，配成 1000mL；1% 次甲基蓝指示剂；20% 氢氧化钠溶液；6mol/L 盐酸。

斐林溶液的标定：在分析天平上精确称取经烘干冷却的分析纯葡萄糖 0.4g，用蒸馏水溶解并转入 250mL 容量瓶中，加水至刻度，摇匀备用。

准确取斐林溶液甲、乙液各 2.5mL，放入 150mL 三角烧瓶中，加蒸馏水 20mL，置电炉上加热至沸，用配好的葡萄糖溶液滴定至溶液变红色时，加入次甲基蓝指示剂 1 滴，继续滴定至蓝色消失显鲜红色为终点。正式滴定时，先加入比预试时少 0.5~1mL 的葡萄糖溶液，置电炉上煮沸 2min，加次甲基蓝指示剂 1 滴，继续用葡萄糖溶液滴定至终点。按下式计算其浓度：

$$A = \frac{WV}{250}$$

式中　A——5mL 斐林溶液甲、乙液相当于葡萄糖的质量，g

　　　W——葡萄糖的质量，g

　　　V——滴定时消耗葡萄糖溶液的体积，mL

（3）仪器　三角烧瓶：150、250mL；容量瓶：250mL；糖滴管：25mL；烧杯：100mL；离心机：0~4000r/min；工业天平：感量 0.001g，最大称量 200g；电炉：300W。

（4）操作方法　在工业天平上准确称取样品 1.5~2.5g，放入 100mL 烧杯中，用 50mL 蒸馏水浸泡 30min（浸泡时多次搅拌）。转入离心试管，用 20mL 蒸馏水冲洗烧杯，洗液一并转入离心试管中。置离心机上以 3000r/min 离心 10min，上层清液经快速滤纸滤入 250mL 三角烧瓶，用 30mL 蒸馏水分 2~3 次冲洗原烧杯，再转入离心试管搅洗样渣。再以 3000r/min 离心 10min，上清液经滤纸滤入 250mL 三角烧瓶。浸泡后的试样溶液也可直接用快速滤纸过滤（必要时加沉淀剂）。在滤液中加

6mol/L盐酸 10mL，置 70℃水浴中水解 10min。取出迅速冷却后加酚酞指示剂 1 滴，用 20%氢氧化钠溶液中和至溶液呈微红色，转入 250mL 容量瓶，加水至刻度，摇匀备用。用标定斐林溶液甲、乙液的方法，测定样品中总糖。

（5）计算　总糖含量 X_3（以转化糖计，%）计算：

$$X_3 = \frac{A}{W \times V/250} \times 100\%$$

式中　A——5mL 斐林溶液甲、乙液相当于葡萄糖的质量，g

　　　W——样品质量，g

　　　V——滴定时消耗样品溶液的量，mL

平行测定两个结果间的差数不得大于 0.4%。

5. 水分含量的测定（常压干燥法）

（1）仪器　称量瓶：直径 60mm，高 30mm；工业天平：感量 0.001g，最大称量 200g。

（2）操作方法　将称量瓶置干燥箱中于 98～100℃烘 2h，放干燥器中冷却、称重，再烘 30min，再称重，如此重复操作直至恒重（前后两次称重相差不超过 0.004g）。用恒重的称量瓶在工业天平上准确称取样品 4～5g，置于燥箱中于 98～100℃烘 2～3h，放干燥器中冷至室温后称量，反复操作直至恒重。

水分含量 X_4（%）计算：

$$X_4 = \frac{G}{W} \times 100\%$$

式中　G——样品干燥后失重，g

　　　W——样品质量，g

平行测定两个结果间的差数不得大于 0.3%。

三、糕点生产常见的质量问题及解决方法

糕点具有复杂的组成、漂亮的色泽、良好的风味和适口性等品质方面的特性，从生产后到消费前这期间保持品质几乎不变，既很重要也很困难。品质保持本身有一定限度，只能延缓品质变化或在一定可接受变化范围内（如外观、风味等几乎不变化）保持品质。品质变化是由产品的成分、组织结构等自发产生的，从生产开始，经流通、贮藏，一直到消费，由于环境条件的不同而发生不同变化。影响品质变化的主要环境因素有氧气、光线、水分、温度、冲击、振动、压缩、微生物、生物等。这些因素中作为理化方面因素对品质影响最大的是由温度变化与放湿、吸湿等引起的水分变化。对于焙烤食品，如果这些环境条件不合适，就会发生理化变化和生物变化等，接下来会诱发其他变化，或者各种变化同时发生相互促进而导致品质的恶化。一般制作焙烤食品主要原料有谷物类、面粉、淀粉、糖、水、乳制品、油、蛋、果料、添加剂、香精和着色剂等，大多含

有随着环境条件改变而不稳定的成分，由于焙烤食品组成复杂，引起品质恶化实际上不是单一原因，而是多种原因共同作用的结果。为了保持焙烤食品的品质，下面介绍引起品质变化的理化方面原因、品质变化与这些原因的关系以及焙烤食品的品质保持。

1. 水分变化和品质恶化

（1）干缩和吸湿　水分赋予糕点一定的形状、组织、风味、口感等特性，仅仅由于水分含量的变化，这些固有特性会发生变化，是引起微生物繁殖和贮藏性状变差的主要因素。焙烤食品成品水分含量的高低不仅影响外观、风味的好坏而且也影响保存期的长短。焙烤食品可根据成品水分含量和保存性的不同大体分为干焙烤食品、半湿焙烤食品和湿焙烤食品三类。一般而言，水分含量在30%以上的糕点称为湿焙烤食品，如面包、蛋糕等，产品具有柔软、容易下咽等特点；水分含量在10%以下的称为干焙烤食品，如饼干、小西饼等，生产过程中加水量少或者进行干燥、焙烤、油炸等脱水处理，贮藏性、流通性好；水分含量在10%~30%之间的称为半湿焙烤食品，如部分蛋糕、月饼等。一般干焙烤食品、半湿焙烤食品，水分含量变化小，比湿焙烤食品耐保存。

糕点中含水量较低的品种如酥类、酥皮类、干性糕点和糖制品等，在保管过程中，如果空气温度较高时，便会吸收空气中的水汽而引起回潮，回潮后不仅色、香、味都要降低，而且失去原来的特殊风味，甚至出现软塌、变形、结块现象。含有较高水分的糕点如蛋糕、蒸制糕点类品种在空气中温度过低时，就会散发水分，出现皱皮、僵硬、减重现象，称为干缩。糕点干缩后不仅外形起了变化，口味也显著降低。糕点中不少品种都含有油脂，受外界环境的影响，常常会向外渗透，特别是与吸油性的物质接触（如油纸包装），油分渗透更快，这种现象称为"走油"。糕点走油后，会失去原有的风味。

（2）离浆　果冻和巴伐利亚冻糕等凝固型质地的冷点心、奶油膏和蛋奶冻膏等膏类馅料或装饰料，豆沙、果酱等果实加工产品，这些产品的组织结构都是含水量高的亲水性胶体，即使在环境条件不改变的情况下，随着时间的推移也会析出水滴，发生所谓"出汗"现象，这种"出汗"现象称为"离浆"。这种状态变化不仅使外观变差，形状收缩，结构和风味也会受到损害，再者这也是微生物（特别是霉菌）发生增殖的前兆。

2. 褐变与变色

（1）酶促褐变　酶促褐变是作为糕点原料使用的果实类发生的褐变现象。苹果、香蕉、桃、杏、梨等果实的切片经过一定时间会发生褐变，这是因为果实中同时含有多酚类化合物和多酚氧化酶，如果细胞组织被破坏，多酚类化合物迅速被氧化变为褐色色素。柠檬、葡萄、菠萝、番茄等不含有这种氧化酶，所以不发生褐变。

促使酶失活的主要方法有：① 加热法（热烫、杀青）② 添加亚硫酸、柠檬酸、苹果酸、抗坏血酸等，能够抑制酶促褐变反应。

（2）非酶褐变　焙烤食品的颜色是品质评价的指标之一。根据焙烤食品的种类，褐变并不一定都不好，也有不少情况是通过褐变获得较好的颜色。这里的非酶褐变是发生羰氨反应和焦糖化反应的褐变，相对于上边介绍的由于酶作用发生的酶促褐变而称为非酶褐变。

（3）色素的变化　焙烤食品的颜色以能反映出原料特有的颜色比较理想，如蛋糕的蛋黄色、巧克力的棕色等。目前天然色素的使用量正逐渐增加，但是天然色素的呈色效果不好，使用量为合成色素的 100 倍左右才能取得较好的效果。天然色素还具有易氧化、对光和 pH 不稳定等缺点。使用天然色素时配合选择合适的包装材料，如采用氧气透过性小的薄膜和能阻隔紫外线的薄膜等，除此之外没有很好的办法。

3. 油脂酸败

糕点存放时间过长，所含油脂在阳光、空气和温度等因素的作用下发生脂肪酸败。脂肪水解成甘油和脂肪酸，脂肪酸氧化产生醛和酮类物质，产生使人不愉快的酸败味，有些还对胃肠黏膜有刺激作用并可引起中毒。为了防止糕点的脂肪酸败，应注意原料检验。不能使用已有酸败迹象的油脂或核桃仁、花生仁和芝麻。糕点箱上应注明生产日期。此外，糕点可以加入一定数量的抗氧化剂，但所用抗氧化剂应当符合 GB2760—2011《食品添加剂使用标准》的要求。

4. 发霉

糕点是营养成分很高的食品，被细菌、霉菌等微生物侵染后，霉菌等极易生长繁殖，就是通常所见的发霉。糕点一经发霉后，必定引起品质的劣变，而成为不能食用的食品。含水分高于 9% 的糕点不宜用塑料包装，以防霉变。

任务四 ❯ 典型糕点制作工艺

一、酥类糕点

酥类糕点中油、糖用量特别大，一般小麦粉、油和糖的比例为 1:(0.3~0.6):(0.3~0.5)，加水较少，由于配料含有大量油、糖就限制了面粉吸水，控制了大块面筋生成，面团弹性极小，可塑性较好，产品结构特别松酥，许多产品表面有裂纹，一般不包馅。典型制品是各种桃酥。

（一）基本配方

见表 2-28。

表 2 − 28　　　　　　　　　酥类糕点基本配方　　　　　　　　单位：kg

产　品	面粉	猪油	花生油	白糖	鸡蛋	碎核桃仁	臭粉	小苏打	其　　他
京式核桃酥	100	50		48	9.4	10.4	适量		桂花5.2
京式核仁酥	100	22	22	44	7.4	3.7	1.2	0.5	
广式德庆酥	100	33	10	90	13		0.4	1.6	烘熟花生10，烘熟芝麻5
通心酥	100	45		70	10		0.5	1	胡椒粉0.2，盐1，芝麻10

（二）工艺流程

蛋、油、糖、小苏打、水等 →　辅料预混合

面粉 → 过筛 → 甜酥面团调制 → 分块 → 成形 → 焙烤 →

冷却 → 包装 → 成品

（三）制作方法

1. 辅料预混合

为了限制面筋蛋白质吸水胀润，应先把水、糖和鸡蛋投入和面机内搅拌均匀，再加油脂继续搅拌，使其乳化均匀，然后加入疏松剂、桂花、籽仁等继续搅拌均匀。

2. 甜酥面团调制

辅料预混合好后，加入过筛的面粉，拌匀即可。面团要求具有松散性和良好的可塑性。因而要求使用薄力粉，有的品种还要求面粉颗粒粗一些好，因为粗颗粒吸水慢，能加强酥性程度，调制时以慢速调制为好，混匀即可。要控制搅拌温度和时间，防止大块面筋的生成。

3. 分块

将调制好的面团分成小块，搓成长圆条，以备成形。

4. 成形

酥类糕点有印模成形和挤压成形。目前，大多数小工厂仍采用手工成形方法，较大的工厂已采用桃酥机等设备成形。手工印模成形时，将成块后的面团按入模具内，用手按压削平，然后磕出。有些酥类糕点，成形后需要装饰，如成形后的核桃酥表面放上核桃仁或瓜子仁。桃仁酥原料中的桃仁和瓜子仁，先摆放在空印模中心，成形后黏附在其表面。

5. 焙烤

酥类糕点品种多，辅料使用范围广，成形后大小不同，厚薄不一，因而焙烤条件很难统一规定。对于不要求摊裂的品种，一般第一、三阶段上下火都大，第二阶段火小。因为第一阶段为了定型，防止油摊。第二阶段是使生坯渗发膨发，温度低些。第三阶段为成熟，并加强呈色反应，对于需要摊裂的品种，在焙烤初始阶段，入炉温稍低一些，有利于疏松剂受热分解，使生坯逐渐膨胀起来并向四

周水平松摊。同时在加热条件下糖、油具有流动性，气体受热膨胀、拉断和冲破表层，形成自然裂纹。一般入炉温度160~170℃，出炉温度升至200~220℃，大约焙烤10min即可。

6. 冷却与包装

刚出炉的糕点温度很高，必须进行冷却，如果不冷却立即进行包装，糕点中的水分就散发不出来，影响其酥松程度，成品温度冷却到室温为好。

二、巧克斯点心

巧克斯点心，也称烫面类点心，产品又称圆形空心饼、指形爱克力、哈斗、泡芙、气鼓等。其制作过程与其他焙烤食品不同，经过两个不同的调制过程。第一步是把配方内的水、油和面粉放在炉上煮，使面粉内的淀粉产生胶凝性，类似于烫面类点心。第二步是把煮好的面糊与配方内的蛋一起搅打成膨松的面糊，再进炉焙烤。产品变换式样多，口感外酥内软，保存也容易。也可以装填不同的馅料。

不同的巧克斯点心，配方中原料的配比也不相同。一般可按配方范围作适当调整。根据配方变化的范围可以把巧克斯点心的品质分为上、中、下三类，其中蛋和油的用量越多品质越好。相反，如果蛋和油的用量越少，则成品的品质也越差。

（一）配方

见表2-29。

表2-29　　　　　　　　　　巧克斯点心配方　　　　　　　　　　单位：kg

糕点种类	强力粉	油	蛋	水	盐	碳酸氢铵	乳粉	奶油	猪油
高成分奶油空心饼	100	75	180	125	3				
中成分奶油空心饼	100	75	150	150	3				
低成分奶油空心饼	100	75	100	185	3	1.5			
指形爱克力	100		180	160	3		8	44	44

（二）制作方法

（1）水、盐、油放入锅内煮至滚开，指形爱克力则是把乳粉、糖、盐先溶于水加油煮沸。

（2）过筛后的面粉直接快速加入滚开的溶液中，并急速搅动，煮至面糊不粘锅离火。

（3）将面糊移入搅拌缸内，用桨状搅拌头慢速搅拌时，面糊温度降至60℃，再改用中速把蛋慢慢加入搅打至完全均匀。碳酸氢铵溶于剩余的水中，慢慢加入拌匀即可。

（4）将面糊装入挤花袋中，用大型平口花嘴挤在擦过油撒过干粉的平烤盘上，喷水后马上进炉焙烤，炉温220℃，下火大、上火小，待烤至20min后将火关小直到完全熟透出炉。

（5）巧克斯点心所使用的馅料和装饰常为奶油布丁馅、巧克力布丁馅、新鲜奶油馅、水果派馅等，表面装饰常用的是糖粉、巧克力糖冻等。

三、松饼

松饼又称帕夫酥皮点心，具有独特的酥层结构，是传统的西式糕点之一。制作松饼的主要原料有面粉、油脂和水。配方内若添加酸性原料可降低面粉的筋性，使裹油和折叠更为方便。另外，可用蛋和糖来调节产品的颜色，果酱、糖粉、糖冻等作为外表装饰。根据配方中油脂总量和面粉的比例，松饼面团的配比可分为三种方法：100%油脂法、75%油脂法和50%油脂法，配方见表2-30。

表2-30 松饼面团配方 单位：kg

原　料	100%油脂法	5%油脂法	50%油脂法
强力粉	100	100	100
盐	1.8	1.8	1.8
面团内油	12	9	7
水	50	53	55
裹入的油	88	66	43
总油量	100	75	50

100%油脂法常被认为松饼的基本配比，油脂总量与面粉基本相同，水分含量为面粉的50%，面团内用油为12%，这部分油脂可酌量增减，所制出的产品体积大、酥层多，多用在水果酥饼和水果盅方面。75%油脂法和50%油脂法，油脂用量减少，面团内用油也随之减少，但水分应略微提高，这样才能保证面团的硬度与裹入的油脂一致，多用于制作成品体积小的产品，如三角酥、蛋塔或肉酥饼等。

松饼生产的工艺流程：

配料 → 皮面调制 → 包油 → 擀开、折叠(反复多次) → 成形 → 焙烤 → 成品

1. 水果松饼

（1）配方　见表2-31。

表2-31 水果松饼配方 单位：kg

原料	强力粉	冰水	蛋	醋	糖	猪油	人造奶油
比例	100	50	5	2	3	15	85

（2）制作方法

① 将冰水、蛋、糖、醋等放入搅拌机内，用钩状搅拌头搅拌1min，加入面粉后继续搅拌至面团卷起，加入猪油继续搅至面筋扩展。

② 把面团从搅拌机内取出滚圆，表面切十字形裂口两处，用湿布盖好醒发20min（最好放入冰箱内冷藏醒发），再拼成1.5cm厚的长方形面皮，长度为宽度的3倍。

③ 将裹入用的人造奶油铺在面皮表面2/3的面积上，再用1/3空白的面皮盖住油的1/3面积，继续把另外1/2铺油的面皮盖在此空白面皮上，即完成了三折法的包油程序，松弛20~30 min后再做折叠处理，按三折法进行折叠处理。

④ 把松饼面团拼成厚0.4cm，切成10cm×12cm（宽×长）和12cm×30cm（宽×长）的面皮各一块，事先准备好水果馅，可在水果馅中加一些海绵蛋糕屑以防切割时流散，铺在10cm宽的面皮中央，两侧刷蛋液，再把宽12cm的面皮对折，用车轮刀每隔1.5cm切一条裂口，长约3cm，移至已刷蛋液的底层面皮上，使上层面皮与下层对齐，将上层摊开盖过水果馅，与另一边对齐压挤，再用两手掌侧面轻轻地把馅与面皮接合处压紧。

⑤ 用锋利刀子把两侧上下层相叠的面皮切齐，放在不擦油的平烤盘上，使松弛30min后焙烤，炉温225℃，时间25min左右。

⑥ 水果松饼可用果酱或糖粉装饰，如果用果酱装饰糖浆必须趁热出炉后马上就刷。冷却后，用刀每4cm宽切成小块装盘出售。如用糖粉装饰，等切成小块后再撒糖粉，然后装盘出售。

2. 三角酥

（1）配方　见表2-32。

表2-32　　　　　　　　　　　三角酥配方　　　　　　　　　　单位：kg

原料	强力粉	薄力粉	冰水	猪油	盐	人造奶油
比例	100	50	5	2	3	85

（2）制作方法

① 先把盐溶解于冰水，放入搅拌器内，加入70%的过筛面粉，用钩状搅拌头中速搅拌到卷起，加入猪油继续搅拌至光滑不粘搅拌器，硬度与裹入用的油脂相同，避免搅拌过度。

② 将面团自搅拌机中取出滚圆，用湿布盖好放入冰箱内冷却约45min。

③ 把人造奶油和剩余的30%面粉一起放入搅拌机内搅拌均匀，不可搅拌过久，否则使油和面粉内拌入过多的空气，影响油的硬度。

④ 把拌匀的油脂和面粉压平成四方形，厚约2cm，从冰箱中取出冷却好的面团，在面团中央切十字形裂口两处，深度为面团的一半，把裂口四角擀开，将裹入的油和面粉混合物铺在面团中央，再把四角互相折叠在油的上层，要包得方正

紧实，采用四折法作折叠处理。

⑤ 取 1kg 面团，擀成 62cm×42cm×0.4cm（长×宽×厚）的面皮，用刀子将四边缘切齐成长方形，再分割成边长为 10cm 的正方形面皮，边缘刷蛋液，中央夹牛肉馅、猪肉馅、肉松或水果馅，再把面皮对折成三角形，用手指在接合边缘的内侧把上下两块面皮压紧，再把整形好的坯子翻转过来。

⑥ 将生坯底部朝上放在不擦油的平烤盘上，表面刷蛋液，松弛 30min，进炉前再刷一次蛋液，并稍洒一点清水。进炉用温度 225℃，下火小、上火大，烤至 20min 膨胀至最大时，改用 175℃ 中火继续烤至松酥、两侧脆硬时出炉。

【项目小结】

本项目介绍了糕点的分类，主要使用的原辅料以及糕点制作的工艺要点。主要以西式糕点为例，重点学会各种糕点面团的成形、馅料加工技术，并设置了相应的训练任务。在此基础上，介绍了糕点质量控制、质量检验的基本方法。

【项目思考】

1. 糕点生产中常见的质量问题是什么？
2. 为什么面团成形是关键工艺？
3. 糕点的成形设备有哪些？
4. 糕点生产有哪几种面团？各种面团的操作要点是什么？
5. 焙烤产品进行装饰的目的、原则是什么？

实训一 核桃酥的制作

一、实验目的

1. 掌握混酥面团制作的基本原理、工艺流程及操作要点。
2. 学会对核桃酥成品做质量分析。

二、实验原理

酥类糕点中油、糖用量特别大，一般小麦粉、油和糖的比例为 1:（0.3 ～ 0.6）:（0.3 ～ 0.5），加水较少，由于配料含有大量油、糖，限制了面粉吸水，控制了大块面筋生成，面团弹性极小，可塑性较好，产品结构特别松酥，许多产品表面有裂纹。

三、实验设备与器具

（1）设备　烤箱、台秤等。
（2）器具　筛网、刮板、烤盘、面板、盆等。

四、配方

① 黄奶油 270g、糖 200g、鸡蛋 1 个、蛋白 1 个。
② 牛乳香粉 5g、泡打粉 4g、小苏打 3g、熟花生碎 80g、熟核桃仁 50g、低筋面粉 500g。
③ 配料：蛋黄液、白芝麻适量。

五、工艺流程及操作要点

1. 工艺流程

原料预处理 → 面团调制 → 成形 → 烘烤 → 冷却成品

2. 操作要点
（1）制作面团　将糖和奶油搅拌均匀，直至糖全部溶化，分次加入鸡蛋直至充分乳化后加入其他原料，反复折叠均匀即为混酥面团。
（2）分剂　6g/个，搓成小圆球，放入烤盘，表面刷蛋黄，撒少许芝麻作为装饰。
（3）烤制　成熟，上火 190℃、下火 170℃，烤至 15min 左右上色即熟。
（4）冷却包装　烘烤后稍微冷却，再继续冷却包装。

六、注意事项

1. 制作混酥面团时，要使油、糖、蛋充分乳化均匀后再加入剩余的原料。
2. 面团调制的方法要采用复叠法，否则面团会产生筋性。

实训二 泡芙的制作

一、实验目的

1. 掌握泡芙制作的基本原理、工艺流程及操作要点。
2. 学会对泡芙成品做质量分析。

二、实验原理

制作过程经过两个不同的调制过程。第一步是把配方内的水、油和面粉放在炉上煮，使面粉内的淀粉产生胶凝性，类似于烫面类点心；第二步是把煮好的面糊与配方内的蛋一起搅打成蓬松的面糊，再进炉焙烤。产品变换式样多，口感外酥内软，保存也容易，也可以装填不同的馅料。

三、实验设备与器具

（1）设备　搅拌机、烤箱、台秤等。
（2）器具　裱花袋、裱花嘴、烤盘、面板、盆等。

四、配方

（1）面糊料　鸡蛋 500g、低筋面粉 250g、黄油 125g、水 375g、奶油 100g。
（2）馅料　鲜奶油 200g、糖粉 100g。

五、工艺流程及操作要点

1. 工艺流程

原料预处理 → 面糊调制 → 挤注成形 → 烘烤 → 冷却成品

2. 操作要点

（1）制作面糊　水和黄油放入厚底锅中，旺火煮沸，再筛入过筛的面粉，用蛋抽快速搅拌直至面团烫熟后撤离火位，然后将面团中逐一加入鸡蛋，每加一个鸡蛋都要搅匀后再加下一个鸡蛋，搅拌均匀后放入裱花袋，按照需要的形状和大小挤在刷好油的烤盘上。

（2）烘烤　泡芙面糊成形后立即放入210℃左右的烤炉中进行烘烤，当泡芙膨胀后，将炉温降至180℃继续烘烤，直至表面呈金黄色，内部成熟时间25~30min。

六、注意事项

1. 掌握面团的稀稠是制作泡芙的关键，面团过稀，加入鸡蛋时就更稀，制作出来的泡芙就会不成形。

2. 加入鸡蛋的时候，面糊不能太热，要稍冷却一下，60℃为宜，再分次加入鸡蛋液。这样面糊和鸡蛋液才能更好的吸收。

3. 烤制的时候，不要开烤箱门。如果中途打开，泡芙就不容易胀大了。

4. 如果一次做的泡芙量不大，可等烤箱冷却后再把泡芙取出，这样泡芙外皮更脆。

实训三　蛋塔的制作

一、实验目的

1. 掌握蛋塔制作的基本原理、工艺流程及操作要点。
2. 掌握片状酥油的使用技法。

二、实验原理

蛋塔皮是由水调面团包入油酥面团后反复折叠擀压制成的。

三、实验设备与器具

（1）设备　搅拌机、烤箱、台秤等。

（2）器具 蛋塔模具、电磁炉、烤盘、面板、盆等。

四、配方

① 皮料：高筋面粉 150g、中筋面粉 450g、清水 400g、精盐 5g、片状酥油（玛琪琳）500g、改良剂 5g。

② 馅料：鸡蛋 9g、绵白糖 300g、牛乳 3 袋、淀粉 15g。

五、工艺流程及操作要点

1. 工艺流程

配料 → 皮面调制 → 包油 → 擀开、折叠（反复多次）→ 成形 → 焙烤 → 成品

蛋塔浆制作

2. 操作要点

（1）蛋塔浆制作 将牛乳倒入盆中进行加热，倒入绵糖，加热搅拌煮开。另将鸡蛋液倒入容器中用蛋抽搅散，倒入煮开的牛乳中搅拌均匀。

（2）蛋塔皮制作 将除玛琪琳以外的材料倒入一个大容器，水一点点加入，和成一个耳垂般软的光滑面团，然后包上保鲜膜松弛 30min。把玛琪琳装在一个保鲜袋或放在两层保鲜膜之间，用擀面杖把它压扁，或用刀切成片拼在一起再擀，擀成一个约 5mm 厚的四方形片。把松弛过的面团擀成一个和玛琪琳一样宽，长 3 倍的面皮，把玛琪琳放在面皮的中间，两边的面皮往中间叠，将玛琪琳完全包起来后捏紧边缘将包好玛琪琳的面皮旋转 90°，3 折 3 次折叠后，取出后擀成一个四方形面皮，然后卷起来，把卷好的面条平均分成 40 等份，把每一等份擀成比模具口稍大的面皮。模具内撒入面粉抹匀后倒出多余的面粉，将擀好的面皮放入模具内轻压，使之贴边。

（3）烤制 烤箱 220℃ 预热 10min，这时把塔水盛入塔皮内八分满即可，将烤盘放在上火 230℃，下火 195℃，13min 至上色即可。

六、注意事项

1. 因为制作塔皮有很繁琐的松弛过程，所以不必先做塔水，可利用塔皮松弛的时间制作塔水。

2. 制作塔皮的酥油可以用黄油代替；制作塔水的牛乳，可换成椰乳，这样就变成了有椰香的蛋塔。

3. 在模具内撒面粉是为了蛋塔烤好后便于脱模。

4. 蛋塔要趁热食用，如果凉了可再放入烤箱加热几分钟。

5. 制作蛋塔皮折叠擀薄后，都要冷藏，这样烤的时候才不会收缩。

项目三
面包制作技术

>>>>

【学习目标】

1. 了解面包的种类、特点及发展史。
2. 知道面包常用生产设备与用具的种类及特点。
3. 了解面包基本配方的设计。

【技能目标】

1. 能独立制作 1~2 种花色面包。
2. 掌握面包制作方法。
3. 学会对面包制作中出现的质量问题进行分析解决。

任务一 ❯ 面包概述

　　面包是许多国家的主食，在我国也是重要的面制食品之一，年产量为 80 万 t 左右。面包生产的周期较长，要经过搅拌、发酵、整形、醒发、烘焙五个生产工艺，还有冷却与包装等成品处理工序。这些工序一环扣一环，环环都显得十分重要，稍不注意，就会造成不堪设想的损失。目前，面包生产的趋势为品种向点心化发展，规模向中小型发展，前店后厂的面包店有利于产品销售。

一、面包的概念

面包是一种经发酵的烘焙食品，是以面粉、酵母、盐和水为基本原料，添加适量的糖、油、蛋、乳等辅料，经搅拌调制成团，再经发酵、整形、醒发后烘烤或油炸而制成的一类方便食品，是西点中的一类。制品组织松软、富有弹性，风味独特，营养丰富，易被人体消化吸收，深受人们喜爱。

二、面包发展史

（一）面包的起源

面包起源于一种麦粒制成的扁饼。早在新石器时代，人们用石块将麦粒碾碎，用水拌和做成饼状在烧热的石头上烘烤，做成了一种不发酵的饼食。发酵的面包产生则要追溯到公元前 6000 年的古埃及，当时可能是野生发酵菌侵入到这种麦粒扁饼的面团中。在烘烤前，由于面团放置在热、湿的地方一定时间，于是烘烤出的扁饼具有一定的起发性，世界上第一个发酵面包便由此产生了。那时人们只知道发酵的方法但不懂得发酵的原理，直到 17 世纪后才发现了利用酵母菌发酵的原理，从而改善了古老的制作方法。

最初埃及人所使用的烤炉是用泥土筑成一个圆形，上部开口使空气保持流通，在底部生火，待炉内温度达到相当高时将火熄灭，把灰拨出，将调好的面团放入炉底，利用炉内余热将面团烤好。在我国东北哈尔滨等地面包厂至今仍用类似的土炉。用这种炉烤出的面包风味纯正、香气浓郁，最受消费者欢迎。

（二）面包的发展

在公元前 8 世纪，埃及将发酵技术传到了巴勒斯坦，后来又传到了希腊。希腊面包师将烤炉变为圆拱式，上部空气孔变得更小而内部容积增大，这样使炉内保温性更好。其加热和焙烤方法仍与埃及一样。希腊人不但改良了烤炉，而且在面包制作技术方面大大前进了一步。他们在面包中加入了牛乳、奶油和蜂蜜，改善了面包的品质。几个世纪之后，罗马征服了希腊、埃及，并建立了历史上有名的罗马时代。罗马人学会了制作发酵面包的方法，并在意大利设立了马其顿式的面包作坊。因而，从历史上来研究古代面包的商品性生产方式是从罗马时代开始的。后来面包的生产技术由罗马传到匈牙利、英国、德国及其他欧洲各地。

在美国，随着产业革命的发生，面包的生产得到了迅速发展，并成为城市居民的主食。随着加拿大和澳大利亚沦为殖民地后，面包的生产技术又传到了这两个产麦国家，后来又传到了美国。据介绍，大约在 1850 年，美国消费面包中的90% 是由家庭制作的，只有 10% 是由手工面包厂制作的，制作技术非常简单，没有机械化生产，产量也很小。

18 世纪末，欧洲工业革命的兴起，使大批家庭主妇离开家庭纷纷走进工厂，随之面包工业也逐步兴起。同时面包机械开始出现。1870 年发明了调粉机，1880 年发明了整形机，1888 年出现了烤炉，1890 年出现了面包分块机。机械化的出现，使面包生产有了大飞越，产生了一些大面包厂和公司。

20 世纪初，面包工业开始运用谷物化学技术和科学实验成果，使面包质量和生产有了很大的提高。同时，大面包厂已经发展成为较大的面包公司，向周围几百公里的超级市场供应面包产品。1980 年，美国所有消费面包中，90% 是由工业化生产提供的，而仅有 10% 是由家庭作坊制作的。欧洲的面包工业与北美相比，其不同点是欧洲侧重于小面包厂，采用古老的传统制作方法，面包的风味各有其特点。而美国、加拿大等国侧重于大面包公司，面包品种少、风味单调。

第二次世界大战前，虽然面包制作已由手工进展到机器操作，但制作方法仍采用传统方法进行，并没有大的进展。第二次世界大战后，欧美工业国家百废待兴，传统的机器生产已不能达到大规模生产要求。因此，1950 年出现了面包连续制作法。这种方法是从原料搅拌、分块、整形、装盘、醒发全部由机器自动操作，面包烘烤、出炉、冷却、切片、包装也是全部由机器操作。这种方法一定要使用大量面包改良剂，没有经过正常发酵过程，从而缺少面包应有的香味。

20 世纪 70 年代以后，为了使消费者都能吃到新鲜的面包，又出现了冷冻面团新工艺，即由大面包厂将面团发酵、整形后快速冷冻，将此冷冻面团送至各面包零售店，在冰箱中贮存。各零售店只需有醒发室、烤炉即可。并随着将冷冻面团取出放在醒发室内解冻、松弛，然后焙烤，这样可使顾客在任何时间都有可能买到刚出炉的新鲜面包。

面包生产技术传入各国以后，各个国家都依据本国的条件和居民食用习惯，逐渐形成了具有本国特点的面包类型。欧洲多为硬式面包，如法国的硬面包（长条状、棒状），最长达 1m 多；北美多为软面包。在配方和所用原材料方面也存在很大差异。例如，在欧洲南部以小麦粉为主要原料；而在欧洲北部除了小麦粉之外，也有一部分黑麦粉。俄罗斯和东欧一些国家，近年来又出现了纤维素面包、全麦粒面包、全麦粉面包、营养强化面包等。

三、面包的特点

（一）易于机械化和大规模生产

生产面包有定型的成套设备，可大规模机械化、自动化生产，生产效率高，便于节省大量能源、人力和时间。

（二）耐贮藏性

面包是经 200℃ 以上的高温烘烤而成，杀菌比较彻底，甚至连中心部位的微生物也能杀灭，一般情况下可贮存几天不变质，并能保持其良好的口感和风味。

适合店铺销售或携带餐用，较米饭、馒头耐贮存。

（三）食用方便

面包包装简单、携带方便，可随吃随取，经发酵和烘烤不仅最大限度地发挥了小麦粉特有的风味，而且味美耐嚼、口感柔软，无需配菜，特别适合旅游和野外工作的需要。

（四）易于消化吸收，营养价值高

（1）制作面包的面团经发酵，使部分淀粉分解成简单易消化的糖，面包内部形成大量蜂窝状结构，扩大了人体消化器官中各种酶和面包接触的面积。

（2）面包表皮的糖类经糊化后，有利于消化和吸收。据统计，面包在人体中的消化率高于馒头10%，高于米饭20%左右。

（3）面包的主要原料面粉和酵母含有大量的糖类、蛋白质、脂肪、维生素和矿物质，且酵母中赖氨酸的含量较高，能够促进人体生长发育，可作为人类未来营养物质的重要来源。

（4）酵母中含有的几种维生素及钙、磷、铁等人体必需的矿物质，均比鸡蛋、牛乳、肉丰富得多。

（五）对消费需求的适应性广

无论从营养到口味或从形状到外观，面包逐渐发展成为一类种类繁多的食品。有满足高级消费要求的含有较多油脂、奶酪和其他营养品的高级面包；有方便食品中的三明治、热狗；具有美化生活、丰富餐桌的各类花样面包；还有作为机能性营养食品，添加了儿童生长发育所需营养成分和维生素的中小学生午餐面包，因此面包对消费需求的适应性十分广泛。目前面包生产已经普及，并形成了完整的工业化体系，是食品行业的一个重要产业。

四、面包的分类

面包的种类十分繁多，目前国际上尚无统一的面包分类标准。特别是随着面包工业的不断发展，面包的种类也不断翻新，分类方法也各不相同。

（1）按柔软度分为硬式面包与软式面包。我国生产的大多数面包属于软式面包。

（2）按质量档次和用途分为主食面包与点心面包。主食面包配方中辅助原料较少，主要原料为面粉、酵母、盐和糖，且糖量小于7%；点心面包配方中含较多的糖、奶油、乳粉、蛋品等。

（3）按成形方法分为普通面包与花色面包。前者成形比较简单，如一般的圆面包、西式面包；而后者形式多样，如动物面包、夹馅面包、辫子面包等。

（4）按添加的特殊原料可分为奶油面包、水果面包、椰蓉面包、巧克力面包等。

（5）按口味不同可分为甜面包和咸面包，前者使用较多的糖，而后者盐用量较高。

五、面包制作常用设备和工具

制作面包的工艺并不复杂，工厂生产所用的设备也不多。从制作过程看，制作面包主要分为搅拌、发酵、整形、醒发、烘焙五个生产工艺，所用的设备包括搅拌、发酵、成形和烘烤四大类。了解各种设备、工具的使用功能十分重要，这里对常用设备做以简单介绍。

（一）设备

1. 烤箱

烤箱是制作面包的主要设备，是烘焙食品热能的主要来源，作用是将发酵完成的面团经加热后转变成可口的食品。制作面包的烤箱有转炉和平炉两种，各有优缺点，可根据具体情况而选择。

2. 和面机

和面机又称搅拌机、调粉机，是用来专门调制面包面团的专用机械设备。由电机、传动装置、搅拌器、搅拌缸、变速器、转速调节开关等部分构成。主要作用是将搅拌器内的各种材料混合均匀，在搅拌的同时，使面粉与水结合，先形成不规则的小面团，进而形成大面团，并在搅拌器的剪切、折叠、压延、拉伸、搅打和摔揉的作用下，将面团面筋搅拌至扩展阶段，成为具有弹性、韧性和延伸性的理想面团。

3. 压面机

压面机的功能是将揉制好的面团通过压辊间的间隙，压成所需厚度的皮料，以便进一步加工。通常也用于制作硬质面包，配合卧式搅拌机使用。

4. 分割机

分割机的构造较复杂，主要作用是把初步发酵的面团均匀地进行分割、定量，并制成一定形状。该设备的特点是分割速度快、分量准确、形态规范。

5. 发酵箱

发酵箱又称醒发箱，型号很多，大小不一。发酵箱的箱体大多是由不锈钢制成的，由密封的外框、活动门、不锈钢管托架、电源控制开关、水槽和湿度调节器组成。自动的温度、湿度及空气调节设备通常被安装在发酵箱的顶部。发酵箱的工作原理是靠电热丝将水槽内的水加热蒸发，使面团在一定的温度和湿度下充分发酵、膨胀。发酵面包时一般要先将发酵箱调节到理想的温湿度后方可进行发酵。注意发酵箱在使用时水槽不可无水干烧，否则设备会遭到严重损坏。

6. 搓圆机

搓圆机的主要作用是将分割机分割出来的面团搓成外表整齐平滑、形状和密度一致的小圆球。经分割机分割的面团，由于受到机械的挤压作用，其内部已失去一部分二氧化碳，外观形态不规整，因此使用搓圆机的作用是使切割后的面团表面光滑，保住气体。

（二）工具

1. 刀具

刀具是面包制作不可或缺的工具，一般用薄板或不锈钢制成。按形状与用途分为分刀、抹刀、锯刀、刮刀、刀片等。分刀用来切割面团；抹刀用于涂抹原料；锯刀用来对酥、软制品进行分割，保证分割的制品形态完整；橡皮刮刀可用来搅拌材料或刮除粘在容器边缘的材料；刮刀主要用于手工调制面团和清理案台及制作面包时切面团用；刀片用于烤尖面包和脆皮面包切口；三角轮刀是用于牛角面包的分割；车轮刀用于切割面皮，修饰花边，增加美观度。

2. 模具

（1）烤盘　是烘烤面包的主要模具，由白铁皮、不锈钢钢板等材料制成，并有高低边之分。烤盘的大小由炉膛的规格决定。

（2）面包模具　是用薄铁皮或不锈钢制成的，规格大小不一，烤模厚度一般是 0.4~1.0mm。无盖的模具上口为长 28cm、宽 8cm，底长 25cm、宽 7cm，总高 7cm，为空心梯形模具，主要用于制作主食大面包。有盖的面包模具一般为长方体空心形，是制作吐司面包的专用模具，根据面团的重量可分为 2kg 和 1.2kg 两种规格。

3. 其他工具

面包加工所用的其他工具包括打蛋器、裱花嘴、撒粉罐、擀面用具、秤、面粉筛等。打蛋器是抽打蛋糊及搅拌物料的常用工具；裱花嘴的规格种类较多，主要用于装饰、填充物料、馅料等；撒粉罐用于撒糖粉、可可粉、面粉等干料；擀面用具多是木制而成的圆而光滑的制品，用于面点的制作和蛋糕的制作；秤用于称量；面粉筛又称网筛，用于干性材料的过滤。

六、面包制作常用材料及作用

（一）面粉

1. 面粉的性质

理想的面包面粉，其理化成分主要是：蛋白质 11%~13%、灰分 0.5%~0.75%、湿面筋 30%~40%、水分 14%、降落值 200~300。面粉在使用前，最好先经过一道筛理，这样可以消除结团面粉，调整面粉温度并使其充分松散，有利于做好面包。

（1）蛋白质　面粉中的蛋白质有麦胶蛋白、麦谷蛋白、醇溶蛋白、白蛋白、球蛋白五种，其中麦胶蛋白和麦谷蛋白不溶于水。当面粉加水经过搅拌、揉搓后，麦谷蛋白吸水膨胀过程中，吸收麦胶蛋白、醇溶蛋白及少量的可溶性蛋白，形成了网状组织结构，即面筋。如把面团用水浸泡，并经水洗去大部分可溶性蛋白、淀粉及其他可溶性物质，剩下的就是有弹性、性似橡胶的面筋。

面筋具有弹性、延伸性、韧性的物理性质。其中，弹性是指面筋在拉伸或按压后恢复到原来状态的能力。弹性分强、中、弱三种，弹性强的面筋，不粘手，复原快；延伸性指面筋拉伸时所表现的延伸性，一般以长度表示；韧性是面筋被拉伸时的抵抗能力。面筋按照弹性和延伸性的强弱，可分为三个等级，即上等面筋、中等面筋和下等面筋。

面筋蛋白质的吸水性很强，一般 1 份面筋蛋白质可吸收 2 份质量的水，因此湿面筋质量的 1/3，便是面粉中蛋白质含量的近似值。

影响面筋形成的主要因素有：面团温度、放置时间、水分、油、面粉本身质量等。面团温度过低，会影响面筋的形成；静置，有利于面筋的形成，因为蛋白质吸水形成面筋需要一段过程，故搅拌后的面团静置一段时间有利于面筋的形成，对面团制作有好处。麦胶蛋白和麦谷蛋白占面筋组成的 80% 以上，它们两者的数量基本相等。麦胶蛋白有较好的延伸性，但无弹性；麦谷蛋白则有很好的弹性，搅拌得好的面团之所以具有充分的弹性及延伸性，就是这两种蛋白质综合作用的结果。

所以，制作面包需要蛋白质含量较高的面粉，同时也要求蛋白质的质量好，即麦胶蛋白和麦谷蛋白的含量要高，这样才能做出体积大，品质好的面包。

（2）糖类　占面粉组成 70% 以上的是糖类，其中大部分是以淀粉的形式存在。糖类是由碳、氢、氧三种元素组成的复杂高分子化合物，一般将其分成单糖、双糖、多糖等几种。

① 单糖：指不能再水解的糖类，包括葡萄糖、果糖、半乳糖等。

② 双糖：指通过水解作用可变为两分子单糖的糖类，如蔗糖、麦芽糖、乳糖等。

③ 多糖：指水解后能生成多个分子单糖的糖类，包括糊精、淀粉及纤维素等。

在面粉中，有 1% ~ 1.5% 的单糖、双糖及少量的可溶性糊精。这些可溶性糖类在面团发酵时被酵母利用而产生酒精、二氧化碳。二氧化碳使面团的气孔膨大并保持在气孔内，经烘焙而成松软的海绵状成品，酒精则成为面包特有的风味之一。

面粉中占绝大部分的是淀粉。淀粉分直链淀粉和支链淀粉两种。一般的面粉中，直链淀粉较少，支链淀粉较多，占 75% 以上，其中 5% ~ 8% 是破裂淀粉。

当面粉加水并经搅拌形成面团后，若加热到 50 ~ 60℃，面粉内的淀粉就会发生糊化，这个温度叫糊化温度。淀粉的糊化是指淀粉被加热到一定温度时，淀粉粒突然溶胀破裂，形成均匀黏稠的糊状胶体溶液，这是不可逆反应，一经糊化，就不能回复原来的样子。所以当面团经过烘焙后，便保持了一定的形状。就像盖房子浇注钢筋混凝土一样，面筋好比钢筋，起着骨架作用，淀粉就好比混凝土一样，填充在钢筋之间，形成一个稳定的组织。

（3）灰分　灰分是指面粉经高温灼烧后剩下的白色粉末状固体。面粉经灼烧后，有机物质挥发，无机矿物质则剩下来，所以灰分就是面粉的无机矿物质含量。面粉中的矿物质含量依照面粉的等级不同而不同，等级高的面粉，其灰分含量少，只为 0.3% ~0.4%，等级低的可达 1.5% 左右。面粉中灰分的成分主要是磷 50%、钾 35%、锰 10%、钙 4% 等，此外还有少量的铁、铝、硫、氯、硅等。

灰分含量是面粉的定等标志之一，其原因是灰分含量由加工精度决定。面粉所含的灰分绝大部分来自小麦籽粒的皮层，在制粉过程中，若皮层被辗去越多，得到的面粉的灰分含量越少，即加工精度越高。相反，若皮层留下越多，面粉的灰分含量越高，即加工精度越低，等级也就越低。就小麦品种来说，软质小麦的灰分含量较硬质小麦的要低。

（4）酶　酶是一种特殊的蛋白质，是生物化学反应不可缺少的催化剂，它具有特殊的性质，某一种酶只能作用于某一特定的物质，而其他催化剂，可作用于多种物质。存在于面粉中的酶主要有：

① 淀粉酶：淀粉酶对于面包制作有很重要的作用，它能使面粉内的糊精及极少量的可溶性淀粉水解转化为麦芽糖，麦芽糖继而转化为葡萄糖，供给酵母发酵时所需的能量来源。面粉内的淀粉酶有液化酶（α - 淀粉酶）和糖化酶（β - 淀粉酶）两种。

要使淀粉酶作用于淀粉，淀粉本身必须具有一定的条件，淀粉粒外层有一层细胞膜，能保护内部免遭外界物质的侵入（如水、酶及其他理化作用）。如果淀粉的细胞膜完整，酶便无法渗过细胞膜而与膜内的淀粉粒作用。但一般小麦磨成粉时，由于机械碾压作用，少量淀粉外层破裂而释出淀粉粒，占 5% ~8%。液化酶能分解破裂的生淀粉及已糊化的淀粉胶体，使淀粉黏度变小。糖化酶则不能分解上述物质，但可加速分解液化酶所分解下来的糊精或小分子淀粉。糖化酶对热不稳定，易受热的破坏，故主要作用于面包生产的发酵，中间醒发，醒发这些入炉前的阶段。液化酶则对热较稳定，在 70~75℃ 时仍能进行水解作用且在一定温度范围内，温度越高，水解作用越快，所以液化酶在淀粉达到糊化温度后，仍能继续进行水解作用而成为糊精，即不可溶性淀粉经胶化成为可溶性淀粉，再转变为糊精。液化酶在烘炉内的作用对于面包的品质改善有极大帮助。这两种淀粉酶在面粉内的含量极为悬殊。在正常面粉内有足量的糖化酶，但液化酶则极少。因为液化酶只在小麦发芽时才产生，故正常小麦磨得的面粉缺乏液化酶。国外多采用人工添加酶的方法，来达到改善面粉烘焙品质的目的。具体做法是：控制一定的温湿度使大麦或小麦发芽，干燥后研磨成粉，在制粉的最后阶段均匀地添加到面粉成品内，或在面包制作时加面团内一起搅拌，以增加面包体积，改善面包组织，提高面包品质。

② 蛋白质分解酶：蛋白质分解酶的作用是分解蛋白质，一般在面粉中极少，可通过人工制得，当面粉的筋度太高时，搅拌所需时间较长，为了缩短搅拌时间，可以加入这种蛋白质分解酶，适当降低面粉筋度，减少搅拌时间，同时保证面筋完全扩展。蛋白质分解酶一般多用于连续法或快速法生产。

（5）其他成分　面粉中的化学成分，除了上述之外，还有水分、脂肪、维生素等。其中水分含量较多，约为 13%。面粉的含水量，直接影响面粉的吸水量，即影响面包制品的品质。

2. 面粉的主要作用

（1）形成面包的组织结构　一方面，面粉内的蛋白质（主要是麦胶蛋白与麦谷蛋白）吸水并经搅拌后形成面筋，起到了支撑面包组织的骨架作用；另一方面，面粉中的淀粉吸水润胀，并在适当温度下糊化、固定，这两方面的共同作用，形成了面包的组织结构。其具体过程是面粉吸水并经搅拌后，形成网络状的主体组织，即面筋，淀粉则填充在面筋网络组织的孔隙内，发酵时所产生的二氧化碳气体等被包围在网络组织的小气孔内。当面团被烘烤时，小气室内的气体因受热而产生压力，面团内的水分也因受热产生蒸汽而形成蒸气压，使面团逐渐膨大，直至面筋凝固、淀粉胶体被固定，便可出炉，成为松软可口、如海绵状的成品面包。

（2）提供酵母发酵所需能量　当配方内含糖量较少或不含糖的法国面包，其酵母发酵的基质便要靠面粉来提供，即面粉内的少量破裂淀粉先行被逐步降解，最终得到葡萄糖而提供发酵基质。

（3）为人体提供营养　面粉内含有较多的蛋白质、糖类等，可为人体提供营养，促进身体生长及组织重建。

3. 面粉的吸水量

（1）吸水量计算　吸水量是使面团形成最好的操作性能和机械能及产生理想的最终烘焙成品所需的液体总量。在面粉最高吸水量的范围内，加入的水量越多，即面粉的吸水量越高，则出品率越高，成本越低，而面包成品的货架寿命越长。

$$面粉吸水量 = 面团总含水量 - 面粉本身含水量$$

（2）影响面粉吸水量的主要因素

① 蛋白质：面筋的形成要吸收水分，故蛋白质本身含量越高，需吸收水分越多。一般每高 1% 的蛋白质含量，需增加 2% 的水量。

② 淀粉：淀粉的糊化需要吸收水并通过加热才能完成，所以淀粉的含量与种类影响着面粉的吸水量。因淀粉中有破裂淀粉与完整淀粉之分，破裂淀粉的吸水量较完整淀粉多，吸水速度也较快。

③ 其他多糖类：其他多糖类的含量也影响面粉的吸水量，例如多缩戊糖。

④ 面粉本身含水量：面粉本身的含水量越高，面粉的吸水量相对越少，但其面团总水量实际不变。

4. 面粉的熟化与漂白

如果用刚刚磨制出来的面粉做面包，不但色泽较黄，且面团和面包的品质不好，如面包体积小，组织粗糙。如果面粉经贮藏 1 ~ 2 个月后，再制作面包，其工艺性能及成品品质便有很大改善，面包色泽洁白且有光泽，面团不易粘手，面包体积增大。这个变化是由面粉本身的熟化作用与漂白作用造成的。面粉在贮藏期间，空气中的氧气会自动氧化面粉中的一些色素（主要是叶黄素和胡萝卜素），使粉色变白，与此同时，空气中的氧气也会氧化面粉中的硫氢键（—SH），使其变成双硫键（—S—S），从而改善面团的物理性质。但因生产场地、资金周转等原因，现代烘焙工艺已采用人工添加漂白剂、熟化剂的方法来达到快速氧化及漂白的目的。

目前使用较为普遍的漂白剂有过氧化二苯甲酰、氯气等，熟化剂有溴酸钾、维生素 C、硫代硫酸盐、酸性磷酸钙等，最新的是 ADA。其中使用最多的是溴酸钾、维生素 C 和 ADA，它们的用量分别是 16 ~ 25mg/kg、10 ~ 30mg/kg、20mg/kg。

在上述几种熟化剂（又称氧化剂）中，ADA 的作用速度最快，几乎在搅拌后 1min 内便完成其氧化作用，反应生成物对人体无毒，溴酸钾属于中速度氧化剂，可维持到醒发阶段，维生素 C 则其本身是还原剂，在干面粉状态下无氧化作用，但在面粉经加水搅拌并形成面团后，由于面粉内的氧化酶的作用而变成有氧化作用的脱氢维生素 C。

5. 面粉选择依据

（1）蛋白质含量及质量　制作面包的面粉，其蛋白质含量应在 12% ~ 13%，且应有足够的麦胶蛋白与麦谷蛋白，使面粉有足够的面筋强度，才能制作出优质面包。

（2）精白程度　尽量要求洁白，以保证制成品的色泽尤其是面包心部分的色泽，但要注意使用漂白剂时不能过量，否则不但不能使面粉变白，相反变成灰色甚至绿色。

（3）吸水程度　在保证产品质量的前提下，吸水量越高成本越低。

（4）发酵耐力　发酵耐力是使面团能承受的超过预定的发酵时间的能力。发酵耐力大的面粉，即使面团的发酵超过了预定时间，但仍能制作出优质面包，好的面粉应有足够的发酵耐力。

（二）酵母

1. 酵母的构造及形成

酵母是微生物中的真菌类，酵母的形成、大小，随酵母菌种的不同而各有差异，一般形态为圆形、椭圆形，长 5 ~ 7μm（1μm = 0.001mm）、宽 4 ~ 6μm，酵母的结构与其他生物细胞相似，分为细胞壁、细胞膜、细胞质、细胞核及内含物等。

2. 酵母的化学组成及增殖

酵母含有较多的水分，一般为 65% ~ 83%，烘焙常用的鲜酵母约为 70%，干物质只占 17% ~ 32%。根据分析，在酵母的干物质中，蛋白质 52.4%、油脂 1.72%、糖类 37.1%、灰分 8.74%。此化学组成，随着酵母的种类及培养条件不同而不同。

酵母的增殖，一般是出芽增殖法，即酵母细胞成熟时，在一头产生芽或突出物，逐渐长大，细胞质及细胞核分裂，一部分从母细胞移入子细胞，子细胞逐渐长大到一定程度之后，与母细胞分离，成为一完整、单独的酵母细胞，并根据上述方法继续增殖。在适当的环境条件下，酵母细胞的增殖过程约 3h，一个酵母在 62h 内可以增殖 62 亿个酵母。但因酵母分泌出的废物影响，实际增殖并没有这么多。

酵母细胞增殖的最适温度为 26 ~ 28℃，pH 为 5.0 ~ 5.8，最适宜状态是液体条件。如果环境条件控制得当，液体发酵能使酵母更充分地发挥其功能，在一定的温度范围内，温度越高，酵母的繁殖速度越快，反之则慢。如 4℃ 时，繁殖一代需 20h，但温度超过 60℃ 时，酵母即死亡。

3. 酵母的营养

从酵母的组成可知，酵母繁殖所必需的营养物质是碳源、氮素、无机盐和生长素。其中碳源供给生长及能量，主要来源于糖类中的单糖，双糖需水解。氮源供作合成蛋白质及核酸。无机盐组成酵母细胞的正常结构，主要有镁、磷、钾、钠、硫及少量的铜、铁、锌等，一般是以盐类的形态被酵母利用，如磷酸钾、硫酸镁、硫酸钙及氯化钙等。生长素是促进酵母生长的微量有机物质，如维生素 B_1（硫胺素）、维生素 B_2（核黄素）、泛酸、肌醇等。其中 B 族维生素则主要参与糖代谢。

4. 烘焙用酵母的种类及使用方法

烘焙常用的酵母可分为以下四类：

（1）液体酵母　即未经浓缩的酵母液。

（2）鲜酵母　又称浓缩酵母或压榨酵母，是将酵母液除去一定的水后压榨而成。其环境温度要求较严，只适合于 0 ~ 4℃ 下保存 2 ~ 3 个月，13℃ 时保存 14d，22℃ 时保存 7d，若温度过高，酵母会自溶腐败，丧失活力。

（3）干酵母　又称活性干酵母，是由鲜酵母经低温干燥环境成为休眠状态，因此使用前需经过活化处理，即以 30 ~ 40℃、4 ~ 5 倍酵母质量的温水溶解 15 ~ 30min，使酵母重新恢复原来新鲜状态时的发酵活力。温度在 20℃ 时，保存期一般不要超过 2 个月。

（4）速效干酵母　其优点是溶解速度快，一般无需活化，可直接加于搅拌缸内。目前使用较多的牌号有美国的"红星"牌、法国的"沙夫"牌。

5. 酵母的发酵机理

酵母的发酵是酵母在无氧状态下，经酶的作用将糖类转变成二氧化碳及酒精的过程，其化学方程式是：

$$C_6H_{12}O \xrightarrow[\text{发酵酶}]{\text{无氧}} 2CO_2 + 2C_2H_5OH + 113kJ$$

葡萄糖 　　　　二氧化碳　　酒精　　热量

酵母发酵除产生 CO_2 和酒精外，还有少量其他副产物，如琥珀酸、甘油醇等，其整个过程是一个非常复杂的生物化学变化过程。能被酵母利用作为能量的单糖有葡萄糖、果糖、甘露糖，而半乳糖则不能被利用，因为酵母体内无半乳糖酶。

如果在有氧环境下，酵母会进行呼吸作用。这种呼吸作用能加速酵母增殖，但会消耗较多的能量，最终产物为 CO_2 和水及大量热量，其反应式为：

$$C_6H_{12}O_6 + 6O_2 \xrightarrow{\text{呼吸酶}} 6CO_2 + 6H_2O + 2821kJ$$

葡萄糖　　氧　　　　二氧化碳　　水　　热量

有氧环境下酵母的呼吸作用对面包制作不利，因要消耗太多的糖类，且产热量过多，影响面团正常发酵。

6. 影响酵母发酵的因素

在面包的实际生产中，酵母的发酵受到下列因素的影响：

（1）温度　在一定的温度范围内，随着温度的增加，酵母发酵速度也增加，产气量也增加，但最高不要超过38℃，这是经实验得出的数据。实际生产也表明：一般的发酵面团温度应控制在 26～27℃。如采用快速生产法，则发酵温度不要超过30℃。因为超过这一温度，虽对面团产气有利，但易引起其他杂菌如乳酸菌、醋酸菌等繁殖而使面包变酸，影响面包品质。

（2）pH　酵母属于微生物，对生存条件有一定的要求。一般来说，酵母对pH 的要求不很严，适应力较强，尤其可耐 pH 较低的环境。通过实验证明，酵母较适宜于弱酸性的条件，生产实际中，应保持面团的 pH 在 4～6。

（3）糖　可被酵母直接利用的糖是葡萄糖、果糖。蔗糖经过酵母中转化酶的作用，分解为葡萄糖和果糖后为发酵提供碳源。还有一种是麦芽糖，是由面粉中的淀粉酶分解面粉内的破碎淀粉而得到的，经酵母中的麦芽酶转化变成2分子葡萄糖后也可以被利用。

（4）渗透压　渗透作用是指溶剂分子透过半透膜，由纯溶剂渗入溶液，或由稀溶液渗入浓溶液的现象。渗透压是指为阻止渗透作用所需而加给溶液的最小额外压力。外界介质渗透压的高低，对酵母活力有较大影响。因酵母细胞外层的细胞膜是半透膜，即具有渗透作用，故外界介质的浓度会直接影响酵母的活力。高浓度的糖、盐、无机盐及其他可溶性的固体物质都会造成较高的渗透压力，抑制酵母的发酵。原因是当外界介质浓度高时，酵母体内的原生物渗出细胞膜，原质浆分离，酵母因此被破坏而无法生存。在这一方面，干酵母比鲜酵母有较强的适应性。当然也有一些酵母在高浓度下仍可生存。

在面包生产中，影响渗透压大小的主要是糖、盐这两种原料。当配方中的糖量为5%时，对酵母的发酵不会产生抑制作用，相反可促进发酵作用。当超过6%时，便会抑制发酵作用，如超过10%，发酵速度会明显减慢。在葡萄糖、果糖、蔗糖和麦芽糖中，麦芽糖的抑制作用比前三种糖小，这可能是因为麦芽糖的渗透压比其他糖要低而导致时。考虑到渗透压的影响，故面包配方中糖的用量一般不能太高。另外，盐的渗透压更高，对酵母发酵的抑制作用更大，当盐的用量达到1%时，发酵便受到影响。

（三）水

水是面包生产中的重要原料，其用量仅次于面粉而居第二位。因此，正确认识和使用水，是保证面包质量的关键之一。

1. 水在面包生产中的功能

（1）水化作用　蛋白质吸水形成面筋，淀粉吸水糊化等都是水在面包生产中的作用。

（2）溶剂作用　溶解各种干性原料，使每种原料充分混合，成为均匀一致的面团。

（3）控制面团温度　可通过加水、加热水的方法使水温一定，而达到控制面团温度的目的，可适应酵母的发酵条件。

（4）控制面团流性　通过加入一定的水量控制面团的适当稠度（硬度、黏性）以便于操作。

（5）帮助生化反应　生化反应包括酵母发酵都需有一定的水量作反应介质及运载工具，尤其是酶。

（6）延长货架寿命　保持长时间的柔软性。

2. 水质对面包制作的影响及处理措施

酵母的发酵，除了需要糖类作碳源来提供能源，需要氮素合成蛋白质和核酸外，还需要一定的矿物质来组成营养结构。因此，水中应有适量的矿物质，一方面供作酵母营养，另一方面可增加面筋强度（韧性）。适合面包制作的生产用水为中等程度的硬水，即12～15度。

（1）软水　会使面筋显得过分柔软，骨架松散，使成品出现塌陷现象；而且面团黏性过强，影响操作。另外，使用软水，应减少加水量（即降低面团的吸水量），以达到较好的操作工艺，但这样会减少面包的出品率，影响效益。补救方法可添加适量的矿物质，作为酵母食料有时也可添加较多用量的食盐。国外一般用添加改良剂的办法来达到一定的水质硬度。改良剂里含有一定量的矿物质，主要是碳酸钙、硫酸钙等钙盐及碳酸氢铵、氧化铵为主的氨盐，以供应酵母的营养需要和产生一定的硬水程度及一定的面筋强度，这种改良剂除了含有上述矿物质外，还含有作为氧化剂作用的溴酸钾，可改善面团的物理性质，提高面筋强度。

（2）硬水　会因矿物质含量过多，使硬度过高，会降低蛋白质的溶解性，使面筋硬化，韧性过大，抑制酵母的发酵，延长发酵时间，影响生产安排。同时，用过硬的水制得的面包口感粗糙干硬，易掉渣，品质不好。其补救措施可采取加热煮沸、沉淀过滤办法，来降低其硬度，同时考虑增加酵母用量，提高发酵温度、延长发酵时间。

（3）酸性水　若水的 pH 稍呈微酸，则有助于酵母的发酵作用。但若酸性过大，pH 降低，则会使发酵速度太快，同时软化面筋，而导致气体保留性差，影响面包成品的体积及品质，会加重面包的酸味，口感不佳。补救措施：一是将水进行过滤后再用；二是用适量石灰水中和后再过滤、使用。

（4）碱性水　因为碱性水中的碱性物质，会中和面团中的酸度，得不到应需要的 pH，而抑制酶的活性，影响面包成熟，延缓发酵，使面团变软。如果碱性过大，还会溶解部分面筋，使面团缺乏弹性，降低气体保留性，制成的面包颜色土黄，面包内部孔隙大小不匀，且产生不愉快的异味。补救措施可加入少量食用醋或乳酸等有机酸以中和碱性物质，或增加酵母用量。

（5）咸水　主要是含有过多食盐或含有硫、铁等物质。如果是含盐过多，会使面筋韧化，变硬而影响发酵，且成品有咸味，如果含有过多硫和铁，则会出现别的颜色和硫的味道。补救措施是减少配方中盐的用量，或过滤。

实际生产中，选择面包生产用水，应达到下述要求才算合格：透明、无色、无嗅、无异味、无有害微生物，不允许致病菌的存在。水的 pH 以略小于 7 为好，且为中等硬度。国家规定：饮用水的 pH 为 6.5～8.5，超过 10 时不能饮用。

（四）盐

盐在面包生产中用量虽不多，但不论何种面包，其配方均有盐这一成分。配方最简单的硬功夫式面包（如法国式、维也纳式等）可以不用糖，但必须用盐，所以，面粉、酵母、水与盐是面包工业的四种基本原料。

1. 盐在面包制品中的功能及烘焙影响

盐在面包生产中之所以成为必需的基本原料之一，并非因为其咸味，而是由于下列原因：

（1）增加风味。

（2）强化面筋　盐可使面筋质地变密，增加弹性，从而增加面筋的筋力。尤其是生产用水为软水时，适当加大盐用量，可减少面团软、黏的性质。

（3）调节发酵速度　超过一定量的盐，对酵母的发酵有抑制作用，因此可通过增加或减少配方中盐的用量，调节、控制发酵速率。而且，适量的盐对酵母的生长和繁殖有促进作用，对杂菌也有抑制作用。

（4）改善品质　适量的用盐，可以改善面包心的色泽和组织，使色泽好看，组织细软。

2. 盐对生产工艺的影响

（1）如果缺少盐，则面团一般会发酵过快，且面筋的筋力不强，在醒发期间，便会出现面团发起后又下陷的现象。

（2）对搅拌时间的影响　盐的加入，使搅拌时间增加。

3. 盐的用量及选择

盐的用量一般在 $1.0\% \sim 2.5\%$。盐有精盐、粗盐、工业用盐等几种，我国一般用精盐。选择盐要看纯度、溶解速度，其中纯度一般有保证，故主要看其溶解速度，要求选用溶解速度最快的。影响溶解速度的因素：一是盐的晶体的大小及形状；二是粒面均匀性或表面积大小；三是面团用水的性质（溶有较多的有机或无机物的水比纯水溶解盐的速度慢）。

4. 迟加盐搅拌法

迟加盐搅拌法的作用：一是缩短搅拌时间；二是具有较好的水化作用；三是适当降低面团温度；四是减少能源的损耗。盐的加入时间在面团搅拌的尽可能较后的阶段再加入，一般在面团的面筋扩展阶段后而尚未完全扩展完成之前加入，即等面团已能离开搅拌缸的缸壁时，盐作为最后原料才加入，然后继续搅拌 $2 \sim 3\min$ 即可。

（五）糖

1. 糖在面包生产中的主要功能

（1）糖是酵母发酵的主要能量来源。

（2）甜味剂及营养价值。

（3）增加面包的色泽和香味。

（4）改变面团的物理性质。

（5）增加柔软度，延长面包保存期。

（6）改变面包内部的组织结构。

2. 糖对面包生产工艺及制品的影响

（1）面团吸水量及搅拌时间　正常用量的糖对面团吸水量影响不大，但随着糖量的增加，吸水量（配方用水）要适当减少及增加搅拌时间，尤其是高糖量配方（$20\% \sim 25\%$ 糖量）的面团，若加水量或搅拌时间处理不好，即不减少水分或延长搅拌时间，则面团搅拌不足，面筋未得到充分扩展，制品体积小，面包内部组织干燥、粗糙。这是因为糖在面团内溶解需要水，面筋的吸水膨胀、扩展也需要水，形成糖与面筋之间争夺水分的现象，糖量越多，面筋所能吸收的水分越少，从而延迟面筋的形成，阻碍了面筋的扩展，所以必须增加搅拌时间来使面筋得到充分的扩展。糖的形态与搅拌时间无关。一般高糖配方的面团，面团充分扩展的时间比普通用量的面团增加 50% 左右，故制作高糖配方面包，用高速搅拌机较合适。

（2）表皮颜色　面包表皮颜色的深浅程度取决于剩余糖的多少。剩余糖是指酵母发酵完成后剩余的糖量，一般2%的糖是足可以供给发酵所产生的CO_2作为膨大面包之用，但通常面包配方中的糖量均超过2%，为6%~8%，故有剩余糖残留。剩余糖越多，面包表皮着色越快，颜色越深。配方内不加糖的面包，如意大利面包、法国面包，其面包表皮为淡黄色。

（3）面包风味　剩余糖对面包产品的影响还有风味、香气方面。剩余糖在面包烘烤时易着色，凝结并密封面包表皮，使面包内部因发酵作用所产生的挥发性物质不会过量地蒸发散失，从而增强面包的特有风味，剩余糖多，则面包香气浓厚，引人食欲。

（4）柔软性　糖本身对面包而言并不是一种柔性材料，但加糖量多一些的面包在烘烤时着色快，缩短烘烤时间，面团可以在面包内保存更多的水分，使面包柔软。而加糖量较少的面包，要想达到同样的色泽，需增加烘烤时间，这样水分蒸发得多，保存下来的少，会使面包干硬。

（六）油脂

油脂是高级脂肪酸的甘油酯，习惯上把在常温下呈液态的称为油，呈固态的称为脂。但一般并不明确划分，因为随着温度的变化，其物态也会变化。

1. 面包生产用油的种类

（1）花生油　花生经冷榨或热榨法制得，分毛油、半精炼油及精炼油三种，可作生产用油。

（2）大豆油　大豆经冷榨、热榨或浸出法制得，可分为毛油、半精炼油及精炼油三种。豆油有豆腥味，因此未经脱色、脱臭等精炼工序的大豆油不能作生产用油。

（3）菜子油　用油菜子制得，也有菜子气味，必须精炼方可用。

（4）芝麻油　可分小磨香油和大槽油两种。因香气浓厚，故可用于高档烘烤食品。

（5）棉子油　含有棉酚，经精炼后的棉子油可作生产用油。

（6）椰子油　在常温下是固体，原因是含有较多的饱和脂肪酸，可替代氢化油。

（7）棕榈油　分棕榈油和棕榈核油两种，棕榈油经精炼后可作面包生产用油，也是人造奶油主要原料之一。

（8）猪油　其色泽洁白、质地细腻、起酥性好，且可塑性较高，是烘焙工业中使用最多的动物油。

（9）牛油、羊油　均为白色或淡黄色固体，熔点较高，起酥性好，因都有特殊气味，需精炼脱臭后方可使用。

（10）黄油　又称奶油，由牛乳中分离而制得，有特殊味道，是制作西点的重要原料。

（11）人造奶油　是由食用油脂加工而成的具有可塑性、流动性的油脂制品，属于油包水型（W/O）。

（12）氢化油　液体油经氢原子的加成作用，使原来的不饱和脂肪酸变成饱和脂肪酸，而得到固体油。氢化油有良好可塑性、乳化性、起酥性，是烘焙食品理想的生产用油，国外一般都用氢化油作原料。

（13）起酥油　具有起酥性的油脂。

2. 油脂在面包生产中的作用

① 润滑作用，使面包组织均匀、细腻、光滑，并有增大体积效果。

② 增加面团的烤盘流性，改善面团的操作性能。

③ 减少面团内的水分挥发，延长面包产品的保鲜期，延长其货架寿命。

④ 改善面包表皮性质，使表皮柔软。

⑤ 增加面包的营养，提供较高的热量及油脂内所溶解的油溶性维生素，如维生素 A、维生素 D、维生素 E、维生素 K 等。

3. 油脂对面包生产工艺的影响

在烘焙食品中，油脂对西点及蛋糕的生产工艺影响很大，但对面包的影响则较小，主要有三个方面。

（1）对面团制作的影响　由于加入油脂，在搅拌时油脂在面筋与淀粉的界面之间，形成单分子的薄膜，与面筋紧密结合不易分离，成柔软而有弹力的面筋膜，使面筋能较为紧密地包围发酵所产生的气体，增加面团的气体保留性，从而增大面包体积。

（2）对面包内部组织的影响　在入炉烘焙时面团的油脂能够防止淀粉从面筋中夺取水分，使面包的气室均匀，从而使面包的内部组织柔软、润滑。

（3）对面粉吸水量的影响　因油脂中有疏水基，具有疏水性质，故加入油脂后，影响了面粉的吸水量，随着用油量增加而下降。而在一般主食面包中，油脂加入量只是 2% ~6%，所以这个影响不大，而对高成分面包则有一定影响。

（七）乳及乳制品

乳及乳制品含有大量的蛋白质及脂肪，且极易消化，能被人体很快吸收，具有很高的营养，在烘焙工业上，是重要的原料之一，就面包生产而言，乳及乳制品除了能提高面包的营养之外，还对面包的组织、颜色、风味等品质有很大的帮助。乳品中，有牛乳、马乳、羊乳等多种，目前烘焙业使用的全部是牛乳及其制品。

1. 鲜乳

牛乳不是一种纯溶液，而是牛乳中的脂肪乳化在水分、蛋白质、糖类、矿物质等混合溶液形成的液体。鲜乳的化学组成，大致成分是：水分 87.5% ~87.6%、蛋白质 3.3% ~3.5%、脂肪 3.4% ~3.8%、乳糖 4.6% ~4.7%。

（1）蛋白质　经科学分析，牛乳蛋白质中的八种必需氨基酸除蛋氨酸和苯丙氨酸稍低于国际推荐值外，其余各种必需氨基酸均达到或者超过推荐值，尤其是含有丰富的赖氨酸，这是面粉蛋白质中极缺乏的，故是一种营养价值很高的蛋白质，属于完全蛋白质，所以这也是牛乳可作为婴儿主食的一个重要原因。

（2）脂肪　牛乳中的脂肪呈小油滴状悬浮于乳液中，若把这些脂肪从牛乳中提炼出来，则成为通常所说的奶油。奶油因含有胡萝卜素和叶黄素（两者比例为9:1），故呈黄色，其脂肪酸含量以饱和脂肪酸为多，不饱和脂肪酸较少，所以比较稳定。牛乳脂肪与其他油脂一样，可增加面包产品组织的润滑作用，柔软面筋。此外，奶油还含羧基化学物，可产生奶油素特有的味道，提高搅拌性，降低发酵速度。

（3）乳糖　牛乳中的糖类除了极少量的葡萄糖外，绝大部分是以乳糖形式存在，乳糖是双糖，由葡萄糖与半乳糖组成，有还原性、水解后生成葡萄糖及半乳糖。乳糖的甜度较低，只为16，溶解性也低，一般面包生产用的酵母因无乳糖酶，故不能利用乳糖作为其发酵所需的营养物质。乳糖对面包的表皮颜色有影响。

（4）矿物质　牛乳中的矿物质较丰富，主要是有钙、磷、钾等。

2. 乳制品

乳制品以鲜乳为原料，经浓缩及其他一些加工工序而制得，一般分为浓缩乳与乳粉两大类。浓缩乳品包括全脂炼乳、脱脂炼乳、浓缩乳清。加入糖的炼乳，贮存时间更长。炼乳保持了乳的浓厚芳香味道，在焙烤行业中被广泛应用。乳粉是由鲜乳经蒸发除去了几乎全部的水分，并经巴氏灭菌后喷雾干燥而制得的粉状乳制品，根据其脱脂与否，也可分为全脂乳粉、脱脂乳粉。面包行业使用的绝大部分是乳粉。表3-1是几种乳制品的基本化学组成成分表。

表3-1　　　　　　　　　几种乳制品的基本化学组成成分　　　　　　　单位:%

名称	水分	蛋白质	脂肪	乳糖	矿物质
甜炼乳	28	8.2	9.2	53	少量
淡炼乳	74	7.0	8.0	10	少量
全脂乳粉	2~4	26~30	25~30	36~38	5~6
脱脂乳粉	3	36	0.8	52	8.2
乳清粉	4.0	12.5	1.0	73.5	9.0

3. 乳及乳制品在面包制品中的作用

（1）提高面包制品的营养价值。

（2）增进面包表皮颜色。

（3）增加面包风味、香味。如使用乳粉，若加入量在4%~6%，则有乳的芳香。

（4）改善面团的操作性能。如使用乳粉，当加入量在 3% ～4% 时，可强化面团。

（5）缓冲作用。因含有蛋白质，故能对面团发酵 pH 的下降趋势有缓冲作用。

（6）延长成品货架寿命。

4. 乳粉对面包生产工艺及产品品质的影响

面团中加入适量的乳粉，可改善面团的物理性质及提高产品的质量。

（1）吸水量及面筋强度　乳粉的吸水量是其自身重量的 100% ～125% ，而面粉只有 58% ～64% ，所以加入乳粉能使面团的吸水量增加，即增加产量，降低成本。

（2）搅拌耐性　乳粉加入面团中，不仅可增大吸水量，也增强面筋的韧性，由此而增加面团的搅拌耐性，不会因搅拌时间的增长而导致搅拌过度。

（3）对发酵的影响　面团经一段时间的发酵后，pH 会下降，且时间越长下降越大，但加入乳粉后，其中所含的蛋白质可起到缓冲剂的作用，减小 pH 的下降速度。

对低糖配方或无糖的面团，这个缓冲作用会降低淀粉分解酶的活性，减少面团的产气量。因为淀粉分解酶在 pH 为 4.7 时活性最大，所以此时无乳粉面团中淀粉分解酶的活性比有乳粉的面团大得多，发酵速度也快，解决方法可加入适量的麦芽粉或麦芽糖浆。

对有足量糖的面团来说，则无此影响。乳粉的加入，还能刺激酵母内酒精酶的活性，加快利用糖的速度，从而增加产气量。另外，乳粉可以延长面团的发酵耐性，有助于提高面包的质量。

（4）表皮颜色　脱脂乳粉内的乳糖含量高达 52% ，且属于还原糖，又未被酵母利用，故直到入炉前都保持原来的含糖量。在烘烤时，这些乳糖（还原糖）便与蛋白质结合，形成金黄色的诱人表皮，乳粉用量越多，面包表皮颜色越深。

（5）面包体积及内部组织　乳粉可增强面筋形成，所以可增加面包体积，但实际生产的产品体积增幅不大，对面包内部组织来说，加入乳粉，能使面包颗粒细小、均匀、柔软，并富有光泽。

（6）延缓老化　加入乳粉的面包有较强的保湿性，可减缓水分的减少，保持较长时间的柔软。

（八）蛋及蛋制品

蛋在主食面包中不是必需辅料，但在其他各式软面包、甜面包中则通常都有加入，对改善面包的品质有一定的作用。

1. 蛋的结构及组成

表 3-2 为蛋的一般化学组成。

表 3-2　　　　　　　　　　　　蛋的化学组成　　　　　　　　单位:%

成分	全蛋	蛋黄	蛋白
水分	73.0	49.0	86.0
蛋白质	13.3	16.7	11.6
脂肪	11.5	31.6	0.2
无氮抽出物	1.1	1.2	0.8
糖（如葡萄糖）	0.3	0.21	0.4
矿物质	1.0	1.5	0.8

2. 蛋制品

蛋制品是鲜蛋去壳后经一定加工工艺制得，其种类大致有冰冻全蛋、冰冻蛋黄、冰冻蛋白、蛋白片及全蛋粉等。

3. 蛋在面包制品中的作用

（1）提高面包的营养价值。

（2）增加面包的色、香、味。

（3）蛋白起保气作用，蛋黄起乳化、保鲜作用，增进柔软度。

（4）改善成品贮藏性，延长货架寿命。

4. 蛋对面包生产工艺及品质的影响

（1）起泡性　即蛋白形成膨松稳定的泡沫的性质。加入面团中的蛋搅拌时与拌入的空气形成泡沫，并融合面粉、糖等其他原料，固化成薄膜，增加了面团的膨胀力和体积。当烘烤时，泡沫内的气体受热膨胀，因蛋白质的变性作用而凝固，使面包产品疏松多孔，且具有一定弹力。

（2）热变性　蛋白质加热后便凝固，所需温度为 58～60℃，蛋白质变性后，其性质改变，形成复杂的凝固物，当烘烤后，凝固物失水成为凝胶。如面包表皮涂刷的蛋液，就是这种凝胶，使面包表皮光亮。

（3）亲水性及持水性　蛋液具有良好的亲水性和持水性能，能使面包保持一定的水分，而使其柔软。

（九）各类添加剂

面包生产中，除了基本原料及一些重要的辅料外，通常还加入各类添加剂，以改善面团的各种工艺性能，提高产品质量。较为重要的添加剂有如下几种。

1. 改良剂

改良剂又称面粉改良剂、面团改良剂，主要成分是一些矿物质，如磷酸钙、氯化铵、硫酸钙等。在面包生产中，可提供酵母发酵所需的矿物质营养及加强面筋强度，改善面包质量。改良剂分为溴酸盐类和酸性改良剂两大类。

2. 乳化剂

乳化剂是能使互不相溶的两种液体中的一种，均匀地分散到另一种液体中，成为均匀一致的混合液体物质。乳化剂通常是单元醇或多元醇与可食脂肪酸形成的脂。在面包生产中，乳化剂的主要作用如下。

（1）抗老化作用　加入乳化剂的面包成品，可抑制、延缓面包制品的老化速度，其机理是由于乳化剂量与直链淀粉形成不溶性的复合物，该复合物不会发生老化，从而保持了面包的疏松柔软结构，延长产品的保质期。

（2）面团改良作用　面包工业所使用的乳化剂，还能改善面团的物理性能、增强面筋强度、提高面团的机械加工性能，增大面包体积。其改良机理是：乳化剂量与面粉中的面筋蛋白质（即麦胶蛋白质和麦谷蛋白）相互作用形成复合物，其中麦胶蛋白结合乳化剂的亲水基因，麦谷蛋白结合乳化剂的疏水基因，使面筋网络组织发生变化，从而改善面团的弹性、黏性和气体渗透性。

（3）乳化作用　减少或消除两种互不相溶的液体之间界面张力，使某种液体均匀地散布于另一种液体之中，形成稳定的乳浊液。其作用机理仍是亲水基团与亲油基团。乳化剂分油/水型（即油分散于水中）和水/油型（即水分散在油中）两大类。应用于面包，尤其是蛋糕生产中，用量一般不超过面粉的 0.5%。

3. 还原剂

还原剂在面包生产中经常用到，尤其是在国外，有时与氧化剂共同使用。还原剂的作用与氧化剂刚好相反，氧化剂是加强面团中双硫键的形成或减少双硫键的分解、流动，从而增强面筋强度，提高面团的韧性。还原剂是能断开面团中的双硫键，增加硫氢键，从而降低面包的硬脆性，增加流动性，减少搅拌时间，并改善面团的机械物理加工性能，方便机械化生产。

4. 防腐剂

面包在生产和销售过程中，都会受到细菌或霉菌的污染而使面包变质，失去食用价值。尤其是在高温、潮湿环境下，污染更易，变质更快。从生产方法上，手工操作的污染可能性比机械生产的可能性要大，特别是在面包出炉后的各道工序。为防止面包发霉变质，除严格遵照《食品卫生法》，做好生产车间的卫生条件外，还可以使用防腐剂来防止霉菌、细菌滋生。面包生产中所用的防腐剂，必须对人体无害，不影响酵母的发酵，且限量使用。

常用的防腐剂有丙酸盐、山梨酸盐、醋酸等。各种防腐剂的用量不同，如丙酸钠用量为面粉的 0.1% ~ 0.3%，即 1 ~ 3g/kg，实际应用中一般为 0.2%（按面粉质量）。丙酸盐可直接加入面团中搅拌，山梨酸盐可直接加入，也可外部喷洒。有效期通常为 3 ~ 5d。

5. 营养强化剂

营养强化剂是为提高面包营养价值而添加的营养物质。一般添加的都是原料或成品极其欠缺而人体又必需的物质，如赖氨酸、维生素 B_1、维生素 B_2、维生素 E、Ca、Fe、Mg、Zn 等。作为营养强化剂，必须具备下列条件：

（1）不影响成品原有的风味和质量。

（2）无毒、无副作用。

（3）热稳定性较好，经烘烤后分解或损失很少。

（4）价格适宜，来源容易。

添加剂虽然对面包的生产有很大促进作用，能在较大程度上改善面包制品的质量，但应该指出的是，任何一种添加剂的使用，必须符合实际生产中的工艺条件和各种原料、辅料的工艺性能，否则即使添加了某种物质，也不能达到提高面包品质的目的。同时添加剂的使用还必须符合 GB2760—2011《食品添加剂使用标准》的有关规定。

任务二 ❯ 面包生产方法

面包的生产制作方法很多，采用哪种方法需根据生产设备、工作环境、原料性质及顾客口味要求等因素来决定。目前，各地区采用的面包生产方法有直接发酵法、中种发酵法、快速发酵法、接种面团发酵法、冷冻面团法、老面发酵法等。其中，以直接发酵法和中种发酵法为最常用。

一、直接发酵法

直接发酵法又称直控法、一次发酵法，是面包制作使用最普遍的方法，无论是大规模生产的工厂或家庭式的面包作坊都可采用一次发酵法制作各种面包，这种方法的优点一是只使用一次搅拌，节省人工与机器的操作；二是发酵时间较二次发酵法短，减少面团的发酵损耗；三是此法做出的面包具有更佳的麦香味道。

使用直接发酵法的生产步骤大致如下。

（一）搅拌

将配方中的糖、盐和改良剂等干性原料先放进搅拌缸内，然后把配方中的水和奶粉溶解后倒入，再按次序放进面粉，然后酵母加在面粉上面，就可将搅拌缸升起，启用慢速搅拌，使搅拌缸内的干性原料和湿性原料全部搅匀，即改为中速，继续把面团搅拌至成为一个表面粗糙的面团，这表明所有原料已经均匀地分布在面团的每一部分，水分已基本被吸收，可将机器停止，把配方中的油脂加入，继续用中速搅拌至面筋完成扩展。如果使用干酵母，一般要先用酵母重量 4~5 倍,35~40℃的温水将酵母化开，再加在面粉上，切记要从配方中扣除这部分溶解酵母的水量。另外，还要注意酵母不能先与盐或糖等混合在一起，防止酵母在高渗透压的情况下死亡，降低酵母的活力。搅拌中推迟配方中油脂的加入，是防止油在水与面粉未充分均匀的情况下首先包住面粉，造成部分面粉的水化作用欠佳，减少面团的吸水量。如果使用乳化油或高速的搅拌机，则无须推迟加油，全部原料一次投入也可，高油配方除外。

搅拌后面团的温度对发酵时间的控制及烤好后面包的质量影响很大，所以在搅拌前就应根据当时气温和面粉等原料的温度，利用冰和水来调整适当的水温，使搅拌完成后面团温度为 26℃。这样的面团在发酵过程中每小时平均约升高 1.1℃，经过约 3h 的发酵面团，内部温度不会超过 30℃，即使经过整形等工序后，面团内部也不会超过 32℃，这就可以避免乳酸菌的大量繁殖，保持面包没有不正常的酸味。如果搅好后的面团温度太高，不但使烤好后的面包味道不正，而且发酵速度难以控制，往往会造成面团发酵过头，但如果面团温度太低，则易造成发酵不足，面包体积小，内部组织粗糙等不良现象。

（二）基本发酵法

将搅拌好的面团放入发酵槽进入基本发酵室发酵，面包的好坏，70% 以上是看面团发酵的健全与否。良好的发酵不仅受搅拌后面团性质的影响，同时也与搅拌程度有很大的关系，如面团搅拌未到面筋完成扩展阶段，就会延缓发酵中面筋软化的时间，烤出来的面包得不到应有的体积。另外，发酵室的温度和湿度也极为重要，理想发酵室的温度应为 28℃，相对湿度为 75%～80%。盖发酵缸或槽的材料宜选择塑料或金属材料，不宜用布，因为如果用干布则会吸去面团表面的水分，湿布则易引起面团表面凝结成一层湿湿的水珠，增加操作困难。一般直接发酵法的面团发酵时间，在其他条件相同的情况下，可根据酵母的使用量来调节，一般情况下搅拌后面团温度 26℃，发酵室温度 28℃，相对湿度 75%～80%，搅拌程度合适。使用 0.7% 速效干酵母的主食面包，其面团发酵时间约 3h，即基本发酵 2h，经翻面后再延续发酵 1h。如果要调整发酵时间，在配方其他材料不变的前提下，以调整酵母和盐的使用量为宜。

（三）翻面与延续发酵

直接发酵法的面团发酵分为基本发酵和延续发酵，在此中间需要"翻面"，观察发酵中的面团是否达到翻面的程度可从以下几方面决定：

（1）发酵中面团的体积较开始发酵时增加 1 倍左右。

（2）用手指在面团中间压下，不会感到有很大的阻力，手指从面团中抽出后，压下的指印会留存在原处，面团不会立即恢复原状，周围面团也不会很快地随着降下，这表明面团已到最合适翻面的时间。

（3）如果测试的手指从面团中抽出后，面团很快恢复原状，表示翻面的时间尚未到达。

（4）如果测试的手指从面团中抽出后，指印附近的面团很快向下陷入，则表示已超过翻面时间，这时应马上做翻面工作，以免发酵过久。

在实际生产中，如果是较大的面团，一般在长方形的发酵槽中发酵，翻面时应将双手放在面团的中央从一端开始向下压下，并顺沿向另一端压去，待中央部分完全压下后，整个面团分为两部分，再从一部分用双手把面抓起向面团的中央部分覆盖下去，然后再将另一部分的面团抓起复向中央，便完成了翻面的工作。

如果是几十斤的小面团，放在圆形的发酵缸或搅拌缸中发酵时，翻面的手续较简便，只要将手在面团中央压下，然后再把四周的面复向中央即可。翻面后的面团，需要重新发酵一段时间，这一步骤在烘焙学上称延续发酵。此两段发酵的时间长短，根据面粉的性质和配方的情况而定。

（四）整形

直接法的面团整形过程包括：分割、滚圆、中间发酵、整形、装盘、最后醒发六个工序。

（五）烘烤

面团完成最后发酵后，内部面筋已变得非常柔软并具有良好的弹性和伸展性的网状结构，酵母在发酵过程中产生的二氧化碳气体全部均匀地包含在此网状结构中，面团本身也变得像海绵体那样柔软，此时如果不立即进炉，则会因醒发过久，气体产生过多，面筋过分柔软，无法承受内部气体的胀力，引起薄膜胀破，内部的二氧化碳气体泄漏，整个面包制作过程则会失败。所以，在面团搅拌前就应该计划好，一次搅拌的面团，必须配合烤炉的最大容量，否则搅拌的面团数量超过烤炉的容量，就会使无法及时进烤炉的面团醒发过久而影响面包质量。

面团进炉时需动作快速，且不能使面团受到振动。如进炉不小心，将烤盘碰撞到别的东西，则面团会因无法承受这种振动而塌陷下去，内部的气体逸出，使烤出的面包表面扁平和出现皱纹或体积太小。主食白面包在炉内烘烤时，每盘之间至少需有3cm左右的距离，以便使面包的四边都能吸收均匀的热能，否则面包的两侧不易烤熟，呈苍白的颜色。面包出炉后会使两侧凹陷，而且缺乏应有的香味，因为面包的香味80%是从外皮的焦糖化作用产生的，如果两侧没有金黄的焦糖色，就无法产生足够的香味。烤炉的温度为180~235℃，因面包的种类不同而异，一般烘烤主食面包的火力应为下火大、上火小。

（六）冷却

出炉后的面包应马上从烤盘中倒出来，让其冷却。冷却的方法和要求见项目四的任务六。

（七）其他直接发酵法

除了上述所介绍的直接发酵法外，在实际生产中还有多种不同的直接发酵法可用来制作面包，又称一次发酵法。

1. 两次搅拌一次发酵法

此方法介于一次发酵法和二次发酵法之间，但仍属于一次发酵法。首先把配方中的水留出8%左右，油脂也留起，然后把其他所有原料按顺序倒入搅拌缸中慢速搅拌2~3min，将油脂加入继续慢速搅拌2~3min，这时面团应该是均匀的，将面团放入基本发酵室进行发酵。注意控制好面团温度为26℃，发酵室温度为28℃，相对湿度75%~80%，发酵2~2.5h后把面团取出放进搅拌机，将配方中剩下8%左右的水加入面团中，用慢速与面团搅拌均匀，然后改用中速将面筋搅打完成扩展阶段，再根据搅拌出来的面团温度使其延续发酵 10 ~ 30min。因第二次搅拌的水只有8%左右，在气温高的季节，即使全部用冰也难以控制面团的理想温度，所以，如果完成搅拌的面团温度偏高，就缩短延续发酵时间，但不可少于10min；如果面团温度偏低，就延长延续发酵时间，但不可长于30min；如果面团温度为28℃，延续发酵20min即可。

使用两次搅拌一次发酵的方法制作面包的优点是：

（1）用二次发酵法做出来的面包体积较大，且内部组织较为细密柔软，但使用二次发酵法的不足是发酵时间太久，所占工场面积也大。采用两次搅拌一次发酵法得到的产品有类似二次发酵法的优点，并且可节省发酵时间和场地。

（2）可减少搅拌的时间，易于将面筋搅拌至扩展完成。因第二次搅拌时面团已经过发酵，面筋变得非常柔软，所以容易将面筋搅拌至扩展，做出的面包品质好。

2. 不翻面的一次发酵法

本法适于使用低筋的面粉，一般面粉蛋白质含量在10% ~ 11.5%，面筋质量在28% ~ 32%较合适。配方中的水量减少约2%，搅拌时间也稍短，但必须把面筋打至扩展完成阶段，基本发酵3h，发酵条件与一次发酵法相同，中途无需翻面，待发酵中的面团顶部有自动下陷的现象时，即可分割整形。

3. 无盐发酵法

将配方中除盐、油脂及5%的水以外的所有原料，全部加入搅拌缸中搅拌，数分钟后加入油脂继续搅拌，直至面筋达到扩展完成阶段，放入发酵室中发酵2h。因面团中不含盐，所以较正常发酵时间可缩短1/3。面团经过发酵后，再把配方中的盐和水溶解后加入，重新进搅拌缸中用中速搅拌，搅拌时间至少需5min，使加入的盐全部均匀地混合在面团中。第二次搅拌后延续发酵 10 ~ 20min，即可分割整形。使用无盐法制作面包的优点是：

（1）烤好后的面包内部较为洁白。

（2）第二次搅拌时加入的盐，可增强面筋形成的网状结构，使烤好后的面包具有良好的弹性。

（3）发酵时间可比正常缩短1/3。

（4）面包保存的时间稍久。

该法的不足是发酵时面团中没有盐分，发酵速度快，有时不易控制。另外，第一次搅拌时面团内因不含盐的成分，面筋扩展情形不如正常配方理想，且容易把面筋打断，所以使用较高筋的面粉为宜。

二、中种发酵法

中种发酵法又称二次发酵法，是使用二次搅拌的方法生产面包。第一次搅拌时将配方中60%~85%的面粉和面粉质量55%~60%的水，以及所有的酵母、改良剂全部倒入搅拌缸中用慢速搅匀，呈表面粗糙而均匀的面团，此面团称为接种面团。然后把接种面团放入发酵室内使其发酵至原来面团体积的4~5倍，再把此接种面团放进搅拌缸中，与配方中剩余的面粉、水、糖、盐、乳粉和油脂等搅拌至面筋充分扩展，再经短时间的延续发酵就可进行分割和整形处理。第二次搅拌而成的面团称为主面团，材料则称为主面团的材料，相比一次发酵法采用二次发酵法具有如下优点：

（1）在接种面团的发酵过程中，面团内的酵母有足够时间来繁殖，所以配方中酵母的用量可较一次发酵法节省20%左右。

（2）用二次发酵法所做的面包，一般体积较一次发酵法的要大，而且面包内部结构与组织均较细密和柔软，面包的发酵香味好。

一次发酵法的工作时间紧凑，面团发好后应马上分割整形，不可稍有耽搁，但二次发酵时间弹性较大，发好的面团如不能立即做下一步处理时，短时间内不会影响产品的质量。但二次发酵也有其不足，需要较多的精力来做二次搅拌和发酵工作，需要较多和较大的发酵设备和场地。

（一）搅拌

二次发酵法的搅拌程序分为两部分，一是接种面团的搅拌；二是主面团的搅拌。接种面团的搅拌一般用慢速搅匀即可（时间3~5min），搅拌后面团温度应为25℃。第二次搅拌时，除油脂外，其他材料可一起放入搅拌缸，用慢速搅匀，然后再加入油脂，用中速搅至面筋完成扩展即可，搅拌后主面团的温度应为28℃。

（二）发酵

二次发酵的发酵工作分为基本发酵和延续发酵。

1. 基本发酵

基本发酵即是接种面团的发酵。当配方中所使用的酵母量为0.6%左右，在温度26℃，相对湿度75%的发酵环境中，如果搅拌后的接种面团合乎理想温度25℃时，所需的发酵时间为3.5~4.5h。观察接种面团是否完成发酵，可由面团的膨胀情况和两手拉扯发酵中面团的筋性来决定。

（1）发好的面团体积为原来面团体积的4~5倍。

（2）完成发酵后的面团顶部与搅拌缸侧面齐平，甚至中央部分稍为下陷，此下陷的现象在烘焙学上称为"面团下陷"，表示面团已发好。

（3）用手拉扯面团的筋性进行测试。可用中、食指捏取一部分发酵中的面团向上拉起，如果轻轻拉起时很容易短裂，表示面筋完全软化，发酵已完成；如拉起时仍有伸展的弹性，则表示面筋尚未软化，尚需继续发酵。

（4）面团表面干燥。

（5）面团内部会发现有很规则的网状结构，并有浓郁的酒精香味。

影响发酵的因素很多，如配方中酵母用量过多、水分过多、搅拌后接种面团温度过高、发酵室内温度过高均会影响面团的发酵。这些因素会使面团膨胀及很快下陷，如果只凭观察判断，认为面团至此已完成发酵，再用手拉扯面团判断时，则会发现面筋仍有强韧的伸展性。如果用此面团来做面包，则不会得到良好的产品，因为面筋尚未完全软化。良好的发酵必须是面团的下陷和面筋软化同时完成。

2. 延续发酵

延续发酵即主面团的发酵。第二次搅拌完成后的主面团不可立即分割整形，因为刚搅拌好的面团面筋受机器的揉动后必须有适当的时间松弛，这是主面团延续发酵的作用。一般主面团延续发酵的时间应根据接种面团和主面团面粉的使用比例来决定，原则上85%的接种面团面粉与15%的主面团面粉需延续发酵15min；75%的接种面团面粉与25%的主面团面粉需延续发酵25min；60%的接种面团面粉与40%的主面团面粉需延续发酵40min。面团经过延续发酵就可分割、整形，依照正常的程序和步骤来操作即可。

三、快速发酵法

快速发酵法是在应急和特殊情况下才采用的面包生产方法。因面团未经正常的发酵，在味道和保存期方面，与正常发酵的面包相差甚远。快速发酵法是利用快速的方法使面团提早完成经过发酵阶段，并不是不需要发酵。

（一）使用正常一次发酵法改为快速一次发酵法

1. 配方调整

（1）将配方中水量较正常法减去1%；

（2）酵母用量较正常法增加1倍；

（3）配方中糖量减少1%；

（4）改良剂与麦芽粉可酌量增加，但不超过正常的1倍；

（5）盐、乳粉、醋酸可根据实际情况增减，但非必要。盐可略少，但不能少于1.75%；乳粉可减少1%~2%；醋酸可使用1%~2%，促使面筋软化。

2. 搅拌阶段注意事项

（1）搅拌后面团温度为30~32℃，加速发酵；

（2）搅拌时间较正常法延长20%~25%，搅拌至将要过头的阶段，使面筋软化以利于发酵。

3. 基本发酵

面团完成搅拌后需发酵15~40min，发酵室温度30℃，相对湿度75%~80%。

4. 最后醒发

最后醒发应比正常的最后醒发时间缩短1/4，即30~40min。

5. 烘烤

最好有蒸汽设备，以增加面包的烘焙弹性。

（二）使用正常的二次发酵法改为快速的二次发酵法

1. 配方调整

（1）接种面团与主面团内面粉比例为80:20；

（2）主面团留10%的水，其余的水全部加在接种面团中；

（3）酵母用量增加1倍；

（4）改良剂与麦芽粉用量酌量增加，但不得超过正常的1倍；

（5）盐可略减少，但不可低于1.75%；乳粉酌量减少1%～2%；醋酸可使用1%～2%，促使面筋软化。

2. 搅拌阶段注意事项

（1）搅拌后接种面团温度30～32℃；

（2）搅拌时间较正常延长20%～25%，掌握至将要过头的阶段即可。

3. 基本发酵

搅拌后的接种面团应置于搅拌缸内最少发酵30min，如时间长则更理想，发酵室温度为30℃，相对湿度75%～80%。

4. 延续发酵

经过第二次搅拌的主面团经延续发酵10min后可分割整形。

5. 最后醒发

最后醒发的时间应较正常中种法缩短1/4（30～45min），最后醒发室温度38℃，相对湿度80%～85%。

6. 烘烤

进炉时前段最好使用蒸汽，以增加烘焙弹性。

四、接种面团发酵法

接种面团发酵法是使用一个基本的接种面团制作几种不同品种面包的方法。基本接种面团的制作比较简单，不受工作时间的影响，也不浪费人力，可以利用每天收工前的短时间，将面团搅拌好放在发酵室中，任其发酵。一般发酵的时间可延长到9～18h，在这段时间内随时都可割取此基本面团来制作任何种类的面包，较为方便。这个方法主要熟记此种面团制作的特点及各项材料的计算方法，并在实践中反复操作，熟能生巧，就可收到很大的效益。其步骤如下。

（1）制定每一种产品的标准配方

例如拟生产主食白面包、甜面包、餐包三个品种的标准配方，首先把这三种产品的标准配方制定出来。

（2）根据配方要求及产品数量计算各项原料的使用量（包括2%的发酵损失）。

（3）根据实际生产情况，决定基本发酵时间的长短，并据此制定基本中种面团的配方。

① 利用面团温度控制发酵时间：普通发酵中的面团，在26℃的发酵室中每小时约升高1.1℃，理想完成发酵的面团应为30℃，所以，如果发酵4h，搅拌后面团的温度应为30 – （4×1.1）=25.6℃，如果发酵8h就要把面团的温度控制为30 – （8×1.1）=21.2℃，以此类推，实际应用此面团温度控制发酵时间时，基本发酵室的温度需保持在24~26℃，否则将会影响推算的时间。

② 利用接种面团的水量控制发酵速度：一般4h发酵的中种面团可用60%的水；8h可用58%的水；12h可用56%的水；超过12h用55%的水。

③ 利用酵母用量控制发酵速率：一般4h发酵的接种面团可用0.6%~0.7%的速效活性干酵母；8h用1%的速效活性干酵母；12h以上用0.5%的速效活性干酵母。另外，酵母用量还要视面粉品质而略有增减，高筋面粉可用上述酵母量，低筋的可略为减少一点。

④ 利用盐量控制发酵速度：通常4h发酵的接种面团可以不放盐，以加速面团发酵。当发酵时间为8~10h时，可将配方中总盐量的50%~70%加入接种面团内；当发酵时间为12~6h时，可把配方中总盐量全部加入接种面团内，以抑制面团的发酵速度。

根据以上原则及生产要求，可以制定出基本接种面团的配方。假设所需的基本接种面团发酵时间为8~12h，即发酵8h后开始取用，12h前用完，其配方则可定为：面筋面粉100%、水57%、酵母0.5%~0.7%、盐2%~0.6%（以接种面团面粉100%为基础）、改良剂0.2%（视改良剂性能而修改），合计：158%。搅拌后面团的温度20℃，发酵室温度24~26℃。

（4）求出接种面团内的面粉系数作为分割基本中种面团的依据

上述三种面包将割取基本中种面团用来加在各自的配方中，研究应割取多少中种面团，应先求出基本接种面团内面粉的系数。

面粉系数 = 100÷配方总百分比，即100÷158 = 0.631。

（5）根据基本接种面团发酵时间的长短，决定每种面包接种面团面粉比例

原则上接种面团发酵时间越长，其所使用的面粉筋度越高，且接种面团部分面粉的比例要小，即主面团部分的面粉比例要增加。接种面团发酵4h的，接种面团与主面团的比例可用80:20；发酵8h的，接种面团与主面团的比例可用70:30；发酵12h的，接种面团与主面团的比例可用60:40；发酵12h以上的，接种面团与主面团的比例可用50:50。所以，根据生产顺序要求，第一生产主食白面包，第二生产甜面包，第三生产餐包，其基本中种面团和主面团面粉比例可为：主食白面包70:30，甜面包65:35，餐包60:40。

（6）用各项面包产品接种部分面粉数量，除以基本接种面团的面粉系数，即等于该项面包所需要的基本接种面团的数量。

例如，主食白面包需面粉100kg，其接种面团部分的面粉为70kg，那么需接种面团的数量等于70÷0.633 = 110.58kg。

（7）用每项面包接种部分的面粉数量乘以基本接种面团配方内水、酵母、改良剂的百分比，把求出的各种原料的数量从各类面包配方的水、酵母、改良剂内减去，再加上原配方主面团的其他原料即等于每类面包主面团的原料。

（8）根据已定的今年接种面团配方以及各类面包接种部分的面粉使用量，加上发酵损耗，计算出基本接种面团的各项原料实际使用量。

例如，三类产品的中种面团共需面粉195kg，基本接种面团总重 = 195 ÷ 0.622 = 308.06kg。

如果发酵损耗为2%，则基本中种面团重量应为：308.06 ÷（1 - 2%）= 314.35kg。根据此面团的实际总重便可相继求出其他各种原料的重量。

（9）使用基本接种面团做面包的程序

① 基本接种面团的搅拌和发酵：先计算出面团理想温度所需的冰量，所有原料同时放入搅拌缸中，慢速搅匀即可。在无温度控制的发酵室，为防止长时间发酵后面团表面结皮，可在拌好的面团表面抹一层薄植物油。

② 主面团的搅拌：待接种面团发酵完成后，先将接种面团与水放在搅拌缸中，慢速将接种面团搅散，再将主面团其他材料加入，照一般面包的搅拌法，把面筋搅至扩展阶段，延续发酵15~30min，即可按一般正常方法完成以后的工序。

五、冷冻面团法

冷冻面团法是20世纪50年代发展起来的面包新工艺。目前，在许多国家和地区已经相当普及，特别是面包行业流行连锁店经营方式后，冷冻面团法就更显示了其优越性。冷冻面团法，是将已经搅拌、发酵、整形后的面团在冷库中快速冻结和冷藏，再将此冷冻面团送至各个连锁店的冰箱中贮藏起来，各连锁店只需备有醒发箱和烤炉即可，可随时将冷冻面团从冰箱中取出，放入醒发室内解冻、醒发，然后烘焙出新鲜面包。这样，顾客在任何时间都能买到刚出炉的新鲜面包。现代面包的生产和销售越来越要求现做、现烤、现卖，以适应顾客吃新尝鲜的需要。

多数冷冻面团产品的生产都采用快速发酵法，即短时间或无时间发酵，它们能使产品冻结后具有较长的保鲜期。冷冻面团的加工应把握好以下几个方面。

（一）酵母用量

酵母用量通常是面粉的3.5%~5.5%，这个用量可根据产品的种类或糖的用量来调节。如果使用面包压榨酵母，贮藏期不应超过3d。为保证酵母的活性和质量，在面包加工食品厂需通过进行酵母的发酵力实验来检验酵母的活性和质量。

活性干酵母也可使用，其用量是鲜酵母用量的1/2，活性干酵母中含有一定数量的能损伤酵母细胞的谷胱甘肽。谷胱甘肽是一种还原剂，对面筋具有软化作用。通过添加溴酸钾或抗坏血酸能够弥补这种缺陷。因此，当使用活性干酵母时，应该同时使用较多的氧化剂。这可使面团在冻结和贮藏阶段保持相对稳定的质量。

采用冷冻面团生产面包时，酵母的耐冻性是影响面包质量的关键。不同的酵母其耐冻性不同，必须要选择耐冻性好的酵母。

（二）面团搅拌

冷冻面团所需的面粉要比通常的主食面包所使用的面粉具有更高的蛋白质含量。面团搅拌取决于产品的种类，搅拌特点类似于未冻结的面团。面团良好扩展和形成对产品的质量十分重要，在冷冻面团搅拌过程中应该注意，面团要一直搅拌到面筋完全扩展为止。如果搅拌过度，面团将变得过分柔软和不适应后道工序的加工，面团冻结贮藏后气体的保持性能变差。

（三）面团温度

面团温度对于生产高质量和保鲜期长的产品来说非常重要。面团搅拌后的温度在 18～24℃较理想。较低的面团温度能使其在冻结前尽可能降低酵母的活性。如面团温度过高，将有利于激活酵母活性，造成酵母过早发酵产气，使面团在分割时不稳定，不易整形，导致保鲜期缩短。

（四）发酵时间

发酵时间通常在 0～45min，平均为 30min。缩短发酵时间，能降低酵母在冻结贮藏期间被损坏的程度。增加发酵时间将导致冻结贮藏期间酵母的损失加大，造成面团冻结贮藏期缩短。

（五）整形

因冷冻面团比普通面团的吸水率低，而且面团温度也低，调成的面团硬度也较大。加工这种硬面团必须调节分割机的弹簧压力。分割机压力太小将导致分块重量不准；压力过大将使面团受到机械损伤。面团如受到损伤，在整形期间气体保持性能就会变差，成品的体积变小，组织不均匀，质量严重下降。

（六）轧片和成形

面团经过再次机械加工对于生产出高质量的产品是非常重要的。在轧片和成形期间，应适当地调整轧片机和成形机的辊轮间距，避免面团被撕裂。如果面团在这个阶段受到任何损伤都将使面团变得软弱，成品体积小，持气性变差。因此，整形后要迅速地将面团冻结。

（七）低温吹风冻结

低温吹风冻结是利用 CO_2 和 N_2 使温度下降，在 -46℃的温度下完成的。通过这种方法，0.454～0.511kg 的面块吹风时间通常在 20～30min。机械吹风使面团沿着四周形成一层厚表壳，这个冻结薄层厚度是 0.38～0.65cm。当面团可能出现固化冻结时并不影响产品质量，因面团的内部温度仍然相当高，且需要时间来达到动态平衡。约90min后面团能达到温度平衡，平衡温度为 - 7 ~ - 4℃。如果平衡温度高，将需要延长吹风冻结时间。经最初吹风冻结后，产品通常被包装在衬有多层纸的纸板箱里，这种多层衬纸能防止冷冻面团在贮藏期间失水。

（八）冷藏间温度

如果冷冻面团要贮藏很长一段时间，贮藏温度应选择 - 23 ~ - 18℃。但在实际生产中，因半成品库总是要进进出出、加工冲霜，冷藏间温度难免有一些波动。必须注意到，在冷藏期间，冷藏间温度较高时的温度波动要比较低时的温度波动对面团贮藏具有更大的危害性。冷藏间温度的波动将损害面团的质量，降低面团的贮藏期，这是冰洁晶形成和运动的结果。面团的贮藏期，最长为5 ~ 12周，12周后面包变质速度相当快。

六、老面发酵法

老面发酵法是前一天发酵面时留一块发好的面团不烤，放着任其发酵。第二天就把这块面团用温水搅匀，放入新面粉等材料中搅拌，这样不用放酵母就可发酵了。这块隔夜的发酵面团称为老面，又称面肥、起子、酵面。应用该法制作的制品质地细腻，香醇可口，胜过一般发酵的产品，因此许多人喜欢吃老面手工的面食。但老面隔夜发酵会发酸，用时需加碱粉中和其酸味。

任务三 ❯ 面包制作工艺

面包生产的周期较长，要经过搅拌、发酵、整形、醒发、烘焙五个生产工艺，还有冷却与包装等成品处理工序。这些工序环环相扣，都十分重要，稍不注意，就会造成不堪设想的损失。实际生产中，面包的质量问题基本上可以归纳为两方面原因：一是因面团的产气差造成的；二是因面团的保气能力差造成的。面团产气和保气能力的好坏，除了搅拌工序的机械物理作用外，最主要是受温度的影响，尤其是面团发酵温度的影响，可以说，面团的搅拌和发酵是面包生产中的关键工序。

一、面团调制

面团调制又称面团搅拌，是面包生产中的第一个关键步骤，它的正确与否在很大程度上影响着下步工序及成品的质量。

（一）搅拌的功能

（1）充分混合所有原料，使其均匀分布，成为一个质地完全均匀的混合物，即每个部分都完全相同的面团。

（2）使面粉等干性原料得到完全的水化作用，加速面筋的形成。当面粉、其他原料和水一起放入搅拌缸时，水湿润面粉颗粒的表面部分形成一层胶韧的膜，而面粉颗粒的中心部分很难受到水的湿润，使面粉水化不均匀。因为面团内水的分布决定面粉水化作用的速率，水在面粉颗粒的表面分布越均匀，则进入颗粒内部的速度越快，水化作用也就越快且均匀。均匀的水化作用是面筋形成、扩展的先决条件，搅拌的目的之一便是使所有面粉在短时间内都吸收到足够的水分，水化均匀、完全。

（3）扩展面筋，使面团成为具有一定弹性、伸展性和流动性的均匀表面。

（二）面团搅拌的物理与化学效应

1. 物理效应

（1）通过钩状搅拌头的不断转动，使面粉、水及所有原料充分混合，促使面粉水化完全形成面筋。因搅拌头对面团不断地重复推揉、折叠、压伸等机械动作，使面筋得到扩展，达到最佳状态，成为既有一定弹性，又有一定延伸性的面团。

（2）由于搅拌所产生的摩擦热，使面团的温度有所升高，随着搅拌的进行，面筋逐渐形成，面团变得较韧，搅拌钩需要对面团做更大的功，才能使推揉等机械动作继续进行，此时，摩擦产生的热比开始搅拌时要大得多。

2. 化学反应

面团在搅拌时，由于搅拌作用不断进行，空气也不断地进入面团内，产生各种氧化作用，其中最为重要的便是氧化蛋白质内的硫氢键成为分子间的双硫键，使面筋形成三维空间结构。

（三）搅拌的机械作用

面团的搅拌属于机械作用，通过搅拌器的运转来混合所有原料，形成一块均匀的面团。同时，通过搅拌器施给面团一个机械作用，压揉、翻转面团，直至达到所要求的弹性、延伸性、黏性和强度。在较早时期，面团的搅拌工作是由手工揉搓来完成的，而现代的搅拌作用，则以机械混合、结合、压延、折叠、拉伸、推揉等机械动作，使各种原料得到更充分、更迅速的拌和，更快地达到所要求的面团扩展最终状态。搅拌的机械作用，使面团产生了三种不同的特性。

1. 弹性

使面团具有强韧的张力，在发酵和烘烤过程中可保存适量的 CO_2 气体，并能承受面团膨胀时所产生的张力，使 CO_2 气体不致逸出，保证成品达到最佳体积。

2. 延展性

使面团变得柔软，易于滚圆和整形。

3. 黏流性

使面团在烤盘内具有良好的烤盘流动性，能填充在烤盘的每个部位，产生良好的成品形状。

（四）面团的搅拌过程及其工艺特性

面团的搅拌一般分六个阶段。

1. 拾起阶段

在这个阶段，配方中的干性原料与湿性原料混合，成为一个粗糙且湿的面块，用手触摸时面团较硬，无弹性，也无延展性，整个面团显得粗糙，易散落，表面不整齐。

2. 卷起阶段

在这个阶段，面团中的面筋已开始形成，配方中的水分已经全部被面粉等干性原料均匀地吸收。由于面筋的形成，使面团产生了强大的筋力而将整个面团连成一体，并附在搅拌钩上，随着搅拌轴的转动而转动，此时，搅拌头和缸底已不再黏附着面团而变得干净，用手触摸面团时仍会粘手，表面很湿，用手拉面团时无良好延伸性，容易断裂，面团仍较硬且缺少弹性。

3. 面筋扩展阶段

此时面团性质渐渐有所改变，随着搅拌头的交替推拉，面团不像前两个阶段那么坚硬，而是有少许松弛，面团表面已渐趋干燥，且较为光滑具有光泽，用手触摸时面团已具有弹性并较柔软，黏性较少，已具有延伸性，但用手拉面团时仍易断裂。

4. 面筋完成阶段（完全扩展阶段）

由于强大的机械作用，面团很快变得非常柔软、干燥且不粘手，面团内的面筋已达到充分扩展，且具有良好的延伸性，此时随着搅拌钩转动的面团又会黏附在缸壁，但当搅拌钩离开时，面团又会随钩而离开缸壁，并不时发出"劈啪"的打击声和"嘶嘶"的粘缸声。这时面团的表面干燥而有光泽，细腻整洁无粗糙感，用手拉面团时有良好的弹性和延伸性，面团柔软。面团搅拌经过这个阶段后，已达到了最佳程度，应停止搅拌，进入下一道发酵工序。

判断面团是否已搅拌到适当的程度，除了用感官凭经验来确定外，目前还没有更好的方法。一般来说，搅拌到适当程度的面团，可用双手将其拉伸成一张如玻璃纸样的薄膜，整个薄膜分布很均匀，光滑无粗糙，无不整齐的裂痕，把面团放在发酵缸中，用手触摸其顶部感觉到有黏性，但离开面团不会粘手，且面团表面有手黏附的痕迹，但很快消失。

5. 搅拌过度阶段

当面团搅拌到完成阶段后仍继续搅拌，此时面团外表会再度出现含水的光泽，面团开始黏附在缸壁而不再随搅拌钩的转动离开。在这个阶段，当停止搅拌时，可看到面团向缸四周流动，用手拉取面团时已失去良好的弹性，且变得粘手，过度的机械作用减弱了面筋的韧性，使面筋开始断裂，面筋分子间的水分从结合键中漏出。搅拌到这个程度的面团，严重影响面包成品的质量。

6. 面筋打断阶段

此阶段，面团已开始水化，表面很湿，非常粘手，当停机后面团很快流向缸的四周，搅拌钩已无法再将面团卷起，用手拉取面团时，手掌中有一丝丝的线状头胶质，若用来洗筋时，已无面筋可洗出。搅拌到这个程度的面筋，已不能用于面包制作。

（五）搅拌对面包品质的影响

1. 搅拌不足

面团若搅拌不足，则面筋不能充分扩展，没有良好的弹性和延伸性，不能保留发酵过程中所产生的 CO_2，也无法使面筋软化，所制作出来的面包体积小，两侧微向内陷入，内部组织粗糙，颗粒较大，颜色呈褐黄色，结构不均匀且有条纹。在整形操作上，因面团较湿较硬，所以存在一定困难，且面团在分割、整形时，往往会被机器将表皮撕破，使面包成品外形不整齐。

2. 搅拌过度

面团搅拌过度，则过分湿润、粘手，整形操作十分困难，面团滚圆后无法挺立，而是向四周流淌。烤出的面包因无法保留膨大的气体而使面包体积小，内部有较多的大孔洞，组织粗糙且多颗粒，品质极差。

（六）影响搅拌的因素

影响面团搅拌的因素很多，主要包括：搅拌速度、搅拌机种类、面团体积、面粉种类、面粉水化程度、面团温度、加盐方法、面团中的油脂、乳粉含量等。

二、面团发酵

发酵是面包生产中的第二个关键环节，面团发酵的好坏对面包产品的质量影响极大，有人认为发酵对面包品质的影响负有 75% 的责任。面团在发酵过程，酵母吸取面团的糖，释放出 CO_2，使面团膨胀，其体积约为原来的 5 倍，形成疏松、似海绵状的性质。

（一）发酵过程

面团的发酵是个复杂的系列化反应过程，涉及的因素很多，其中水分、温度、酸度、湿度等环境因素对整个发酵过程影响较大。

1. 酵母增殖速率

一般说来，酵母细胞增加数目与面包体积成正比。而酵母的增殖速率，则与面团所含的酵母用量有关。酵母用量越少，其增殖速率越高，反之则越低。例如，当鲜酵母用量为 0.5% 时，6h 后酵母增加 88%，而用量为 2% 时，只增加 29%。

2. 发酵过程的营养物质供应

（1）酵母在增殖过程中要吸收氮素，合成本身所需的蛋白质，其来源分有机氮（如氨基酸）和无机氮（如氯化铵、碳酸铵）两种。其中，氯化铵的效果比碳酸铵好，但两者混合使用效果更佳。

（2）酵母要吸收糖类物质，以进行发酵作用。发酵初期酵母先利用葡萄糖和蔗糖，然后再利用麦芽糖。正常条件下，1g 鲜酵母每小时约吸收分解 0.32g 葡萄糖。

（3）其他物质，如酶、改良剂、氧化剂等，都对发酵过程的许多生化反应具有促进作用。例如，面粉本身存在的各种酶或人工加入的淀粉酶，促进淀粉、蛋白质及油脂等水解；无机盐可以作为面团的安定剂；改良剂、氧化剂则可改变面团的物理性质，改善面团的工艺性能。

3. 发酵产物

酵母发酵后的最终产物有二氧化碳、酒精、酸类物质等，同时释放出热量。

（1）二氧化碳　主要使面团膨松，起发酵作用。在面团发酵期间，面粉本身的或人工添加的淀粉酶中的液化酶将破裂淀粉转化成糊精，再由糖化酶作用转变成麦芽糖，然后由麦芽酶把麦芽糖变成葡萄糖，最后通过酒精酶分解成为酒精及二氧化碳，但所产生的二氧化碳并不完全以气体形式存在于面团内，而是有部分溶于水变成碳酸。碳酸的离解度很小，对面团的 pH 影响不大。

（2）酒精　是发酵的主要产物之一，也是面包制品的风味及口味来源之一。酒精虽然会影响面团的胶体性质，但因其产量较少，故影响不太大，而且，当面包进炉烘烤后，酒精会随之挥发出去，面包成品大约只含 0.5% 酒精。

（3）酸类物质　是面包味道的来源之一，同时也能调节面筋成熟的速度，包括乳酸、醋酸、碳酸等有机酸以及极少量的硫酸、盐酸等无机强酸。

（4）热量　每分解 1mol 葡萄糖，就会产生 117kJ 的热量，这是使发酵后的面团温度有较小幅度上升的原因。

面团在发酵过程中，除了产生大量的二氧化碳气体，使得面团膨松之外，还能产生一些具有独特风味的芳香物质，如酒精、乳酸、酯类、羰基化合物等。羰基化合物是使面包具有特殊芳香的重要物质，由于这类芳香物质的生成，需要较长的发酵时间。因此，使用二次发酵法，比使用快速发酵法做出的面包成品风味要好许多。目前已鉴定出酵母在面团里发酵所产生的芳香物质有 211 种之多。此外，某些细菌对形成良好的面包风味也起到了十分重要的作用，如乳酸菌、醋酸菌等。

（二）发酵控制及调整

1. 发酵产生与面团持气能力

由于酵母与各种酶的共同作用，糖类逐步分解，产生二氧化碳气体。如要增加产气量可用增加酵母用量、糖的用量或添加含有淀粉酶的麦芽糖或麦芽粉、提高面团温度至 35℃ 等方法。面团能够保存气体是由于经过搅拌后，面团内的面筋蛋白脱氢，由—SH—键变—S—S—键，蛋白分子间形成了手拉手链接效应，并构成蜂窝状的立体结构，而面团中的淀粉、酵母及部分水都被包裹填充在面筋蛋白形成的网状结构里面。当酵母分解糖产生二氧化碳气体时，面筋蛋白膜就像无数个小气球，把生成的二氧化碳气体牢牢地包裹住。随生成气体的增加和气压的加大，无数个面筋形成的小气球就逐渐吹大，使得整个面团得以起发、膨胀。此时需要面筋气球拥有良好的抗压强度和延展性，有一定的承压能力，而不至于破裂、漏气，使做出的面包体积膨大，质地松软。影响面团保留气体的原因：一是面粉面筋质量的因素；二是矿物质含量偏低；三是 pH 偏低；四是面团温度过高（包括发酵室温）；五是搅拌面团时面筋扩展不足或过度造成断裂；六是蛋白酶分解面筋。

2. 酵母产气量及发酵耐力同面筋的扩展能力及持力耐力，两者之间的关系对面包成品品质有一定影响。

3. 面团在发酵阶段的状态

以中种面团为例，当完成发酵时间为 4.5h，发酵后升温 5.5℃，会使面团的顶部下陷，用手向上提起面团时，有非常明显的立体网状结构，延展性良好，整个面团干爽、柔软，韧性很小不易破裂，完全成熟，成为干燥、柔软的薄网状组织。

判断发酵成熟方法：一是发酵为原体积的四五倍；二是湿水手指插入面团，拔出后不复原；三是微有酒味；四是面团顶部微有凹陷。

面团发酵不足的情况：一是体积只有原来的 1/3，时间为 1.5h，这时面团结实，网状结构紧密，向上提时，韧性大，有扯橡皮一样的感觉，但面团中已有气体；二是当面团发酵至总发酵时间的 2/3，即 3h 的时候，发酵继续进行，面团逐渐软化，且柔软，但面团仍较紧密，还有湿黏的感觉。当面团超过了发酵时间后，又变得湿黏、易破裂、鼓气等，此时称为老面团。

（三）发酵操作技术

在将搅拌好的面团倒入发酵缸前，要先在容器内壁涂上一层薄的油层，以免黏附发酵的面团，并将面团表面拨平，然后推入发酵室发酵。发酵缸的容积要与发酵后面团体积相适应，太大或太小都不利。

1. 发酵的温度及湿度

一般理想的发酵温度为 27℃，相对湿度 75%。温度太低，因酵母活性较弱而减慢发酵速度，延长发酵所需时间。温度过高，则加快发酵速度，且容易引起包括乳酸菌、醋酸菌及野生酵母的增长，使面团变酸。

相对湿度低于 70%，面团表面由于水分蒸发过多而结皮，不但影响发酵，而且造成成品质量不均匀。适于面团发酵的相对湿度，应等于或高于面团的实际含水量，即面粉本身的含水量加上搅拌时加入的水量。面团在发酵后，温度会升高 4~6℃。实际生产中，中种面团温度通常保持在 23~26℃，正常条件下，发酵升温不超过 4.5℃，若搅拌后中种面团温度为 24.5℃，经发酵后面团温度为 29℃，这是最理想的第二次搅拌时面团温度。

2. 发酵时间

面团的发酵时间，不能一概而论，而要按所用的原料、酵母用量、糖用量、搅拌情况、发酵温度及湿度、产品种类、生产方法、制作工艺等有关因素确定。特别是面粉的质量高低，对发酵时间的长短影响最明显，面筋低的面粉其发酵时间应短些，面筋高的面粉，发酵时间应长一些。

正常环境条件下中种面团，酵母用量为 0.6%，经 $3 \sim 4.5h$ 即可完成发酵。或观察面团的体积，当发酵至原体积的 $4 \sim 5$ 倍时即可认为发酵完成。直接发酵法的面团，因所有原料一次投入，其中盐、乳粉等对于酵母的发酵有抑制作用，因此直接发酵法面团的温度可提高到 $27 \sim 28℃$，当酵母用量为 1% 时，发酵时间为 $1.5 \sim 2.5h$。

3. 翻面

翻面是指面团发酵到一定时间后，用手拍压发酵中的面团，或将四周面团提向中间，使一部分二氧化碳气体放出，缩减面团体积。翻面的目的是：

（1）充入新鲜空气，促进酵母发酵。

（2）促进面筋扩展，增加气体保留性，加速面团膨胀。

（3）使面团温度一致，发酵均匀。

翻面这道工序只有直接法需要，中种面团则不需要。翻面时，不要过于剧烈。否则会使已成熟的面筋断裂，影响醒发。观察面团是否到达翻面时间，可将手指稍微蘸水，插入面团后迅速抽出，面团无法恢复原状，同时手指插入部位有些收缩，此时，即可做第一次翻面。第一次翻面时间约为总发酵时间的 60%，第二次翻面时间，则从第一次翻面后算起，到开始发酵至第一次翻面所需时间的 1/2。例如，从开始发酵至第一次翻面时间为 120min，即等于总发酵时间的 60%，故算得总发酵时间为 200min，可知第二次翻面应在第一次翻面后的 60min 进行，即在总发酵时间的第 180min 进行。

上述计算是一般方法，实际生产中则应视与发酵有关的各个因素及环境条件来作出具体每槽面团的翻面时间，尤其要考虑所用面粉的性质。

4. 发酵时间的调整

工厂化生产面包的过程中，每一个面包品种都有适合其生产条件的程序，发酵时间也基本固定，改变较少，当实际生产中要求必须延长或缩短发酵时间时，可通过改变酵母用量或改变面团温度等来实现。其他条件都相同的情况下，在一定范围内，酵母的用量与发酵时间成反比，即减少酵母用量，发酵时间延长；增加酵母用量，发酵时间缩短。

（四）发酵损耗

发酵损耗是因为发酵过程中面团水分的蒸发以及酵母分解糖而失去某些物质，使发酵后的面团重量有所减少。由于水分蒸发而引起的损耗在 0.5% 以上。其他失去的物质主要是由于糖类（包括淀粉转化成的糖类）被分解，除去生成二氧化碳和酒精外，还有一些挥发性物质产生，这些物质在发酵时有部分被挥发。总发酵损耗在0.5%~4%，依照配方及制作方法的不同而有差异，一般在2%。发酵损耗的计算，可按下式计算：

发酵损耗（%）=（搅拌后面团质量－发酵后面团质量）/搅拌后面团质量×100%

影响发酵损耗的因素包括配方组分、发酵时间、面团温度和环境条件。

三、整形

面团整形制作，是为了把已发酵好的面团通过称量分割和整形使其变成符合产品形状的初形。由于工厂的规模大小不同、生产品种的不同及其他原因等，分为手工操作与机械操作两种。

（一）分割

分割是通过称量把大面团分切成所需分割重量的小面团。分割质量是成品质量加上烘焙损耗（一般为10%）。

1. 手工分割

先把大面团搓成（或切成）适当大小的条块，再按质量分切成小面团。手工分割比机械分割更适宜。

2. 机械分割

面团由发酵缸（槽）倒入分割机上方的盛料槽内，然后落到切割室内，由切刀将其切断，切下的面团被活塞推到滚筒内，进入预先已调节好体积的容器口内，然后在连杆推动下转动向下，倾出切好的面团，落到输送带上被送到滚圆机中，机器恢复原状，进行下一个分割。机械分割前在漏斗内涂点油，分割时间要短，并随时称重。

不论是手工分割还是机械操作，一槽面团的全部分切时间，应控制在20min内完成。若同一槽面团分割时间拖得太长，无形中使最后分割时的面团的性质有所差异，影响以下各道工序尤其是醒发时间的掌握。所以要求机械操作时，每槽面团的重量要与分割机的分割能力相适应，使每槽面团在15~20min分割完毕，保持面团的性质一致。尤其是面团在分割机内温度不易控制，上升较快，利于乳酸菌、醋酸菌的繁殖，会使面团变得多酸发黏、太老，从而使制成品的内部组织不良，有大孔洞，表皮颜色也不好。分割损耗一般为1%~2%。

（二）滚圆

滚圆是把分割到一定重量的面团，通过手工或滚圆机搓成圆形。分割后的面团不能立即进行整形，而要进行滚圆。滚圆的目的是使分割后的面团重新形成一层薄的表皮，以包住面团内继续产生的二氧化碳气体，形成一定的球状，使面团形状统一。

同时，光滑的表皮，有利于在以后工序机器操作中不会被黏附，烘出的面包表皮光滑好看、内部组织颗粒均匀。在滚圆操作中要注意的是撒粉不要太多，用机器操作时，还要尽量均匀，以免面包内部有大孔洞或出现条状硬纹。

（三）中间醒发

中间醒发是指从滚圆后到整形前的这一段时间，通常需要 8～15min，具体时间根据面团的性质是否达到整形所要求的特性来确定。面团分割后失去了一部分二氧化碳气体，也失去了应有的柔软性，中间醒发的目的是为了使面团重新产生新的气体，恢复其柔软性，便于整形的顺利进行。整形时因受到整形机的机械压力作用，面团表皮极易被撕破，内部露出而粘在整形机上，同时损伤面筋组织，中间醒发可以避免这种现象，同时减少面筋回缩力所造成的整形后的自然变形。

手工生产时，中间醒发是将滚圆后的面团静置于案台上，让其自然进行。其不足之处是醒发时间及制成品的质量易受环境条件的影响，尤其是夏季闷热期间，若生产场地使用风扇降温，刚中间醒发后的面团极易结皮，影响面包的品质。机械化生产线则是把面团放入中间醒发箱内，面团运行时间可任意调整，并可控制温度和湿度。面团经滚圆后自动落入中间醒发的箱的布袋上，到了规定时间，即自动送到压薄机。

中间醒发箱的相对湿度通常为 70%～75%，若湿度太小，面团表面极易结皮，面包成品内部有大孔洞；湿度太大，则面团表面会发黏，整形时需要较少撒粉，导致面包内部组织不良。温度以 27～29℃ 为宜，温度过高，醒发太快，面力老化也快，使面团气体保留性差；温度太低，则松弛不足，影响生产。

（四）整形

整形是把面团做成产品所要求的一定形状。整形工序实际上包括压薄及成形两部分。压薄，是把面团中的旧气体排掉使面团内新产生的气体均匀分布，保证面包成品内部组织均匀。成形，是把压薄后的面团薄块做成产品所需的形状，使面包式样整齐。

手工制作时，压薄可用面杖，成形用手搓卷。一般主食面包的生产，都用整形机进行整形。整形机分压薄、卷折、压紧三部分。压薄部分有 2～3 对滚轴，从中间醒发箱出来的面团经滚轴压薄成扁平的圆形或椭圆形，此时面团内的气体大部分被压出，内部组织已比较均匀。然后，经过卷折部分，由于铁网的阻力而使面团薄块从边缘处开始卷起，成为圆柱体。最后，圆柱体面团经过压紧部分的压板，较松的面团被压紧，同时面团的接缝也被黏合好。

影响面团整形的有面团本身性质及整形机调整情况。面团本身性质包括配方原料、搅拌程度、发酵情况等，如搅拌不足，面团较硬且脆，整形困难；搅拌过度，则延展性过大，无法卷折和压紧。整形机本身的情况对面团整形结果影响较大。首先，是压薄部分滚轴间距的调整。原则是在面团不被撕破的前提下，尽量调近滚轴间距，以使面团肉的气体分布均匀，保证面包成品内部组织整齐，均匀，但如果滚轴调得太紧，面团会被撕破，内部暴露而黏附在机器上，影响操作。若滚轴太松，则虽经压薄，但面团内的气体无法压出或压出不多，面团内部分布不均，导致面包成品内部不均匀，有大孔洞或颗粒粗。滚轴调整是否适当，可观察整形后的面团表面是否光滑和面团卷折的松紧程度。表面粗糙，说明滚轴太紧；卷折后的面团松散，说明滚轴太松。卷折时，一般要求面团薄块卷到 2.5 圈。整形时撒粉不要太多，控制在分割重的 1% 以内。如面团干爽，可减少撒粉，以防成品内部孔洞。

（五）装盘

把整形后的面团放到面包模具内，送入醒发室醒发。手工生产时，用人工将面团放到模具内，机械化生产则可自动落入模具内，再由输送带运到醒发室。装盘时应注意以下几点。

1. 面包模具的预处理

装入面包前，面包模具内壁必须先涂层薄薄的油，可用猪油或其他油。现在多数用混合植物油，如花生油、大豆油、棉子油或其他食用油混合。且一般都加入抗氧化剂以防酸败。涂油可用人工或机器，油用量不可太多，以免影响面包形状及表皮颜色；也不可太少，以免黏附面包，一般用量以面团分割质量的 0.1% ~ 0.2% 为好。

2. 面包模具温度

装面团前，面包模具的温度必须与室温大致相同，太高或太低都不利于醒发。在生产中要注意，刚出炉的面包模具不能立即用于装盘，必须冷却到 32℃ 左右时才能使用。

3. 面团的放置情况

装盘的面团必须大小一致、形状均匀，不能一头大一头小或呈哑铃状、橄榄状，这些均影响成品质量，尤其是外观式样。放置时，面团应放在面包模具底部中央，且面团接缝处必须向下，以防面团在醒发或烘烤时表皮破裂，使面包表皮粗糙，不光滑或有裂痕。

4. 面包模具容积

面包模具太大，会使面包内部组织不均匀、颗粒粗糙；模具太小，则影响面包体积，且顶部胀裂严重、形状不佳。对于一般不带盖的主食面包，每立方厘米模具可容面团 0.29 ~ 0.3g，或每克面团需要 3.35 ~ 3.47m³ 的容积，则每 50g 面团需要 167.5 ~ 173.5m³ 的容积。

四、醒发

醒发是面包进炉烘烤前的最后一个阶段，也是影响面包品质的关键环节。醒发使面包重新产气、膨松，以得到制成品所需的形状，并使面包成品有较好的食用品质。因为经过整形操作后，面团内的气体大部分已被赶出，面筋也失去原有的柔软性而显得硬、脆，若此时立即进炉烘烤，面包成品必然是体积小，内部组织粗糙，颗粒紧密，且顶部会形成一层壳。因此要做出体积大，组织好的面包，必须使整形后的面团进行醒发，重新再产生气体，使面筋柔软，得到大小适当的体积。

在醒发阶段，可对前几道工序所出现的差错进行一些补救，但若醒发时发生差错，则再无法挽回，只能得到品质极差的面包成品。因此，对醒发阶段的操作要多加小心，避免出错。醒发对面包质量的影响因素主要有温度、湿度、时间等。

1. 温度

醒发温度范围一般控制在 35～38℃。温度太高，面团内外的温差较大，使面团醒发不均匀，导致面包成品内部组织不一致，有的地方颗粒较好，有的地方却很粗。同时，过高的温度会使面团表皮的水分蒸发过分、过快，而造成表面结皮，影响面包表皮的质量。

2. 湿度

醒发湿度对于面包的体积、组织、颗粒影响不大，但对面包形状、外观及表皮等影响较大。湿度太小，面团表面水分蒸发过快，容易结皮，使表皮失去弹性，影响面包进炉烘烤时的膨胀，面包成品体积小，且顶部形成一层盖。表皮太干也会抑制淀粉酶的作用，减少糖量及糊精的生成，导致面包表皮颜色浅，欠缺光泽，且有许多斑点。湿度太大，对面包品质也有影响，尽管高湿度醒发的面包经烘烤后表皮颜色深、均匀，且醒发时间少、醒发损耗也少，但会使面包表皮出现气泡。同时表皮的韧性过大，影响外观及食用指令。通常醒发湿度为 80%～85%。

3. 时间

醒发时间是醒发阶段需要控制的第三个重要因素，时间长短依照醒发室的温度、湿度及产品类型、烘炉温度、发酵程度、搅拌情况因素来确定，通常是 55～65min。醒发过度，面包内部组织不好、颗粒粗、表皮呆白、味道不正常（太酸）、存放时间减短。如果所用的是新磨的面粉或筋力弱的面粉，醒发过度还会出现面包体积在烘炉内收缩的现象。醒发不足，面包体积小，顶部形成一层盖，表皮呈红褐色，边皮有烤焦的现象。

醒发时间的调校，要考虑到面粉的筋度和烘炉温度等因素，面粉筋度高或烘炉温度低，醒发时间要稍短些，面筋较低或烘炉温度高，则醒发时间可稍延长一些。

五、烘烤

烘烤是面包由生面团变为成品的最后一道工序，也是较为关键的一个阶段。在烤炉内热能的作用下，生面包坯从不能食用变成松软、多孔、易于消化和味道芳香的可食用的诱人食品。整个烘烤过程，包括很多的复杂作用。在这个过程中，微生物及酶被破坏，不稳定的胶体变成凝固物，淀粉、蛋白质的性质也因高温而发生凝固变性。与此同时，焦糖、焦糊精、类黑素及其他使面包产生特有香味的化合物，如羰基化合物等物质生成。所以，面包的烘烤是综合了物理、生物化学、微生物学等反应的变化结果。

（一）烘烤反应

1. 烘焙急胀

面包坯进炉后，由于内部空气受热膨胀，几分钟内所增加的体积便为原来醒发后面包坯的 1/3，这个作用称为烘烤急胀，产生烘烤急胀的原因从物理方面包括：

（1）气体受热后压力增大，当这些气体被密闭在由弹性材料构成的一定范围内，会使体积膨胀。例如，气球本身有弹性，经吹入空气后由于气体压力增加而膨胀，面团的烘焙急胀也一样，面团内许许多多细小的气孔，因受热而增加气压，从而促使既有弹性又有延展性的面筋组织扩充，使面团胀大。

（2）面包坯进炉后，温度逐渐升高，气体溶解度减少，使原来溶解在面团内的气体被释放出来，当面团温度达到 49℃ 时，所溶解的气体全部被释放出来，这部分气体也按第一种作用那样，受热而增加气压，也使面团逐渐膨胀。

（3）热使面团内某些低沸点物质变成蒸汽，这些蒸汽的产生同样使气孔内的气压增大，促使气室膨胀而导致面团胀大，这些低沸点物质以酒精的量为多，也是最主要的被蒸发物质。酒精的沸点约为 79℃，因此在烘烤的前期即已被蒸发。

（4）气室内的压力与气室半径是一个反比关系，体积小的气室其膨胀需要的压力比大气室的高，当面团内的较小气室太多时，聚集在小气室内的压力会超过气室的收缩力而产生突然的膨胀，压力增大很多，这时面包表皮尚在形成阶段，还没有足够的力量阻止这些压力很大的气体往外冲，于是在使面包体积增大的同时也使得面包边皮出现碎屑较多，不够平滑。

从生化方面来说，温度的升高促进了酵母的活性，使面团发酵加速，也是形成烘焙急胀的原因之一。随着温度的升高，发酵作用越来越快，产生的二氧化碳气体和酒精也越来越多，直到酵母作用的临界温度为止，但此时所产生的二氧化碳气体已足够使面团膨胀，增大体积。

2. 淀粉糊化

在烘焙最初阶段，面团温度达到 54℃ 时，淀粉开始糊化，烘焙急胀现象消失。淀粉糊化时，吸收了面筋原来持有的水分，使淀粉颗粒本身膨胀，体积增加。而面筋组织因失去了水分变得凝固，使已糊化了的淀粉能固定在面筋的网状结构内。

温度对于淀粉的糊化也很重要，在烤炉内，面包坯外层的温度比内部的温度要高，外层面团的糊化程度也比中心部位的要大。有人用偏光显微镜观察，发现即使经过烘烤后的面包，仍有保持着原来晶体性质的淀粉组织。

除水分和温度外，淀粉酶的含量也影响淀粉的糊化程度。含量太多，影响淀粉胶体性质，无法承受由于烘焙急胀而产生的气体压力，气孔破裂，形成大气孔，使面包产品内部组织出现大孔洞。含量太少，淀粉糊化作用不够，淀粉胶体组织过分干硬，无法适应面团的膨胀，使面包体积减小，内部组织不良。

3. 酶的作用

淀粉酶的作用在烘烤阶段就已开始，在一定温度范围内，每上升10℃，酶的活性便增加一倍，超过一定温度，抑制了酶的活性，最后停止，使淀粉的糊化也终止。α – 淀粉酶适温在65～95℃，而在68～83℃时活力最大，这个期间面包烘烤约有4min。β – 淀粉酶适温在57～72℃，这个温度范围在炉内少于2.5min。

4. 风味物质

面包制品所持有的香味，主要形成于面包表皮，并通过面包内剩余的水分，渗入到面包内部。形成这些风味的物质是羰基化合物，其中主要为醛类。这些物质，是由于褐变反应而产生的。

5. 气孔组织

面包内部组织的气孔特性及形状，可通过切开的面包片来观察。影响气孔组织的因素包括发酵程度、发酵速度、搅拌程度、整形制作、面包盒大小、醒发等。在烘烤期间，以烘烤速度的影响为主要，烘烤速度太快，面包表层形成过早，且强韧，限制了面包内部的继续膨胀，严重影响面包的内部组织质量，使小孔破裂，粘连在一起，结果导致气孔壁厚、颗粒粗糙、组织不均匀。

优良的面包内部组织应当是气孔小、气孔壁薄、气孔形状呈圆形稍长，大小一致、无大孔洞，用手摸触时有松软、光滑的感觉。

（二）烘焙过程及变化

1. 烘焙过程

（1）烘焙急胀阶段 是进炉后的5～6min，在这个阶段，面团的体积由于烘烤急胀作用而急速上升。

（2）酵母继续作用阶段 面包坯温度在60℃以下，酵母的发酵作用仍可进行，超过此温度，酵母活动即停止。

（3）体积形成阶段 此时温度在60～82℃，淀粉吸水膨胀而胀大，固定填充在已凝固的面筋网状组织内，基本形成了最终成品的体积。

（4）表皮颜色形成阶段 由于焦糖反应和褐变作用，面包的表皮颜色逐渐加深，最后成棕黄色。

（5）烘焙完成阶段 面包坯内的水分已蒸发到一定程度，面包中心部位也完成烘热，成为可食用的制品。

2. 面团温度、水分的变化及表皮形成

面包坯烘烤中被加热，因面团具有一定的体积，所以各部分的温度有较大的差异。面包坯一进炉，即受到比水的沸点高 1 倍多的炉温的加热，且因白面包的四周及底部均有面包盒壁，故就受热程度来说，面包表皮最为厉害，水分蒸发最快。当其温度、湿度达到平衡时，表皮层已达到 100℃，但此时包心部位的温度却远远低于表皮温度，由于存在着较大的温差，内层的水分不断向外转移，再经表皮蒸发出去，而内层水分转移的速度小于外层蒸发速度，因而形成一个蒸发层。随着烘烤的进行，蒸发层逐渐向内推进，使面团都被烤熟，成为面包。与此同时，由于蒸发层的内移，表皮水分的蒸发大于吸收，动态平衡被打破，故逐渐被烤焦，最后形成一层厚厚的面包皮。

（三）烘烤条件及影响因素

要使烘焙后的产品得到满意的结果，必须按照产品的种类、形式、面包配方、原料性质、烘炉状况等，选择适宜的烘烤条件，才能制作出理想的产品。

烘烤条件的选择，最主要的因素仍然是温度、湿度、时间。

1. 温度

生产面包的烘烤温度一般在 190~232℃。炉温过高，容易使表皮产生气泡；炉温过低，酶的作用时间增加，面筋凝固也随之推迟，而烘焙急胀作用则太大，使面包成品体积超过正常情况，内部组织粗糙、颗粒大；炉温低必然要延长烘烤时间，使得表皮干燥时间太长，面包皮太厚，且因温度不足，表皮无法充分焦化而颜色较浅。同时，水分蒸发过多，挥发性物质挥发也多，导致面包重量减轻，增加烘焙损耗。

2. 湿度

炉内湿度的选择跟产品类型、品种有关。一般软面包、甜面包不通入蒸汽，其湿度已适宜。而硬式面包的烘烤，则必须通入蒸汽 6~12s，以保持较高的湿度。湿度过大，炉内蒸汽过多，面团表皮容易结露，致使产品表皮熟韧及起气泡，影响食用品质；湿度过小，表皮结皮太快，容易使面包表皮与内层分离，形成一层空壳，尤其是不带盖的主食面包要注意。

3. 时间

烘烤时间取决于温度、面团重量和体积、配方成分高低等，范围一般为 10~35min。炉温高，烘烤时间短，反之则长；重量大、体积大的面包，用较低的炉温，烘烤时间也需较长；重量轻、体积小的面包，用较高的炉温，较短的烘烤时间；高成分配方需要较低的温度，较长时间烘烤，低成分面包则需要较高温度而较短时间的烘烤。这些条件的选择，都应以如何制作符合标准的高质量面包成品来考虑决定。

（四）烘焙损耗

烘焙损耗是指由于水分的蒸发和一些挥发性物质的失去而使面包重量减少，其范围为 7%~13%。通常所说的烘焙损耗是指广义的烘焙损耗，包括分割损耗、整形损耗、醒发损耗、烘烤损耗、冷却损耗、切片损耗等。狭义的烘焙损耗仅指面团在烘炉内的纯烘烤损耗。

六、冷却

冷却是面包生产中必不可少的工序。因为面包刚出炉时，温度较高，表皮干脆，包心则很柔软，缺乏弹性。此时如果立即进行切片，因面包太软，没有一定的机械承受力，容易破碎，增加损耗，很难顺利进行，切好后面包两边也会凹陷，若立即进行包装，则因面包温度过高，容易结露，出现水珠，导致面包容易发霉。

（一）冷却过程的变化

1. 温度

面包出炉时，除了表皮温度高于100℃外，其余部分温度为98～99℃。出炉后，面包置于室温下，由于存在着一个较大的温差，聚集在面包表皮的热便在辐射、对流作用下迅速散去，而内部散热则较慢。故测定面包切片时的温度应以包心为准。

2. 水分

面包出炉时，水分分布很不平均。表皮在烘烤时接触的温度高且时间长，水分蒸发很多，显得干燥、硬脆，面包内部的温度则较低，在烘烤阶段的最后几分钟才达到99℃，故水分蒸发很少，显得较为柔软。出炉后，面包的水分进行重新分布，从高水分的面包内部散发到面包外表，再由外表蒸发出去，最后，达到水分动态平衡。表皮也由脆变成柔软，适于切片或包装了。

水分转移、蒸发的速度，取决于大气蒸气压，蒸气压又与气温有关，温度越高蒸气压越大，水分蒸发越慢。冬天大气蒸气压低，面包表皮水分蒸发速度快，突然失水太多，温度骤然下降，表皮收缩速度太快，造成面包表皮破裂、发硬、内部发黏。夏天则大气蒸气压高，面包表皮水分蒸发慢，需要延长冷却时间，否则切片、包装都不利，尤其是湿度大的梅雨季节，更要注意面包的冷却时间。

（二）冷却要求与技术

冷却后的面包中心温度要降到32℃，整体水分含量为38%～44%，总的要求是：既要迅速有效地降低面包温度，又不能过多地蒸发水分，以保证面包有一定的柔软度，提高食用品质和延长货架期。面包在冷却阶段损失的水分为多少才算理想，必须视烘烤情况而定。烘烤时面包水分损失较多，冷却时要尽量减少损失；反之，则可让其蒸发较多水分，一般损失水分在2%～3%。

白面包出炉后应立即倒出冷却，不能让面包再在面包盒内，以免影响冷却速度和面包盒流转。圆形面包（包括汉堡包等）出炉后可暂缓倒出，待冷却到表皮变软并恢复弹性后，再倒出冷却。冷却方法包括以下几种。

1. 自然冷却

该法优点是无须添置冷却设备，投入过多资金。不足是不能有限控制冷却损耗，冷却时间依然太长，受季节影响也较大。

2. 通风冷却

需要一个密闭冷却室，空气从底部吸入，由顶部排出。面包出炉后倒出在输送带上，随着输送带的慢慢运转，由上而下直到出口，由于空气的对流，热量被带走，水分被蒸发，面包得到冷却，这种方法的冷却时间比自然冷却少得多，但仍不能有效控制水分损耗。

3. 空调冷却

该法通过调节空气的温度和湿度，使冷却时间减少，同时可控制面包水分的损耗。目前，国外已有很多工厂采用该法，其形式有箱式、架车式、旋转型输送带式等，箱式较为简单及经济，输送带式则在大型工厂应用较多，因其工作场地较少。

4. 真空冷却

其优点是在适当温度、湿度和一段时间的真空下，面包能在极短时间内冷却，只需 0.5h，而不受季节影响。

七、包装

面包是即食食品，为保证食用品质符合卫生要求，冷却后或切片后的面包，应及时包装，以免污染。

面包经过包装后可保持清洁卫生，避免在运输、贮存、销售过程中受污染，保障顾客健康。同时，有包装的面包，可以避免水分的过多损失，较长时间保持面包的新鲜度，有效防止面包的老化变硬，延长货架寿命。美观漂亮的包装，能增加产品对人的食欲，扩大销售的竞争能力，提高工厂的经济效益。包装的方法有手工包装、半机械化包装和自动化包装。我国目前大多数的面包工厂，限于资金、场地、产品数量及卫生条件等原因，都是采用手工包装，其缺点是不符合卫生要求，也比不上包装机的美观。

半机械化包装和自动化包装则都是采用包装机来包装，前者还需人工搬运面包从冷却后的地方到包装机上，后者则从冷却设备的出口处或从切片机通过输送带直接送到包装机的喂料部件，再转送到包装袋前，在自动感应下包装袋被吹入的空气张开，面包进入袋内，然后进行黏合封口或捆扎封口。

对包装材料的选择，一是要符合食品安全要求，无毒、无臭、无味，不会直接或间接污染面包；二是要求密闭性能好，不透水、少透气，以免使面包变得干燥，香味散失；三是要求材料价格适宜，在一定的成本范围内尽量提高包装质量。机械包装还应考虑包装材料的强度，以适应机械的操作，保护产品免受机械损伤。常用包装材料分纸类、塑料类等，纸类有耐油纸、蜡纸。现在较为普通的是使用塑料类的聚乙烯薄膜、聚丙烯薄膜等。

任务四 ❯ 面包生产质量标准及要求

一、面包的质量标准

不同地区制作面包的方法各有不同，面包品质、顾客的适应性也不一样，因此要制定一个适合大众化标准和规格的面包质量标准不是一件容易的事情。并且面包的品质鉴定工作，大多是依靠个人的经验，没有科学仪器的帮助，很难做到百分之百判断正确。我国商业部已颁布了 GB/T20981—2007《面包》质量标准，目前国际上多数采用的面包品质鉴定评比方法是把面包评分的总分定为 100 分，一般面包评分很难达到 95 分以上，但最低不可低于 85 分。

（一）面包外表评分

面包外表评分包括体积、表皮颜色、外表样式、烘焙均匀度和表皮质地五个方面，共占 30 分。

1. 体积

面包是一种发酵食品，其体积大小跟使用原料的好坏，制作技术的正确与否有相当重要的关系。从面团至烤熟的面包必须膨胀至一定程度，并不是说体积越大越好，体积膨胀过大，会影响内部的组织，使面包多孔而过度松软；体积膨胀不够，则会使组织紧密，颗粒粗糙，所以对体积有一定的规定。例如，在做烘焙试验时多数采用美式不带盖的白面包进行对比。一条标准白面包的体积，应是此面包重量的 6 倍，最低不可低于 4.5 倍。所以评定面包体积的得分，首先要定出这种面包合乎标准的体积比，即体积与重量之比。体积可用"面包体积测定器"来衡量，体积的评分是 10 分。

2. 表皮颜色

面包表皮颜色是由适当的烤炉温度和配方内糖的使用而生成的。正常的表皮颜色应是金黄色，顶部较深而四边较浅，无黑白斑点存在。标准的颜色不但使面包看起来美观，而且能产生焦糖的香味。表皮颜色过深，可能是由于炉火温度太高，或是配方中的糖量太高，基本发酵不够等；颜色太浅，则多属于烤焙时间不够或是炉火温度太低，进炉时每盘之间没有间隔，配方中糖的用量过少或是面粉中糖化酶作用差，基本发酵时间太长等原因。面包表皮颜色的正确与否不但影响外部美观，同时也反映面包的品质，表皮颜色的满分是 8 分。

3. 外表式样

正确的式样是顾客选择的焦点，同时也直接影响内部的品质。以主食白面包为例，面包出炉后应方方正正，边缘部分稍呈圆形而不可过于尖锐，两头及中间应一样齐正，不可有高低不平或四角低垂等现象。两侧会因进炉后的膨胀而形成寸宽的裂痕，应呈丝状地连接顶部和侧面，不可断裂呈盖子状。其他各类面包均有一定的式样，外表式样的评分为5分。

4. 烘焙均匀度

这是就面包的全部颜色而言，上下及四边颜色必须均匀，一般顶部应较深。焙烤均匀程度主要反映烤炉工序使用的上火、下火温度是否恰当，本项占4分。

5. 表皮质地

良好的面包表皮应该薄而柔软，不应该有粗糙破裂的现象，特殊品种如法国面包，维也纳面包除外。配方中油和糖的用量及发酵时间的控制是否适当，对表皮质地有很大的影响。配方中油和糖的用量太少，会使表皮厚而坚韧，发酵时间过久会产生灰白而破碎的表皮；发酵不够则产生深褐色，厚而坚韧的表皮。烤炉的温度也会影响表皮质地，温度过低造成面包表皮坚韧而无光泽；温度过高则表皮焦黑且龟裂，表皮质地共占3分。

（二）面包内部评分

面包内部评分包括颗粒状况、内部颜色、香味、味道和组织结构五个方面，共占70分。

1. 颗粒状况

面包的颗粒是由面粉中的面筋经过搅拌扩展，发酵时充填二氧化碳气体，形成很多网状结构，这种网状结构把面粉中的淀粉颗粒包在网状薄膜中，经过烤焙后即变成了颗粒的形状。颗粒的状况不但影响面包的组织，且影响面包的品质；如果面团的搅拌和发酵过程操作得当，面筋所形成的网状结构较为细腻，烤好后的面包内部的颗粒也较细小，且有弹性和柔软度，面包切片时不易碎落；如果使用的面粉筋度不够，或者搅拌和发酵不当，则面筋所形成的网状结构较为粗糙且无弹性，以致烤好的面包形成的颗粒粗糙，经切割会有很多碎屑落下。良好的颗粒状况，是整个面包内部组织应细柔而无不规则的孔洞。大孔洞的形成多数是整形不当引起的，但松弛的颗粒则为面筋扩展不够，即搅拌发酵不当引起的，面包内部颗粒状况的评分占15分。

2. 内部颜色

面包内部颜色呈白色或浅乳色，并有丝样的光泽。一般颜色的深浅多为面粉的本色，即受面粉精度的影响。在正确搅拌和健全发酵状态下，面包会产生丝样的光泽，本项占10分。

3. 香味

面包的香味是由外表和内部共同产生的，外表的香味是由面团表面的糖分经过烤焙过程所发生的焦化作用，与面粉本身的麦香味形成一种焦香的香味，所以烤面包时一定要使其四周产生金黄色，否则面包表皮不能达到焦化程度就无法得到这种特有的香味。面包内部香味是靠面团发酵过程中所产生的酒精，酯类及其他化合物，综合面粉的麦香味及各种使用的材料形成的。评定面包内部香味，是将面包的横切面放到鼻前，用双手压迫面包以嗅闻新发出的气味，正常的香味除了不能有过重的酸味外，也不可有霉味、油的酸败味或其他怪味。本项占 10 分。

4. 味道

各种面包因配方不同，所制作出的成品味道各不相同。面包咬入口后应很容易嚼碎，且不粘牙，有面包特有的香味，不可有酸和霉的味道。有时面包入口遇到唾液会结成一团，产生这种现象是由于面包没有烤熟造成的。本项占 20 分。

5. 组织结构

组织结构与面包的颗粒状况有关。一般来说，内部的组织结构应该均匀，切片时面包屑越少结构越好。如果用手触摸面包的切割面，感觉柔软细腻，即为结构良好，反之触觉感到粗糙且硬，即为组织结构不良。本项占 15 分。

二、面包质量检验方法

我国对面包产品的质量标准已有规定，实际生产中应以该标准为依据进行面包质量检验。根据糕点、面包卫生标准（GB 7099—2003）面包质量检验方法如下。

（一）感官指标

（1）色泽　表面呈金黄色或棕黄色，均匀一致，无斑点，有光泽，不能有烤焦现象。

（2）表面状态　光滑、清洁、无明显粉粒，没有气泡、裂纹、变形等情况。

（3）形状　各种面包应符合所要求的形状，枕形面包两头应一致，用烤盘制作的面包粘边不得大于面包周长的 1/4。

（4）内部组织　从断面观察，气孔细密均匀呈海绵状，不得有大孔洞，富弹性。

（5）口感　松软适合，不酸、不粘、不牙碜、无异味、无溶化的糖、盐等粗粒。

（二）理化指标

（1）水分　以面包中心部位为准，34% ~44%。

（2）酸度　以面包中心部位为准，不超过 6°。

（3）相对密度　咸面包 36 以上；淡面包、甜面包、花面包 38 以上。

（三）卫生指标

（1）无杂质、无霉变、无虫害、无污染。

（2）砷（mg/kg，以 A_s 计）≤0.5。

（3）铅（mg/kg，以 Pb 计）≤0.5。

（4）食品添加剂按 GB 2760—2011《食品添加剂使用标准》规定。

（5）细菌总数（个/g）≤1000、大肠菌群（个/100g）＜30、致病菌不得检出。

（6）原料、辅助料符合国家卫生标准规定。

（四）检验方法

1. 感官检验

色泽、表面状态、形状、内部组织及口感检验。

2. 水分测定

以电烘箱105℃恒重法为标准方法，如用其他方法测定，应与此法校对。

迅速称取面包心 3～4g，加以破碎，在 103～107℃烘箱中烘 2h 后取出，放入干燥器内，冷却 0.5h 后称重。然后再放入 103～107℃烘箱，烘 1h 后取出放入干燥器内，冷却 0.5h 后称重，至前后两次重量差不超过 0.005g 为止，如后一次重量高于前一次重量，以前一次重量计算。

$$水分（\%）= \frac{m_1 - m_2}{m_1 - m_3} \times 100\%$$

式中　m_1——称量瓶和试样质量，g

　　　m_2——称量和试样干燥后质量，g

　　　m_3——称量瓶质量，g

水分测定结果，计算到小数点后第一位，第二位四舍五入。试验允许误差不超过 0.2%。取其平均数，即为测定结果。

3. 酸度测定

酸度是指中和 10g 面包试样的酸所需 0.1mol/L 氢氧化钾体积（mL）。

用天平称取面包心 25g，倒入 250mL 量瓶内，加入 60mL 蒸馏水。用玻璃棒捣碎搅拌至均匀状态，再加蒸馏水至 250mL 振摇 2min，于室温静置 10min，再摇 2min，再静置 10min，用纱布或滤纸将上面清液过滤，取滤液 25mL，放入 125mL 三角瓶中，加入 2～3 滴酚酞指示剂，用 0.01mol/L 氢氧化钾标准溶液滴至显粉红色于 1min 不消失为止。代入公式计算。

$$酸度 =（K \times V \times 250/25）/m = 10KV/m$$

式中　V——滴定试样滤液所消耗的碱液体积，mL

　　　m——试样质量，g

　　　K——0.01mol/L 碱液校正数，即配碱液浓度/所需碱液浓度

4. 体积质量测定

取一代表性面包，称重后放入一定容积的容器中，将小颗粒填充剂加入容器摇实，用直尺将填充剂刮平，取出面包，将小颗粒填充剂倒入量筒量出体积，容器体积减去填充剂体积得面包体积。

$$比体积 = (v_1 - v_2) / m$$

式中　v_1——容器的体积，mL

　　　v_2——填充剂的体积，mL

　　　m——面包的质量，g

（五）检验规则

（1）产品由检验员进行检验，保证产品符合本标准规定。

（2）取样　连续式烘烤的，按规定检验次数，每次取样 2～5 个，样品必须有代表性。

（3）检验次数　感官检验每班至少一次。理化检验每周至少两次，特殊情况随时检化验。

（4）标志上应标明厂名、产品名称、商标、生产日期。包装必须用食品包装纸，包装图案要正，包装整齐美观，不能有破裂或脱浆的地方，装用的筐或箱，必须清洁卫生。运输工具要洁净，运输时要遮盖严密，防止污染。

三、面包生产常见的质量问题及解决方法

（一）面包体积过小

因发酵未完成而导致面包体积过小，具体原因及解决方法如下：

（1）酵母添加量不足或是酵母活性受到抑制。针对前者可以适当地增加酵母用量。酵母活力受到抑制可能有以下原因：盐或糖的用量过多致使渗透压过高；面团的温度过低，不适合酵母的生长。应根据配方降低糖、盐的用量，控制发酵所需温度。

（2）原料面粉的品质不适合做面包。一般是由于面粉筋力不足，持气性差。可以改用高筋面粉或添加 0.3%～0.5% 的改良剂来增加筋力，改善面团的持气性。

（3）搅拌不足或者搅拌过度。当搅拌不足时面筋未充分扩展，未达到良好的伸展性和弹性，不能较好地保存发酵中所产生的二氧化碳气体，没有良好的胀发性能，面团发酵未完全；搅拌过度会破坏面团的网络结构使持气力降低。因此，应该严格控制面团的搅拌时间。

（二）面包内部组织粗糙

（1）因面粉的品质不佳导致。解决的方法是最好使用面包粉。

（2）水的添加量不足，使面包发硬，起发不良，延缓发酵速度，制品内部组织粗糙；或者水质不好，水质硬则面粉吸水量增加，面筋发硬，口感粗糙，面团易裂，发酵缓慢。解决方法是适当添加用水量并控制用水的硬度为 8～12。

（3）油脂的添加量不足。可适当增加油脂的用量，使之不少于 6%。因油脂具有可塑性，油脂和面筋结合可以柔软面筋，使制品内部组织均匀、柔软，口感

改善。

（4）发酵时间过长，面包内的气孔无法保存均匀细密，影响口感。需控制发酵时间不要超过4h。

（5）搅拌不足，面包未完全发酵。需延长搅拌时间。

（6）搓圆不够　必须是造型紧密，不能太松。

（7）撒手粉用量过多　减少其用量。

（三）面包表皮颜色过深

面包表皮的颜色是糖在高温下通过美拉德反应生成的，颜色过深主要由于以下原因：

（1）糖的用量过多　应减少用量。

（2）炉温太高　需根据具体情况，如面包体积、形状、大小等来确定最终的炉温。

（3）炉内的湿度太低　可在中途喷洒一些水，最好用可以调节湿度的烤炉。

（4）烘烤过度，没有控制好烘烤时间，致使表面烤焦，颜色过深。

（5）发酵不充分，酵母没有充分利用糖原使糖的量偏高。

（四）面包表皮过厚

（1）焙烤过度　可适当减少烘烤时间。

（2）炉温过低　应适当提高炉温。

（3）炉内湿度过低　应中途洒些水，最好用可调节湿度的烤炉。

（4）油脂、糖、乳用量不足　适当增加用量。

（5）面团发酵过度　需减少发酵时间。

（6）最后醒发不当　一般最后的发酵温度为32~38℃，相对湿度为80%~85%。根据加工品种的不同来适当调整。

（五）面包在入炉时下陷

面包下陷主要是面包发酵过程中的气体泄漏，原因如下：

（1）面粉筋力不足　可添加一些改良剂或者增加高筋粉的用量。

（2）油脂与糖和水的用量过多　应减少其用量。

（3）搅拌不足　需增加搅拌时间。

（4）最后发酵过度　减少最后发酵时间，最后发酵体积达到80%~90%时即可入炉。

（5）盐的用量不够　适当增加用盐量。

（六）面包老化

老化是面包经烘烤后，由本来松软及湿润的制品变得表皮脆而坚韧，味道平淡失去刚出炉的香味。面包老化后，风味变劣，组织由软变硬，易掉渣，消化吸收率降低。面包老化的原因及延缓老化的措施列举如下。

（1）贮藏温度控制不当　淀粉老化主要是一个结晶过程，老化后的淀粉为一结晶结构。温度在 $-7 \sim 20℃$，老化速度最快。温度 $> 60℃$ 或 $< -20℃$ 时不发生老化现象。

如面包在 $60 \sim 90℃$，可保鲜 $24 \sim 48h$，但易产生微生物繁殖而发霉，而且存在高温下香气挥发问题。有人把面包保存在 $30℃$，效果很好，但要求从包装到销售都保持此温。

冷冻是防止食品品质变劣最有效的方法。对面包也一样。一般采用 $-45 \sim -35℃$ 冷风强制冷却，可使面包新鲜度保持两个星期。1940 年这一技术在商业应用，但要求从制造到销售具备一系列的冷冻链，所以难以普及。

（2）原辅料使用不当

① 面粉筋力太差，可添加高筋面粉或选用高筋面粉：高筋面粉比中筋面粉做出的面包老化慢，保存性好。这是因为面粉面筋量多，面筋在面包内的结构能缓冲淀粉分子的互相结合，防止淀粉的老化作用。同时面筋增加可改变面粉的水化能力，防止老化。

② 添加的辅料：添加适量的辅料也可延迟老化。可添加 3% 的黑麦，或添加糖类（吸水作用）、乳制品、蛋（尤其是蛋黄），其中以牛乳效果最为显著。含 20% 脱脂乳粉的面包可保持一个星期不老化。因乳粉的添加增强了面筋筋力，改善面团持气性，面包体积大。因而含有乳粉的制品组织均匀、柔软、疏松并富有弹性，老化速度减慢。另外，乳中含有磷脂，是一种很好的乳化剂，使成品表面光滑且有光泽。和面时加水量适当增加，使面团柔软，但不可添加水过多，否则面团软黏不易烤熟，且有夹生现象。适当增加油脂的用量，可在面筋和淀粉之间形成界面，成为单一分子的薄膜，对成品可防止水分从淀粉向面筋的移动，所以能防止淀粉老化，延长面包保存时间。

③ 添加剂：防止水分散失，在搅拌面团时加入乳化剂或含有乳化剂的面团改良剂。使油脂在面包中分散均匀，使油脂形成极薄的膜，裹住膨润后的淀粉，阻止淀粉结晶时排出的水分向面筋或外部移动，防止老化。如单酸甘油酯、硬脂酰乳酸钙（CSL）、硬脂酰乳酸钠（SSL）。

④ 添加酶：在面包的制作时，为补足淀粉酶的不足，添加 0.2% ~ 0.4% 的大麦粉，增加了液化酶，使面团发酵时或烘烤时其中的一部分淀粉分解为糊精，改变淀粉结构，延迟淀粉的老化作用。

（3）包装不当　通过包装虽不能防止淀粉的老化，但可以保持面包的卫生和水分，防止风味等的散失，从一定程度上保持面包的柔软。再者包装前的冷却速度采用缓冷，包装时温度稍高一些对保持面包的柔软有利，面包的保存性好，但香味淡。

（4）加工工艺控制不当　应注意操作中面团拌透、发透、醒透、烤透、凉透。

① 搅拌不足，增加搅拌时间。面粉与水接触时会形成胶质的面筋膜，阻止水

分向面粉浸透，阻止水和面粉的接触，通过搅拌的机械作用不断地破断面筋的胶质膜，扩大水和新面粉的接触，使水化作用完全；也可适当增加搅拌速度，使面团的膜拉得比较薄而柔软。

② 面团发酵时间不够，需延长发酵时间。采用中种法比直接发酵法的面包老化慢些。最佳的发酵程度对面包保存性效果显著。未成熟的发酵使面包硬化较快，过成熟的发酵使面包容易干燥。

③ 最后发酵湿度过低，需增加烘箱的湿度。

④ 烘烤温度过低，使烘烤时间长，水分蒸发多。根据产品大小、配方、品质要求确定适当的温度。

（七）口感不佳

（1）使用材料品质差。应选用品质好的新鲜原材料。

（2）发酵时间不足或过长。根据不同制品的要求正确掌握发酵所需的时间。

（3）后醒发过度。严格控制最后发酵的时间及面坯胀发的程度，一般面包坯醒发后的体积以原体积的 3~4 倍为宜。

（4）用具不清洁。经常清洗生产用具。

（5）面包变质。注意面包的贮藏温度及存放的时间。

【项目小结】

面包是一种经发酵的烘焙食品，是以面粉、酵母、盐和水为基本原料，添加适量的糖、油、蛋、乳等辅料，经搅拌调制成团，再经发酵、整形、醒发后烘烤或油炸而制成的一类方便食品，是西点中的一类。制品组织松软、富有弹性，风味独特，营养丰富，易被人体消化吸收，深受人们喜爱。

面包具有易于机械化和大规模生产、耐贮藏性、食用方便、易于消化吸收、营养价值高、对消费需求的适应性广等特点。面包的种类十分繁多，按柔软度分为硬式面包与软式面包。我国生产的大多数面包属于软式面包。按质量档次和用途分为主食面包与点心面包。按成形方法分为普通面包与花色面包。前者成形比较简单，如一般的圆面包、西式面包；而后者形式多样，如动物面包、夹馅面包、辫子面包等。按添加的特殊原料可分为奶油面包、水果面包、椰蓉面包、巧克力面包等。按口味不同可分为甜面包和咸面包，前者使用较多的糖，而后者盐用量较高。

制作面包的工艺并不复杂，工厂生产所用的设备也不多。从制作过程看，制作面包主要分搅拌、发酵、整形、醒发、烘焙五个生产工艺，所用的设备也就包括搅拌、发酵、成形和烘烤四大类。

制作面包常用材料包括面粉、酵母、水、盐等。面粉具有形成面包的组织结构、提供酵母发酵所需能量、为人体提供营养等作用，是制作面包的主要材料之一。酵母在面包生产中起关键作用，没有酵母便制不出面包，它在面包制品中的功能是：生物膨松作用、面筋扩展作用、风味改善和增加营养价值。水是面包生产中的重要原料，其用量仅次于面粉居第二位。因此，正确认识和使用水，是保证面包质量的关键之一。盐在面包生产中用量虽不多，但不论何种面包，其配方均有盐这一成分。

面包的生产制作方法很多，采用哪种方法需根据生产设备、工作环境、原料性质及顾客口味要求等因素来决定。目前，各地区采用的面包生产方法有直接发酵法、中种发酵法、快速发酵法、接种面团发酵法、冷冻面团法、老面发酵法等。其中，以直接发酵法和中种发酵法为最常用的生产方法。

面包生产的周期较长，要经过搅拌、发酵、整形、醒发、烘焙五个生产工艺，还有冷却与包装等成品处理工序。这些工序环环相扣，都显得十分重要，稍不注意，就会造成不堪设想的损失。实际生产中，面包的质量问题基本上可以归纳为两方面原因：一是因面团的产气差而造成的；二是因面团的保气能力差而造成的。面团产气和保气能力的好坏，除了搅拌工序的机械物理作用外，最主要是受温度的影响，尤其是面团发酵温度的影响，可以说，面团的搅拌和发酵是面包生产中的关键工序。

【项目思考】

1. 说明面包制作方法的种类，各自特点及工艺。
2. 面包面团搅拌分几个阶段？各阶段有何特征？
3. 影响面包面团调制的因素有哪些？
4. 如何判断面团是否搅拌成熟？
5. 如何鉴别面包面团发酵是否成熟？
6. 简述面包加工常见质量问题及解决方法。

实训一　甜圆面包的制作

一、实验目的

1. 掌握面包制作的基本原理、工艺流程及操作要点。

2. 学会甜面团的调制方法。

二、实验设备与器具

（1）设备　和面机、烤箱、台秤、分割搓圆机、烤盘等。
（2）器具　筛网、刮板、面板、盆、量杯等。

三、配方

高筋面粉 5kg、鸡蛋 10 个、白糖 0.9kg、盐 0.06kg、水 2.4kg、改良剂 0.04kg、黄油 0.4kg、乳粉 0.15kg、酵母 0.08kg。

四、工艺流程及操作要点

1. 工艺流程

原料预处理 → 面团调制 → 分割搓圆 → 二次醒发 → 烘烤 → 冷却、包装 → 成品

2. 操作要点

（1）原料预处理　将面粉过筛，鸡蛋去壳。高筋面粉蛋白质含量在 11.5% ~ 13.5%，湿面筋≥33%，灰分≤0.6%。

（2）面团调制　将面粉、酵母、改良剂放入和面机中慢速搅拌均匀，再放入除盐、黄油以外的其余原料，慢速搅拌均匀约 1min。逐渐加入水，尽快调整好面团的软硬度，当无生粉时，加入盐中速搅拌 1min，再加入黄油中速搅拌 5min，慢速搅拌 1min。取小块面团，手拉面至薄膜无断裂时，和面完毕。此时面团呈乳白色，面团温度 26 ~ 28℃。用手将面团取出，放在台案上，揉圆，用布盖住，醒发约 10min。

（3）分割搓圆　将面团分割成 1.8kg 后，放在分割板上，用手按平面团，按至成与分割板一样大的圆片。将圆片放于分割机上，用分割搓圆机将面团分割搓圆成 30 个，每个重 60g 的面团。也可用手搓圆成形。搓圆的目的是使分割后的面团重新形成一层薄的表皮，以包住面团内继续产生的二氧化碳气体。

（4）二次醒发　将面团均匀码放在烤盘中，放入醒发箱中，醒发 60 ~ 90min，温度 30 ~ 34℃，相对湿度 80% ~ 85%，醒发至体积为原来的 2 ~ 3 倍。

（5）烘烤　将面包坯涂蛋液后，放进烤炉。炉温上火 210℃，下火 200℃，时间 10 ~ 15min。

（6）冷却、包装　烘烤后冷却至室温，然后用塑料袋或塑料纸将面包包好，放于食品箱中。

五、品质要求

1. 表面呈金黄色、光滑、无塌陷、无破损。
2. 内部组织细腻、膨松、断面蜂窝均匀致密，无面心，口味香甜。

实训二　吐司面包的制作

一、实验目的

1. 学会吐司面包制作的工艺流程及操作要点。
2. 掌握各工艺要求的条件。

二、实验设备与器具

(1) 设备　和面机、烤箱、台秤、分割搓圆机、吐司模具等。
(2) 器具　筛网、刮板、面板、盆、量杯等。

三、配方

高筋面粉 5kg、蛋白 0.1kg、白糖 0.4kg、盐 0.1kg、水 2.8kg、改良剂 0.025kg、白麦淇淋 0.4kg、乳粉 0.15kg、酵母 0.075kg。

四、工艺流程及操作要点

1. 工艺流程

原料预处理 → 面团调制 → 基础醒发 → 分割搓圆 → 中间醒发 → 整形 →

最后醒发 → 烘烤 → 冷却、包装 → 成品

2. 操作要点
(1) 原料预处理　将面粉过筛，鸡蛋去壳。

（2）面团调制　将面粉、酵母、改良剂放入搅拌器中搅匀，逐渐加水搅拌均匀。再加入油脂，慢速搅拌均匀。尽快调整好面团的软硬度。当无生粉时，加盐慢速搅拌 2min，快速搅拌 7min，当用手拉面至薄膜无断裂时，和面完毕。

（3）基础醒发　出面后，在案台上用面布盖住，醒发 30～45min，温度 28℃，相对湿度 70%～80%。

（4）分割搓圆　将基础醒发后的面团分割成每块重 125g，搓圆。

（5）中间醒发　将分割搓圆面团醒发 15min，温度 28℃，相对湿度 70%～75%。

（6）整形　用擀面杖将面团擀成椭圆形薄片，从上向下卷紧，每 4 条并排放入涂过油的吐司模内。

（7）最后醒发　送进醒发箱，发至八成时取出。

（8）烘烤　进烤炉或加盖后进烤炉，上火 200℃，下火 180℃，时间 40～45min。

（9）冷却、包装　将出炉后的烤盘置于烤盘架上，至面包冷却至室温。用塑料袋或塑料纸将面包包好，放于食品箱中。

五、品质要求

1. 表面呈金黄色、光滑、无塌陷及破损。
2. 内部组织细腻、膨松、断面蜂窝均匀，无面心，口味香脆。

实训三　椰蓉面包的制作

一、实验目的

1. 学会擀、卷、切等面包制作工艺。
2. 学会制作椰丝馅、椰蓉包。

二、实验设备与器具

（1）设备　和面机、烤箱、台秤、分割搓圆机等。

（2）器具　筛网、刮板、面板、盆、量杯等。

三、配方

（1）高筋面粉 5kg、鸡蛋 10 个、白糖 0.9kg、盐 0.06kg、水 2.4kg、改良剂 0.04kg、黄油 0.4kg、乳粉 0.15kg、酵母 0.08kg。

（2）椰丝 1kg、细砂糖 0.5kg、黄油 0.3kg、鸡蛋 0.3kg。

四、工艺流程及操作要点

1. 工艺流程

原料预处理 → 面团调制 → 分割搓圆 → 一次醒发 → 制馅 → 成形 → 二次醒发 →
烘烤 → 冷却、包装 → 成品

2. 操作要点

（1）原料预处理　将面粉过筛，鸡蛋去壳。高筋面粉蛋白质含量在 11.5% ~ 13.5%，湿面筋 ≥33%，灰分 ≤0.6%。

（2）面糊调制　将配方（1）中的面粉、酵母、改良剂放入和面机中慢速搅拌均匀，再放入除盐、黄油以外的其余原料，慢速搅拌均匀约 1min。逐渐加入水，尽快调整好面团的软硬度，当无生粉时，加入盐中速搅拌 1min，再加入黄油中速搅拌 5min，慢速搅拌 1min。取小块面团，手拉面至薄膜无断裂时，和面完毕。此时面团呈乳白色，面团温度 26 ~28℃。用手将面团取出，放在台案上，揉圆，用布盖住，醒发约 10min。

（3）分割搓圆　将面团分割成 1.8kg 后，放在分割板上，用手按平面团，按至成与分割板一样大的圆片。将圆片放于分割机上，用分割搓圆机将面团分割搓圆成 30 个，每个重 60g 的面团。也可用手搓圆成形。

（4）一次醒发　将面团横 3、竖 5 均匀码放在烤盘上，放入醒发箱中，醒发 60 ~90min，温度 30℃，相对湿度 80%。中间醒发的目的是使面团重新产生气体，恢复面坯的柔软程度，便于下步顺利进行。

（5）制馅　将配方（2）中黄油与砂糖搅拌均匀，再加入椰丝继续搅拌均匀。鸡蛋多次加入后拌匀，制成椰丝馅。

（6）成形　将烤盘从醒发箱中取出，取一面团，放于台案上，用擀面杖将面团擀成椭圆形，放入 15 ~20g 椰丝馅，再卷成长条形，静置 10min 后对折，从中间切一刀，但不能切断，将断面翻转 90°，成蝴蝶状。

（7）二次醒发　将面包坯放入醒发箱醒发 60 ~90min，温度 30 ~34℃，相对湿度 80% ~85%，醒发至体积为原来的 3 倍时取出。

（8）烘烤　将面包坯涂蛋液后放进烤炉。炉温上火 200℃，下火 190℃，时间 12～18min。烤至表面金黄色出炉，趁热刷上糖蛋水以增加光泽。

（9）冷却、包装　面包出炉后冷却至室温，用适宜的包装材料包好即可。

五、品质要求

1. 表面呈金黄色、瓣形均匀、圆润无塌陷及破损。
2. 内部组织松软、断面蜂窝均匀，无面心，具有浓郁的黄油和椰丝香味。

实训四　法式面包的制作

一、实验目的

1. 学会法式面包制作的工艺流程及操作要点。
2. 掌握各工艺要求的条件。

二、实验设备与器具

（1）设备　和面机、烤箱、醒发箱、台秤、烤盘等。
（2）器具　筛网、刮板、面板、盆、量杯等。

三、配方

高筋面粉 1kg、盐 0.025kg、水 0.75kg、改良剂 0.005kg、低筋面粉 0.25kg、酵母 0.015kg。

四、工艺流程及操作要点

1. 工艺流程

原料预处理 → 面团调制 → 基础醒发 → 分割搓圆 → 中间醒发 → 整形 → 最后醒发 →

烘烤 → 冷却、包装 → 成品

2. 操作要点

（1）原料预处理　将面粉过筛，鸡蛋去壳。

（2）面团调制　将面粉、酵母、改良剂放入搅拌器中搅匀，逐渐加水和面，慢速搅拌均匀。尽快调整好面团的软硬度，当无生粉时加入盐，慢速搅拌20min，用手拉面至薄膜无断裂时，和面完毕。此时面团呈乳白色，用手将面团取出，测量温度控制在26～27℃。

（3）基础醒发　温度28℃，相对湿度70%～80%，醒发30～45min。

（4）分割搓圆　将基础醒发后的面团分割成每块重350g，搓圆并静置15min。

（5）中间醒发　温度28℃，相对湿度70%～75%，醒发15min。

（6）整形　用擀面杖将面团擀成长方形薄片，再卷成长棍状，放在烤盘上，送进醒发箱。

（7）最后醒发　醒发至原体积约3倍时取出，用刀片划出斜道。

（8）烘烤　进烤炉后喷蒸汽，上火200℃，下火180℃，时间30～35min，烤至表面呈金黄色出炉。

（9）冷却、包装　将出炉后的烤盘置于烤盘架上，至面包冷却到室温。用塑料袋或塑料纸将面包包好，放于食品箱中。

五、品质要求

1. 表面呈金黄色、光滑、无塌陷及破损。
2. 内部组织细腻、膨松、断面蜂窝均匀致密，无面心，口味香脆。

项目四
饼干制作技术

>>>>

【学习目标】

1. 了解饼干的概念、特点及分类。
2. 熟悉饼干制作常用材料及作用。
3. 掌握酥性饼干、韧性饼干、发酵饼干制作工艺。
4. 熟悉饼干生产中常见的质量问题及解决办法。

【技能目标】

掌握酥性饼干、韧性饼干、发酵饼干加工工艺及操作要领。

任务一 ❯ 饼干概述

饼干是除面包外生产规模最大的焙烤食品，饼干一词来源于法国，称为 Biscuit，从法语的 bis（再来一次）和 cuit（烤）中衍生来的。Biscuit 的意思是"烤过两次的面包"，所以至今还有的国家把发酵饼干称为干面包。饼干的最简单产品形态是单纯的用面粉和水混合的形态，在公元前 4000 年左右古埃及的古坟中被发现。而真正成形的饼干，则要追溯到公元 7 世纪的波斯，当时制糖技术刚刚开发出来，并因为饼干而被广泛使用。公元 10 世纪左右，饼干传到了欧洲，并从此在各个基督教国家之中流传。公元 14 世纪，饼干已经成为全欧洲人最喜爱的点心，从皇室的厨房到平民居住的大街，都弥漫着饼干的香味。现代饼干产业是由

19 世纪时因发达的航海技术进出于世界各国的英国开始的，在长期的航海中，面包因含有较高的水分（35%~40%）不适合作为储备粮食，所以发明了一种含水分很低的面包——饼干。

一、饼干的概念及特点

（一）概念

以小麦粉（可添加糯米粉、淀粉等）为主要原料，加入（或不加入）糖、油脂及其他原料，经调粉（或调浆）、成形、烘烤等工艺制成的口感酥松或松脆的食品。

（二）特点

饼干具有口感酥松、营养丰富、水分含量少（低于6.5%）、体积小、块形完整，便于包装携带且耐贮存等优点。它已作为军需、旅行、野外作业、航海、登山等多方面的重要主食品。饼干品种正向休闲化和功能化食品方向发展。

二、饼干的分类

《中华人民共和国轻工业标准——饼干通用技术条件》（GB/T20980—2007）中，对饼干分类进行了规范，标准中按加工工艺的不同把饼干分为了12类，具体分类情况如下：

1. 酥性饼干

以小麦粉、糖、油脂为主要原料，加入疏松剂和其他辅料，经冷粉工艺调粉、辊压、辊印或者冲印、烘烤制成的，造型多为凸花的，断面结构呈现多孔状组织，口感疏松的烘焙食品。如奶油饼干、葱香饼干、芝麻饼干、蛋酥饼干、蜂蜜饼干等。

2. 韧性饼干

以小麦粉、糖、油脂为主要原料，加入疏松剂、改良剂与其他辅料，经热粉工艺调粉、辊压、辊切或冲印、烘烤制成的，图形多为凹花，外观光滑，表面平整，有针眼，断面有层次，口感松脆的焙烤食品。如牛乳饼、香草饼、蛋味饼、玛利饼、波士顿饼等。韧性饼干又可细划为4种：普通韧性饼干、冲泡韧性饼干、超薄韧性饼干、可可韧性饼干。

3. 发酵饼干

以小麦粉、糖、油脂为主要原料，酵母为疏松剂，加入各种辅料，经发酵、调粉、辊压、叠层、烘烤制成的松脆、具有发酵制品特有香味的焙烤食品。发酵饼干又称巧克力架，按其配方分为咸发酵饼干、甜发酵饼干。

4. 压缩饼干

以小麦粉、糖、油脂、乳制品为主要原料，加入其他辅料，经冷粉工艺调粉、辊印、烘烤、冷却、粉碎、外拌，可夹入其他干果、肉松等辅料，再压缩而成的饼干。

5. 曲奇饼干

以小麦粉、糖、乳制品为主要原料，加入疏松剂和其他辅料，采用挤注、挤条、钢丝切割等方法中的一种形式成形，烘烤制成的具有立体花纹或表面有规则波纹、含油脂高的酥化焙烤食品。曲奇饼干可分为普通曲奇饼干、花色曲奇饼干和可可曲奇饼干。

6. 夹心饼干

在饼干单片之间夹入糖、油脂或果酱等夹心料的饼干。因夹心馅料不同和香味、口味不同，夹心饼干又分为奶油、可可、花生、芝麻、海鲜、水果味夹心饼干等系列品种。

7. 威化饼干

以小麦粉（或糯米粉）、淀粉为主要原料，加入乳化剂、疏松剂等辅料，经调浆、浇注、烘烤而制成的多孔状片子，在片子之间夹入糖、油脂等夹心料的两层或多层的饼干。威化饼干又称华夫饼干，可分为普通威化饼干和可可威化饼干。

8. 蛋圆饼干

以小麦粉、糖、鸡蛋为主要原料，加入疏松剂、香精等辅料，以搅打、调浆、浇注、烘烤而制成的松脆焙烤食品，俗称蛋基饼干。

9. 蛋卷及煎饼

蛋卷以小麦粉、糖、油脂（或无油脂）、鸡蛋为主要原料，加入疏松剂、改良剂、香精等辅料，以搅打、调浆（发酵或不发酵）、浇注或挂浆、烘烤卷制而成的松脆焙烤食品。煎饼是以小麦粉、糖、油脂（或无油脂）、鸡蛋为主要原料，加入疏松剂、改良剂、香精等辅料，以搅打、调浆（发酵或不发酵）、浇注或挂浆、煎烤而成的松脆食品。

10. 装饰饼干

分为涂饰饼干和粘花饼干。

涂饰饼干是在饼干表面经涂布巧克力酱、果酱等装饰料而制成的表面有涂层、线条或图案的疏松焙烤食品。

粘花饼干以小麦粉、糖、油脂为主要原料，加入乳制品、蛋制品、疏松剂、香料等辅料经和面、成形、烘烤、冷却、表面裱花粘糖花、干燥制成的疏松焙烤食品。

11. 水泡饼干

以小麦粉、糖、鸡蛋为主要原料，加入膨松剂，经调粉、多次辊压、成形、沸水烫漂、冷水浸泡、烘烤制成的具有浓郁香味的疏松焙烤食品。

12. 其他

除以上 11 类之外的饼干，均属其他类。

三、饼干制作常用材料及作用

饼干业的蓬勃发展，与饼干配料及其添加剂的高速发展紧密相连，饼干原料及其添加剂种类也越来越多，正朝着专用、高效、绿色、安全方向发展。饼干的主要原料是面粉，此外还有淀粉、糖、油脂、乳制品、蛋制品、食盐与调味料、疏松剂、水等辅料。

（一）小麦面粉

面粉是生产饼干的最主要原料。如何根据各类饼干的特性，正确合理地选用小麦粉，这是关系到制作饼干成败的关键之一。

根据面粉中小麦蛋白质含量的高低，可将面粉分成两种：高筋面粉和低筋面粉。面粉中蛋白质的重要性主要体现在生产过程中，蛋白质吸水膨胀形成面筋。它在面团中形成坚实的面筋网，具有特殊的黏性和延伸性，因此在面团形成过程中起非常重要的作用，能决定制品的烘焙品质。面团经烘焙后能固定成所要求的形状，就是因为面筋的"骨架"作用。在饼干生产中，要求使用面筋含量低，筋力较弱，弹性、韧性和延伸性均较低，可塑性良好的面粉，用这种面粉生产出来的饼干坯不易变形。因此，饼干中所用面粉的作用：一是形成产品的组织结构；二是为酵母菌提供发酵所需的能量。

（二）淀粉

淀粉在饼干生产中经常应用于酥性和韧性面团。通常使用的淀粉品种为小麦面粉、玉米淀粉和马铃薯淀粉，要求细度为 100 目以上。淀粉在饼干中的作用：一是有效的面筋浓度稀释剂，可用以调节面粉筋力，有助于缩短调粉时间；二是使饼干形态完整，酥性度提高；三是增加面团的可塑性，降低弹性，使花纹保持能力增强，使产品不致收缩变形。

（三）糖

糖是饼干生产的又一种重要原料，其添加量的多少对风味和色泽影响极大。糖的一般来源有由甜菜、甘蔗榨取而来的蔗糖；由蔗糖水解而成的转化糖浆；由淀粉经水解而来的葡萄糖粉、葡萄糖浆；由碎米、玉米淀粉等麦芽糖制成的饴糖；还有蜂蜜、糖蜜等。实践证明，糖在甜饼干中的用量为每百千克成品不低于15 ~ 16kg，否则，品质将受到不同程度的影响。饼干生产中主要使用蔗糖、饴糖和淀粉糖浆等。目前，随着淀粉糖工业的发展，淀粉糖浆（又称麦芽糖浆或葡萄糖浆）的使用将更广泛，生产成本将进一步下降。糖的作用：一是使饼干具有甜味，并提高产品的营养价值；二是能够提供酵母发酵的碳素源，加速发酵作用的进行；三是由于它的焦糖化作用，大大提高了饼干的色泽和香味；四是由于糖的吸湿性，使它在面团调制过程中起反水化作用，可阻止水与蛋白质的结合，从而阻止多量面筋的形成，使面团具有可靠的可塑性。在一定限度内糖的比例越高，饼干的品级越优；五是能够在饼干中延缓油脂的氧化，延长饼干的保存期；六是能够改进饼干的形态和口味。适当的含糖量，可使饼干的起发度增强，使饼干质地疏松，口味酥松。

（四）油脂

油脂是生产饼干的又一重要原料。生产饼干用的油脂应具有优良的起酥性和较高的稳定性，它的作用：一是能够使饼干具有良好的酥、松、脆的风味；二是能够在面粉颗粒表面形成油膜，限制面粉过度吸水，从而控制面团中面筋的胀润度，使制品获得较好的起酥性。

（五）乳制品

乳制品用于饼干配方中，犹如菜肴烹调中的调味料。几乎所有较高档品种均不同程度地使用各种乳制品。在饼干中常用的乳制品有鲜乳、全脂乳粉、脱脂乳粉、甜炼乳及奶油（黄油）等。目前，在饼干生产中均以调香的人造奶油代替奶油来制作。牛乳要经过滤，乳粉最好放在油或水中搅拌均匀后使用。乳制品在饼干中的作用：一是赋予产品优良的香味，使饼干色泽美观；二是提高产品的营养价值；三是提高产品的保存期。

（六）蛋制品

蛋制品虽然并非饼干的必需原料，但由于各种原因常在配方中使用它。常用的有鲜蛋、冰蛋、蛋粉三种，在饼干生产中能改善饼干的风味和颜色。使用鲜蛋时，最好经过照检、清洗、消毒、干燥。打蛋时要注意清除坏蛋与蛋壳。使用冰蛋时，要将冰蛋箱放在水池边，使冰蛋融化后再使用。蛋制品在饼干制品中的作用：一是具有丰富的营养价值，能提高饼干的营养成分；二是能使饼干内部形成海绵状疏松结构，增进产品的色、香、味；三是对饼干起稳定性作用，可延长产品的保存期。

任务二 ❯ 酥性饼干制作工艺

一、原辅料预处理

1. 小麦粉

酥性饼干采用辊印或挤压及钢线切割成形，这类饼干含油脂多、含糖多、面团较软，用钢带来进行烘烤。操作中面片要有结合力，不粘模、不粘带，成形后的饼干凸状花纹图案要清晰，不收缩变形；这就要求制作甜酥性饼干的面粉要用软质小麦研磨，一般面粉的面筋含量为19%～22%，如果筋力过强，仍需用淀粉调整。

小麦粉使用前必须过筛，过筛的目的，除了使面粉形成微小粒和清除杂质以外，还能使面粉中混入一定量的空气，发酵面团时有利于酵母的增殖，制成的饼干较为酥松。在过筛装置中需要增设磁铁，以便去除磁性杂质。

2. 油脂

酥性饼干生产时油脂用量较大，一般为14%～30%（以小麦粉为基数），要采用稳定性优良、起酥性较好、熔点较高的油脂，否则极易造成因面团温度太高或油脂熔点太低导致油脂流散度增加，发生"走油"现象。人造奶油或椰子油是理想的酥性饼干生产用油脂。甜酥性的曲奇饼干类则属高油脂，常用量40%～60%。甜酥性的曲奇饼干应选用风味好的优质黄油。

3. 砂糖

砂糖一般都磨碎成糖粉或溶化为糖浆使用。为了清除杂质，保证细度，磨碎的糖粉要过筛，一般使用100孔/25.4mm的筛子。糖粉若由车间自己磨制，粉碎后温度较高，应冷却后使用，以免影响面团温度。将砂糖溶化为糖浆，加水量一般为砂糖量的30%～40%。加热溶化时，要控制温度并经常搅拌，防止焦煳，使糖充分溶化。煮沸溶化后过滤、冷却后使用。

4. 面团改良剂

酥性饼干的配方中糖、油、乳制品、鸡蛋等辅料较多，这些辅料是天然的面团改良剂，一般不加化学改良剂，国外比较成功的是一种活性多酶乳化体系，其主要功能是：提高饼干的烘焙效果，改善产品的组织结构，更均匀细腻，口感酥松；更易于上色，且色泽呈自然金黄色；突出天然焙烤麦香味；延长产品保质期；同时能降低油脂用量10%～25%，节省成本。目前，新型的酥性面团改良剂——曲奇香，填补了国内空白。

二、面团调制

面团的调制，就是将各种原辅料按要求的数量配合好，然后在混合机中加入一定量的水，搅拌制成适宜于加工用的面团。

（一）调制要求

酥性或甜酥性面团要求具有较大程度的可塑性和有限的黏弹性。由于这种饼干的外形是用印模冲印或辊印成浮雕状斑纹，所以不仅要求面团在轧制成面皮时有一定结合力，以便机器连续操作和不粘辊筒、模型，而且还要求成品的浮雕式图案清晰。

酥性面团是在蛋白质水化条件下调制的面团。酥性面团配料中油、糖含量高于韧性面团，酥性面团的水分含量低、温度低、搅拌的时间短，这些条件都能抑制面筋的形成，从而调制成有一定结合力，可塑性强的酥性面团。调制酥性面团要求严格控制加水量和面团温度、搅拌时间等。反之，水量稍多于配料比，温度高于控制要求，搅拌时间稍长等都能破坏酥性的结构。

（二）调制原理与工艺

酥性面团因其温度接近或略低于常温，比韧性面团的温度低得多，故称酥性面团为"冷粉"。酥性面团在调制中应遵循有限胀润的原则，适当控制面筋性蛋白质的吸水率，根据需要控制面筋的形成，避免由于面筋的大量形成导致面团弹性和强度增大，可塑性降低，引起饼坯的韧缩变形，防止面筋形成的膜在焙烤过程中引起饼坯表面胀发起泡。

酥性面团的调制方法先将糖、油、乳品、蛋品、膨松剂等辅料与适量的水倒入和面机内均匀搅拌形成乳浊液，然后将面粉、淀粉倒入和面机内，调制 6 ~ 12min。香精要在调制成乳浊液的后期再加入或在投入面粉时加入，以便控制香味过量的挥发。夏季因气温较高，搅拌时间缩短 2 ~ 3min。面团温度要控制在 22 ~ 28℃。油脂含量高的面团，温度控制在 22 ~ 25℃。夏季气温高，可以用冰水调制面团，以降低面团温度。如面粉中湿面筋含量高于 40% 时，可将油脂与面粉调成油酥式面团，然后再加入其他辅料，或者在配方中抽掉部分面粉，换入同量的淀粉。

（三）影响面团调制的主要因素

除了投料顺序外，酥性或甜酥性面团在调制时，还应严格控制糖和油脂用量、加水量和面团的软硬度、淀粉和头子的用量、调粉时间和静置时间等，同时注意面团调制终点的判断。

1. 糖和油脂用量

在酥性面团调制中，糖和油脂用量都比较高，这样能够充分发挥糖和油脂的反水化作用，限制面团起筋。在糖的用量达 28%、油的用量达 20% 时，面团的性质比较容易控制，如果遇到油、糖用量比较少的面团，调制时极易起筋，且不易上色，要特别注意操作，避免搅拌过度和烘烤过度。

2. 加水量和面团的软硬度

由于面筋的形成是水化作用的结果，所以控制加水量也是控制面筋形成的重要措施之一。加水量与糖浆的用量和液体油脂的用量有关，一般加水量为：糖浆 + 油脂 + 水 = 35% ~ 40%。加水多的面团容易使面筋形成，为了阻止面筋形成必须缩短调粉时间。较硬的面团，也就是水分少的面团调粉时间可以长一些。面筋既不能形成过度，又不能形成不足。在水分较少的情况下，如果调粉时间太短，面团将是松散的团絮状。在糖、油等辅料较少的面团调制时，应减少水的量以抑制面筋形成，这样得到的面团稍硬一些。在糖、油较多的面团调制时，即使多加水，面筋的形成也不易过度。需要注意的是调粉中既不能随便加水，更不能一边搅拌一边加水。

加工机械的特性对面团的物性要求不同。对于冲印成形的面团，由于要经过多次辊轧，为了防止断裂和黏辊，要求面团有一定的强度和黏弹性，一般要求面团软一些，并有一定面筋形成。辊印成形方法的面团，由于不形成面皮，无需头子分离，它是将面团直接压入印模成形，软的面团反而会造成充填不足、脱模困难等问题。因此，控制面筋形成程度是调粉的关键，而加水量则是对面筋形成有直接影响的关键因素，加水量过多，非常容易使面筋形成过度，造成难以补救的失败。

3. 淀粉和头子的用量

加入淀粉可以抑制面筋的形成，降低面团的强度和弹性，增加面团的可塑性。用面筋含量较高的小麦粉调制酥性面团时需加入淀粉，但淀粉的添加量不宜过多，过多会影响饼干的胀发力和成品率。酥性面团中糖油用量较多，淀粉用量一般在4%左右；甜酥性面团一般不用淀粉。

在冲印和辊切成形操作时，从面带上切下饼坯必然要留下部分边料，在生产中还会出现一些无法加工成成品的面团和不合格的面团，这些统称为头子。在生产过程中为了减少浪费，常常要把它再掺到下次制作的面团中。头子的加入会增强面团的筋力，影响酥性面团的加工性能和成品的酥松度。这是因为头子已经过辊轧和长时间的胀润，面筋形成量比新调粉的面团要高得多，但在面筋筋力十分弱、面筋形成十分慢的情况下，头子的加入可以弥补面团筋力不足而改善操作。所以头子的添加应根据情况灵活使用，注意适量。

4. 调粉时间和静置时间

调粉时间是决定面筋形成程度和限制面团弹性的直接因素。调粉时间过短，则面筋形成不足，面团发黏，拉伸强度低，甚至无法压成面皮，不仅操作困难而且严重影响产品质量。调粉时间过长，会增大面团的筋力，出现面片韧缩、花纹不清、表面粗糙、易起泡、凹底、体积小、成品不酥松等问题。在原料配比一定时，掌握好调粉时间是使面团性质稳定的重要手段，在原料成分一定、预混状态一定的情况下，调粉时间一般是在原辅料混合均匀的条件下，再根据面团的软硬度适当地搅拌 3～5min。总时间控制在 10min 左右。

静置就是将调制好的面团放置一段时间（5～10min）。酥性面团是否需要静置应根据面团的具体情况而定。如果在调制时面筋形成不足，适当地静置是一种补救的办法，因为在静置期间，水化作用缓慢进行，从而降低面团黏性，增加其结合力和弹性。静置在韧性面团制作时常被采用。在酥性面团制作时，静置时间过长，或面团已达正常再过分静置，反而会使面团发硬，黏性和结合力下降，组织松散，无法操作。

5. 面团调制终点的判断

酥性面团调制的终点，与糖、油、水的用量有关，不能一概而论。一般情况下，以面团搅拌均匀后，看起来酥松、抓起来能捏成团、渗出油为止。

三、辊轧

饼干面团调制完成后经过静置或不静置而进入辊轧操作。面团的辊轧就是使形状不规则，内部组织比较松散的面团通过相向、等速旋转的一对轧辊或几对轧辊反复辊轧，使之变成厚薄均匀一致、内部组织密实的过程。

面团在辊轧过程中，面带经过多道压延辊的辊轧，使面带在其运动方向上的延伸比沿压轧辊轴向方向的扩展大得多，因此在面带运动方向上产生的纵向张力要比轴线方向上的张力大，出现面带内部张力分布不均匀，如果面带直接进入成形必然会导致成形后的饼坯收缩变形。具体解决办法是，在进行多次来回辊轧的同时，把面带进行多次90°转向，并在进入成形机辊筒时再次调转90°，以最大限度地减少由于内部应力分布的不平衡而导致的饼干变形。

对于多数的酥性或甜酥性饼干面团无论采用哪种成形方法，都不必经过辊轧，这是因为酥性或甜酥性面团糖、油脂用量多、面筋形成少、质地柔软、可塑性强，一经辊轧易出现面带断裂、粘辊，在辊轧时会增加面带的机械强度，使面带硬度增加，造成产品酥松度下降等。但当面团黏性过大，或面团的结合力过小，皮子易断裂时，不能顺利成形，采用辊轧可以使面团的加工性能得到较好的改善。但也不可多次辊轧，更不要进行90°转向，一般以3~7次单向往复辊轧即可，也有采用单向一次辊轧的。

酥性面团在辊轧前不必长时间的静置，酥性面团轧好的面片厚度约为2cm，较韧性面团的面片厚。辊轧时为了避免在冲印成形时产生的头子造成浪费而增加成本，需要在下次辊轧时加入。当面团结合力较差时，掺入适量的头子可以提高面团结合力，对成形操作有利。但头子掺入量过多，会增加面带的硬度，给操作带来不利影响，而且还会影响饼干的成品质量。因此在掺入时要注意头子的比例、温度差、掺入时的操作是否得当。

1. 头子的比例的影响

头子与新鲜面团的比例应在1:3以下，一般头子的加入量应控制在新鲜面团量的1/10~1/8为宜。由于头子在较长时间的辊轧和传送过程中往往出现面筋筋力增大，水分减少，弹性和硬度增加的情况。因此在冲印或辊切成形时，尽量减少头子量和饼坯的返还率，对于减少头子量也很重要。

2. 温度差的影响

面团在不同的温度下呈现不同的物理性质。如果头子与新鲜面团温度的差异较大就会使得头子掺入后，面带组织不均匀，机械操作困难，如出现黏辊、面带易断裂等。往往受操作环境的影响，头子的温度与新鲜面团的温度不一致，这就要求调整头子的温度，在掺入时头子与新鲜面团温差越小越好，最好不超过6℃。

3. 掺入时操作的影响

由于头子的加入只是将其压入新鲜面带，不会像面团调制时那样充分搅拌揉捏，因此要求头子掺入新鲜面团时尽量均匀地掺入。对于掺入后还经过辊轧工序的头子，应直接均匀铺在新鲜面带上，这样经过辊轧、包叠后，可以形成比较均匀的面带。如果不经辊轧工序，头子应铺在新鲜面团的下面，防止粘帆布和造成产品表面色泽差异。

四、成形

饼干面团经过辊轧成面带后直接进入成形工序，饼干的成形方式根据所用设备的不同，一般分为冲印成形、辊印成形、辊切成形、挤浆成形、钢丝切割、挤条成形等。不同类型饼干所用成形方式不同，一般酥性、甜酥性饼干采用辊印或辊切成形，仅有部分利用冲印成形；韧性饼干利用冲印或辊切成形；发酵饼干只能用冲印或辊切成形。

（一）辊印成形机的结构

酥性、甜酥性饼干使用较多油脂，一般都采用辊印机成形。辊印成形的饼干花纹图案十分清晰。辊印设备占地面积小，产量高，无需分离头子，运行平稳，噪声低。辊印成形还适用于面团中加入芝麻、花生、桃仁、杏仁及粗砂糖等小型块状物的品种，而对这些品种冲印成形比较困难。

辊印成形机的成形部分由喂料槽辊、花纹辊和橡胶脱模辊三个辊组成，如图4-1所示。喂料槽辊上有用以供料的槽纹，以增加与面团的摩擦力。花纹辊又称型模辊，它的上面有均匀排布的凹模，转动时将面团辊印成饼坯。在花纹辊的下方有一橡胶脱模辊，用于将饼坯脱出。

（二）辊印成形机工作原理

面团由成形机加料斗底部开口落到一对直径相同喂料槽辊和花纹辊中间，两辊做相对转动，面团在重力和两辊相对运动的压力下不断充填到花纹辊的型模中去，型模中的饼坯向下运动时，被紧贴在花纹辊的刮刀刮去多余面屑，即形成饼坯的底面。花纹辊下面有一个包着帆布的橡胶脱模辊与其相对转动，当花纹辊中的饼坯底面与橡胶辊上的帆布接触时，就会在重力和帆布带的黏合力的作用下，从花纹辊的型模中脱出，然后由帆布输送带送到烘烤网带或钢带上进入烤炉。辊印成形机工作原理如图4-2所示。

（三）影响辊印成形的因素

1. 面团

辊印成形要求使用较硬、弹性较小一些的面团。但面团过硬及弹性过小，由于流动性差，也会使饼坯不易充填完整，脱模时由于饼坯各部分黏结力过小，会

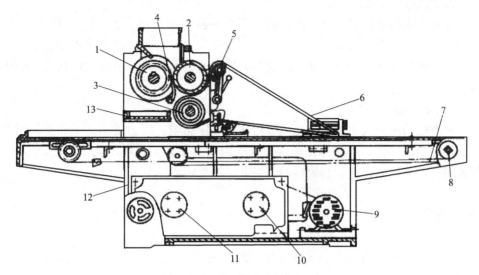

图 4 - 1 辊印成形机

1—喂料槽辊 2—花纹辊 3—橡胶脱模辊 4—刮刀 5—张紧辊 6—帆布脱模带 7—生坯输送带
8—输送带支撑 9—电机 10—减速器 11—无极调速器 12—机架 13—余料接盘

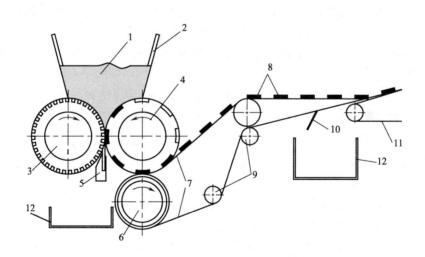

图 4 - 2 辊印成形机工作原理示意图

1—面团 2—料斗 3—喂料辊 4—花纹辊 5—刮刀 6—橡胶脱模辊 7—脱模带
8—饼坯 9—张紧辊 10—刮刀 11—饼坯输送带 12—面屑斗

造成脱模时残缺、断裂和裂纹。如果面团过软或弹性大会形成紧实的团块，易造
成喂料不足，脱模困难，或因刮刀刮不清而出现饼坯底部不平整、脱出的饼坯出
现毛边等质量问题。

2. 刮刀刃口的位置

在辊印成形过程中，分离刮刀的位置直接影响饼坯的质量，刮刀刃口位置较低时，凹槽内刮去面屑后的饼坯略低于花纹辊表面，从而使得单块饼坯的重量减少；刮刀刃口位置较高时，又会使饼坯重量增加，因此刃口位置应在花纹中心线以下 2~5mm 为宜。

3. 橡胶辊的压力

橡胶辊的压力大小也对饼坯成形质量有一定影响。压力过小，不利于印模中的饼坯的松动，会出现饼坯粘模现象；压力太大，会使饼坯厚度不均匀。因此，橡胶辊的调节，应在能顺利脱模的前提下，尽量减小压力。

五、烘烤

面团经滚轧、成形后形成饼干坯，制成的饼干坯入烘炉后，在高温作用下，饼干内部所含的水分蒸发，淀粉受热后糊化，膨松剂分解使饼干体积增大。面筋蛋白质受热变质凝固，最后形成多孔性酥松的饼干成品。

烘烤是完成饼干生产的最后加工步骤，是成形后的饼坯进入烘烤炉成熟、定型而成饼干成品的过程。它是决定产品质量的重要环节之一。烘烤远不只是把饼干坯烘干、烤熟的简单过程，而是关系到产品的外形、色泽、体积、内部组织、口感、风味的复杂的物理、化学及生物化学变化过程。

饼干坯在烘烤过程中主要从三个途径获得热量以提高温度，达到成熟、定型。

（1）传导　传导是相同物体或相接触物体的热量传递过程。在饼干的烘烤过程中，热量的传导一方面是钢带或网带接受烤炉热源的热量而温度升高，与饼坯直接接触，将热量传导给饼坯；另一方面是饼坯的底部和表面先受热，温度高于中心层温度，在饼坯内部以传导的方式将热量由表层传递给中心层，使整个饼坯很快升温。

（2）对流　对流传热是流体的一部分向另一部分以物理混合进行热传递的形式。由于炉内被加热了的空气、水蒸气或以任何方式产生的气体都处于流动之中，这部分流体与饼坯温度差的实际存在，使得热流体把热量传给与之接触的饼坯和载体。同时在炉内饼坯的上方空间有高度的湍流，载体下面的热空气也会从载体两侧的空隙中向上运动，加之饼坯边缘单向地向内部热传导，结果会使饼干边缘颜色较深。

（3）辐射　热辐射是电磁辐射的一部分。由温度引起的辐射称为热辐射，当物体受热升温后，在物体表面可发射不同波长电磁辐射波。这些辐射一旦发射到制品表面，一部分即被吸收，转化为热能。辐射与传导和对流不同，它不需要介质，因此可以直接把热量传到饼坯表面。所以辐射传热效率高、传热快。但辐射的透过性很差，在饼坯烘烤时，它也只能把热量直接传给表面很薄的一层（<2mm）。由于辐射的这一特点，饼干表面的上色主要受吸收辐射热的影响。

一般来说，酥性饼干的烘烤应采用高温短时间的烘烤方法，温度为300℃，时间3.5～4.5min。但由于酥性饼干的配料中油脂、糖含量高、配方各不相同、块形大小不一、厚薄不均，因此烘烤条件也存在相当差异。

对于辅料较好的酥性饼干，饼坯一进入炉口，就应有较高的温度。这是由于这种饼干含油大，面筋形成极差，如果不尽快使其定型凝固，有可能由于油脂的流动性加大，加之发粉所形成气体的压力使饼坯发生"油摊"和破碎现象。因此需要一入炉就使用较高的面火和底火迫使其凝固定型。这种饼干不要求膨发过大，因为多量的油脂可以保证饼干的酥脆，膨发过大反而会引起破碎的增加。炉的后半部，当饼坯进入脱水上色阶段后，应用较弱的温度，这样有利于色泽的稳定。糖多的制品易上色，对于酥性饼干，初期水分较少，而且多以游离水存在，因此较低的温度也能满足上色和脱水的要求。

对于一般配料的酥性饼干，需要依靠烘烤来胀发体积，饼坯入炉后宜采用较高的面火、较低而逐渐升高的底火来烘烤，这样能保证在体积膨胀的同时，又不至于在表面迅速形成坚实的硬壳。因为这类饼干由于辅料较少，烘烤中参与美拉德反应的基质不多，即使面火高，上色也不会太快。若一入炉就遇到高温，极易起泡，饼坯表面迅速结成的硬壳能阻止二氧化碳等气体的排出，当气体滞留形成的膨胀力逐渐增高时就会起泡。另外，如果饼坯一进炉就遇到高温的底火，会造成饼坯底部迅速受热而焦煳，在使用无气孔的钢带或钢盘作载体时，会因为较柔软的饼坯底部受形成气体的急剧膨胀而造成饼干凹底，因此底火的温度要逐渐上升。不同配料酥性饼干烘烤时温度曲线如图4－3所示。

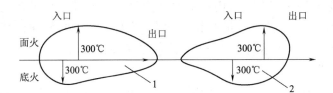

图4－3 不同配料酥性饼干烘烤时温度曲线图

1—配料好的酥性饼干 2—配料一般的酥性饼干

六、冷却、包装

刚出炉的饼干，表面温度可达180℃，中心层温度约110℃，要将饼干冷却到38～40℃后才能包装。如果立即包装，势必会造成饼干的变形或内部出现裂纹，而且还会加速油脂氧化和酸败，从而降低贮存中的稳定性。

（一）饼干冷却的目的

1. 使水分继续蒸发

刚出炉的饼干中心层的水分含量相当高，为 8% ~ 10%，整个饼干的温度也较高，因此暴露在空气中时可以通过冷却使水分继续蒸发。这样，可防止包装后因水分过高而出现霉变、皮软等不良现象，从而延长贮存期。

2. 防止油脂氧化和酸败

温度过高的饼干一旦包装，饼干冷却速度就会减慢，导致饼干长时间处于较高温度而加剧油脂的氧化和酸败。

3. 防止饼干变形或裂纹

由于刚出炉的饼干温度和水分都处于较高的水平，除硬饼干和苏打饼干外，其他饼干都比较软，特别是油脂、糖含量高的甜酥饼干更软。随着水分的蒸发和冷却，使油脂凝固后，才能使形态固定下来。包装过早将会导致未定型的饼干弯曲变形、内部出现裂纹等。

（二）酥性饼干的冷却

酥性饼干在夏、秋、春的季节中，可采用自然冷却法，一般自然冷却时间应是焙烤时间的 1.5 倍，才能使产品达到温度和水分要求。如果加速冷却，可以使用吹风，但空气的流速不宜超过 2.5m/s。冷却过快，水分蒸发过快，容易产生破裂现象。对于酥性饼干的冷却，应保证冷却输送带的线速度比烘烤炉钢带的线速度大，也就是饼干在炉外冷却时前进的速度应大于在炉内的前进速度，这样既可以达到较好的降温效果，又可防止饼干在冷却运输带上的积压。因为酥性饼干刚出炉时很软，一旦产生积压，饼干就会受外力的作用而变形。冷却传送带的长度一般为烤炉长度的 1.5 倍以上，但冷却带过长，既不经济，又占空间。冷却适宜的条件是温度为 30 ~ 40℃，室内相对湿度为 70% ~ 80%。如果在室温 25℃，相对湿度约为 80% 的条件下，进行饼干自然冷却，经过约 5min，其温度可降至45℃以下，水分含量也达到要求，基本上符合包装要求。

（三）包装

包装的目的有三个：一是防止饼干在运输过程中破碎；二是防止被微生物污染而变质；三是防止饼干的酸败、吸湿或脱水以及"走油"等。包装的形式，可根据顾客的要求包成 500g 装、250g 装。长途运输多采用 10 ~ 20kg 的大包装。为了保证制品质量，都采用包装箱内使用沥青纸作内衬纸。纸箱的外部用铁皮或纸绳带扣紧。饼干虽是一种耐贮性的食品，但也必须考虑贮藏条件。饼干适宜的贮藏条件是低温、干燥、空气流通、环境清洁、避免日照的场所。库温应在 20℃ 左右，相对湿度不超过 70% ~ 75% 为宜。

在饼干包装中主要应采用遮光的密封包装，在此基础上，再考虑它的商品性。包装饼干的常用方法有以下几种。

1. 塑料薄膜密封包装

塑料薄膜是一种很好的防潮包装材料，在饼干包装中应用最多，主要有两种形式：一种是散装，即将计量的饼干一起倒入袋中，再用热封封口；另一种是裹装，即将一定量的饼干，一般为 50 ~ 100 g，经排列整齐，再用薄膜裹包密封。薄膜包装的包装简单，销售方便。

2. 蜡纸裹装

蜡纸裹装是饼干包装的简便形式，只需将饼干经计量后排列整齐，用蜡纸裹包密封。此法遮光、防潮，成本较低。

3. 纸盒包装

纸盒包装是饼干包装的主要形式，有正方形、长方形、圆形等多种形式，包装材料多用白板纸、胶板纸等。用纸盒包装时，要先将饼干用薄膜作内包装，盒外用蜡纸或薄膜裹包。这种包装，包装强度较好，有一定抗压性，美观大方，商品性强，防潮性、遮光性均好。

4. 铁听包装

铁听包装是用彩印马口铁制成的饼干听包装，铁听有正方形、长方形、圆柱形、椭圆形等多种。包装时，听内用塑料加工成各种槽形的薄膜托盘，轻巧、美观，饼干排列整齐，不易破碎。这种包装，密封性最好，包装强度高，外观鲜艳，大方，遮光性极好，经久耐用，是饼干的高级包装。

任务三 ❯ 韧性饼干制作工艺

一、原辅料预处理

1. 小麦面粉

韧性饼干的特征是图案为凹花，带有针孔，配料中油、糖含量较低，易吸水膨胀而形成面筋。韧性面团调制时经较强烈的机械搅拌，使面团弹性降低，面团变得较为柔软，具有一定的可塑性。因而，制作韧性饼干的小麦面粉，宜选用面筋弹性中等，延伸性好，面筋含量较低的面粉，一般以湿面筋含量在 21% ~ 28% 为宜。如果面筋含量高、筋力强，则生产出来的饼干发硬、变形、起泡；如果面筋含量过低、筋力弱，则饼干会出现裂纹，易破碎。

2. 油脂

韧性饼干的工艺特性，一般不要求高油脂。普通饼干只用油脂 6% ~ 8%，但因油脂对饼干口味影响很大，因此多选用品质纯净的棕榈油。对配方中添加小麦粉量的 14% ~ 20% 油脂的中高档饼干，更应使用风味好的油脂。奶油、人造奶油、椰子油等油脂可以直接使用，但在低温时硬度较高，可以用搅拌机搅拌使其软化或放在暖气管旁加热软化。

3. 糖

韧性饼干生产中，用糖量为 24% ~ 26%。一般与油脂用量有一定的关系，糖、油比例大约为2:1。如果用糖量增加，油脂用量也相应增加。由于砂糖不易溶化，若直接使用会使饼干坯表面具有可见的糖粒，烘烤后，制品表面出现孔洞，影响外观，因此一般用糖粉或将砂糖溶化为糖浆过滤后使用。

4. 磷脂

磷脂是一种很理想的食用天然乳化剂，配比量一般为油脂用量的 5% ~ 15%，用量过多会使制品产生异味。

5. 疏松剂

韧性饼干生产中一般都采用混合疏松剂（小苏打和碳酸氢铵两者配合），总配比量约为面粉的 1%。

6. 风味料

乳品和食盐等作为风味料，能提高产品的营养价值，改善口感，可以适量配入。有些产品还可以加入鸡蛋等辅料作为风味料。

7. 香料

在饼干生产中都采用耐高温的香精油，如香蕉、橘子、菠萝、椰子等香精油，香料的用量应符合《食品添加剂使用标准》（GB2760—2011）的规定。

8. 面团改良剂

亚硫酸盐可缩短韧性面团调粉时间和降低面团弹性，最大使用量不得超过50mg/kg。

9. 其他添加剂

抗氧化剂叔丁基对羟基茴香醚（BHA）、2，6 - 二叔丁基对甲酚（BHT）、没食子酸丙酯（PG）等，其用量不大于油脂用量的 0.01%。

二、面团调制

近年来，随着先进技术的引进和油糖价格的调整以及设备的更新，韧性饼干的发展非常迅速。为了确保韧性饼干的生产质量，有必要对主要生产工艺——面团的调制进行深入细致的研究。

（一）调制要求

韧性饼干的生产常采用冲印成形，需要经多次辊轧操作，要求头子分离顺利，这就决定着韧性面团的面筋既要充分形成，又要有较好的延伸性、可塑性、适度的结合力及柔软、光滑的性能，同时面筋的强度和弹性不能太大。

（二）调制原理与工艺

由于韧性面团在调制完毕时具有比酥性面团更高的温度，面团温度一般为 38～40℃，因此韧性面团俗称"热粉"。韧性面团在调制的过程中，通过搅拌、撕拉、揉捏、甩掼等处理，使原材料得以充分混合，并使面团的各种物理特性（弹性、软硬度、可塑性）等都有了较大的改善，为后道工序创造必要的条件。

第一阶段——面粉吸收水分形成面团阶段。开始时面筋颗粒的表面首先吸水，水分向面筋内部渗透，最后内部吸收大量水分，体积膨胀，充分胀润、形成了面团。面粉中的蛋白质呈各种不同的形态分布在面团中。其中有大、有小，有水溶性的、也有不溶性的。这种蛋白质只是分散的，没有形成网络。

第二阶段——面筋逐渐形成阶段。随着搅拌的进行，各种物料逐渐分布均匀，面筋中的各种化学键逐渐形成。面团在搅拌缸内，经过不断重复地折叠、揉捏、摔打，使所有不规则的蛋白质分子结为一体，并和配方内的盐、乳粉中的蛋白质分子等结合成三维空间的网状结构。搅拌继续进行到面团达到最佳的物理效应时，此时为面筋的扩展，这时面团已具有最佳的弹性和伸展性。面团内部逐渐形成面筋性网状结构，结合紧密，软硬适度，具有一定的弹性。

第三阶段——面团逐渐回软阶段。面团在搅拌机的持续搅拌中，已形成的面筋性网状结构，被不断地撕裂拉伸，最后超越其弹性强度，网状结构被破坏，使弹性明显下降，面团明显还软、流散性增大，从而达到韧性面团的要求。

一般先将油、糖、乳、蛋等辅料，加热水或热糖浆在和面机中搅拌均匀，再加面粉调制面团。如使用改良剂，应在面团初步形成时（约调制 10min 后）加入。然后在调制过程中先后加入膨松剂与香精。继续调制，前后约 40min 以上即可调制成韧性面团。

（三）影响面团调制的主要因素

韧性面团所发生的质量问题，绝大部分是由于面团没有充分调透，调粉操作中没有很好地完成面团调制的第三阶段，错误判断面团已经成熟而进入辊轧和成形工序。因此，要调制成适应加工工艺需要的面团，除掌握好加料顺序外，还需要注意以下几个工艺要素。

1. 淀粉添加量

调制韧性面团，通常需添加一定量的小麦淀粉或玉米淀粉。其目的除了淀粉是一种有效的面筋浓度稀释剂，有助于缩短调粉时间，增加面团的可塑性外，还有一个目的就是使面团光滑，黏度降低，花纹保持能力增强。一般淀粉的使用量为小麦粉的 5%～10%。淀粉使用量不足 5%，则稀释面筋浓度的效果不明显，起不到调节面团胀润度的作用。反之淀粉使用过量，则不仅使面团的结合力下降，还会使面筋过于软弱，持气能力下降，导致饼干胀发率减弱，破碎率增加，成品率下降。

2. 面团温度的控制

韧性面团的调制，由于搅拌强度大、时间长（30～60min），在搅拌过程中机械与面团及面团内部之间的摩擦能够产生一定的热量，而使面团温度升高。较高的面团温度有利于面筋的形成，缩短搅拌时间，也有利于降低面团的弹性、韧性、黏性和柔软性，使辊轧、成形操作顺利，提高制品质量。如果面团温度过高，面团易发生韧缩和"走油"现象，使饼干变形，保存期变短，疏松剂提前分解，影响焙烤时的胀发率等问题；如果温度过低，所加的改良剂反应缓慢，起不到降低弹性，改变组织的效果，影响质量。因此，韧性面团调制后的温度一般控制在36～40℃。冬季气温低，为了能够达到温度要求，通常使用85～95℃的糖水直接冲入面团中，这样不仅可以提高面团的温度，而且也会使部分面筋蛋白变性凝固，降低湿面筋的形成量，控制面筋的强度和弹性。也可以采用将小麦粉预热的办法来提高面团的温度。夏天则需用温水调面。

3. 面团的软硬度与加水量

韧性面团通常要求比较柔软，这样可以增大延伸性、减弱弹性，提高成品酥松性，提高面皮压延时光洁度，而且面带不易断裂，操作顺利，质量提高。要保持面团的柔软性，主要依靠加水量来调节，加水多则软，加水少则硬。但加水量又受到加油量、加糖浆量的直接影响。因此，加水量一般控制在18%～24%。同时软硬度还受到调粉时间、面团温度等因素的影响。

4. 饼干改良剂的使用

韧性饼干生产中，由于油脂、糖比例小，加水量较大，面团的面筋蛋白能够充分吸水胀润，操作不当常会引起面团弹性大而导致产品收缩变形。添加面团改良剂就是要达到减小面团筋力，降低弹性，增强可塑性，使产品的形态完整、表面光泽，缩短面团调制时间的目的。常用的面团改良剂多是含有二氧化硫基团的各种无机化合物，如亚硫酸氢钠、亚硫酸钙及焦亚硫酸钠等。

5. 调粉时间与转速

调粉时间与改良剂的添加有直接的关系。如不加改良剂，调粉时间一般在50～60min，添加改良剂后调粉时间可缩短为30～40min，转速控制在25r/min。

6. 面团的静置

韧性面团调制完后，一般都需要静置10～20min，其作用主要是消除面团调制过程中搅拌机桨叶对面团的拉伸、揉捏而产生的张力，还可降低面团的黏性。这种张力如果不消除，易使成品变形或破裂。因此，只要将面团放置一段时间，其张力就自然降低。另外，静置期间各种酶的作用也可使面团柔软。

7. 辅料的影响

韧性面团在搅拌中温度较高，这样除了容易促使面筋的形成以外，同样也可以使糖、油脂等辅料对面团的性质产生负面的影响。在温度较高时，糖黏着性增大，也使面团黏性增大；而脂肪随温度增高，流动性增大，从面团中析出，导致面团"走油"。因此如果出现面团发黏，发生黏辊、脱模不顺利时，往往说明糖的影响大于油脂的影响，这时可以降低调粉温度来减小糖在面团中的作用。但温度过低，又会引起面筋难以形成、面团强度过低，而无法进行后续加工。

8. 面团调制终点的判断

面团调制好后，面筋的网状结构被破坏，面筋中的部分水分向外渗出，结果使面团明显柔软、弹性显著减弱，这是理论调粉完毕的标志。要想掌握好这个终点标志，需要有丰富的实践经验进行判断。一是观察调粉机的搅拌桨叶上黏着的面团，当在转动中很干净地被面团粘掉时，即接近结束。二是用手抓拉面团时，不粘手，感到面团有良好的伸展性和适度的弹性，面筋弹性和强度也不是太大，撕下一块，其结构如牛肉丝状，用于拉伸则出现较强的结合力，拉而不断，伸而不缩的感觉。

三、辊轧

韧性面团一般都应经过辊轧工序，在辊轧以前，面团需要静置一段时间，目的是消除面团在搅拌期间因拉伸所形成的内部张力，降低面团的黏度与弹性，达到提高制品质量与面片工艺性能，静置时间的长短，与面团温度有密切关系，面团温度高，需要静置时间短，温度低时，静置时间长，当面团温度达到40℃，大致要静置 10~20min。韧性饼干面团一般都应经过辊轧工序，一般要经过 9~14 次辊轧，多次折叠、翻转90°，这是面带由厚到薄的过程。面团经过多道压延辊的辊轧，相当于面团调制时的机械揉捏，一方面能够使面筋蛋白通过水化作用，继续吸收一部分造成黏性增大的游离水；另一方面使调粉时未与网络结合的面筋水化粒子，达到与已形成的面筋的结合，组成整齐的网络结构，促使面筋进一步形成，有效地降低面团的黏性、增加面团的可塑性。经过辊轧工序所生产的成品具备不易变形、内部结构均匀、表面光洁的优点。为了顺利完成辊轧操作，应注意以下几个问题：

1. 压延比

压延比不宜超过 3:1，即面带经过一次辊轧不能使厚度减到原来的1/3以下。比例大不利于面筋组织的规律化排列，影响饼干膨松。比例过小，不仅影响工作效率，而且有可能使掺入的头子与新鲜面带掺和不均一，使产品疏松度和色泽出现差异，以及饼干烘烤后出现花斑等质量问题。

2. 头子加入量

头子加入量一般要小于1/3，但弹性差的新鲜面团适当多加。

3. 其他

韧性面团一般用油脂较少，而糖比较多，易引起面团发黏。为了防止粘辊，可在辊轧时均匀地撒少许小麦粉，但要避免引起面带变硬，造成产品不疏松及烘烤时起泡的问题。韧性饼干的辊轧示意图如图4－4所示。

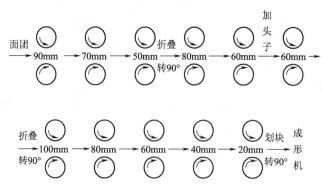

图4－4　韧性饼干辊轧示意图

四、成形

韧性饼干多采用冲印机冲印成形。韧性饼干的面团由于面筋水化的充分，面团弹性较大，烘烤时饼坯的胀发率大并容易起泡，底部易出现凹底。因此，宜使用带有针柱的凹花印模，饼坯表面具有均匀分布的针孔，就可以防止饼坯烘烤时表面起泡现象的发生。

（一）冲印成形机的结构

冲印成形是将面团辊轧成连续的面带后，用印模将面带冲切成饼干坯的成形方法。冲印成形机主要由压片机构、冲印机构、拣分机构和输送机构等部分组成。冲印成形机具有辊切、辊印成形机不可比拟的优势，可以生产多种大众化饼干，是饼干生产不可缺少的设备，如图4－5所示。

（二）冲印成形机的工作原理

冲印成形机已将间歇式冲印成形机改为摆动式冲印成形机。早期的间歇式冲印成形机的工作原理是帆布输送带上的面带向前移动一段距离，停一下，冲头向下完成冲印、分切，再向前移动一段距离，再停下来冲印，这种成形方法操作困难，现已不常用。目前常用的是摆动式冲印成形机，其成形原理是冲头垂直冲印帆布运输带的面带，将面带分切成饼坯和头子的同时，与帆布带下面能够活动的橡胶模合模，并随着连续运动的帆布输送带、分切的饼坯和头子向前移动一段距离，然后冲头抬起成弧线迅速摆回到原来位置，并开始下一个冲印动作。如此下去，周而复始，不断将面带冲成饼坯。

（三）影响冲印成形的因素

冲印成形的操作要求面带不粘辊筒，不粘帆布，冲印清晰，头子分离顺利，落饼时无卷曲、变形现象。不管面团是否经过辊轧，都不能直接冲印成形，必须

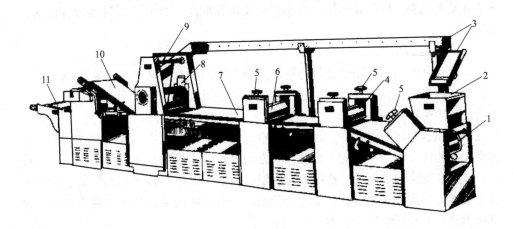

图4-5 冲印成形机

1—头道辊 2—面斗 3—回头机 4—二道辊 5—压辊间隙调整手轮 6—三道辊
7—面坯输送带 8—冲印成形机结构 9—机架 10—拣分斜输送带 11—饼干生坯输送带

在成形机前通过三对轧辊压延成规定厚度，才能冲印成形，其工作原理如图4-6所示。第一对轧辊直径为 300 ~ 350mm，第二对和第三对轧辊直径为 215 ~ 270mm，这是因为第一对轧辊前的物料由头子和新鲜面团的团块堆成，面带薄厚不匀、厚度较大或者是没有形成面带，用较大直径的轧辊便于把面团压延成比较致密的面带。这样的变化能使滚筒的剪切力增大，即使是比较硬的面团也能轧成比较紧密的面带。除此之外，在冲印成形操作时还应注意以下事项。

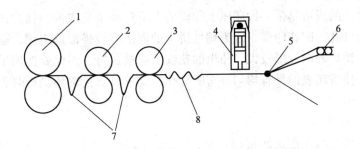

图4-6 冲印成形机的工作原理示意图

1—第一对轧辊 2—第二对轧辊 3—第三对轧辊 4—冲印机头 5—头子分离
6—头子输送带 7—辊轧面带下垂度 8—辊轧后面带褶皱

1. 头子的添加

由成形机返回的头子应均匀地平摊在第一对轧辊前的帆布上，并且要平摊在新鲜面团的底部，因为头子比新鲜面团干硬，铺在底部使面带不易粘帆布。为了防止粘辊和粘帆布，表面可撒少许面粉或安装涂油装置。轧辊上装配刮刀，不断将表面粉层刮去，以防止轧辊上的小麦粉硬化和堆积，影响压延后面带表面的光洁度。

2. 辊轧速度的调节

辊轧速度的调节主要是做好与辊轧间隙的密切配合，防止几道轧辊间面带绷得太紧，面带纵向张力增强而引起冲印后饼坯在纵向的收缩变形；或使抗张力较小的面带因受纵向张力的影响，造成断裂。为了防止面带纵向张力过大和断裂，应在面带压延和运送过程中，每两对轧辊之间的面带长度有一个缓冲的余量，即使辊轧出的面带保持一定的下垂度，一方面可消除压延后产生的张力，另一方面防止意外情况引起的断带。在第三对轧辊后面的小帆布与长帆布连接处也要使面带形成波浪形褶皱状余量，以松弛面带张力。褶皱的面带在长帆布输送过程中会自行摊开，并不影响冲印成形。

3. 辊轧间隙的调节

只有单位时间通过每一对辊轧的面带体积基本相等，三对轧辊与冲印部分连续操作才能顺利进行，才能够保证面带不重叠或面带不被拉断。轧辊间隙和辊轧间的转速应密切配合，辊轧的间隙一般应根据面团的性质、饼坯的厚度、饼干的规格进行调节。辊轧间隙的调整使面带的截面积发生改变，要使每一对辊轧面带的体积基本相等，辊轧的速度也必须调整，两者要密切配合，否则，必然要发生断带或积压现象。在调节辊轧间隙时，一定要注意同前道工序辊轧和帆布输送速度的配合。

4. 印模的选择

冲印饼干的成形是依靠冲印机上印模的上下运动来完成的。韧性饼干的生产宜采用带有针孔的凹花印模，因为韧性饼干的面团有较强面筋组织，面团弹性较大，烘烤时饼坯表面变形较大，凸出的花纹不能被保持，因此要选用带有针孔的凹花印模，使饼坯表面具有均匀分布的针孔，就可以防止饼坯烘烤时表面起泡现象的发生。

5. 头子分离

冲印成形的面带在饼坯被切下来，其余的部分变成头子，需要与饼坯分离。头子分离是头子通过饼坯传送带上方的另一条与饼坯传送带成20°左右向上倾斜的传送帆布带运走，再被另一传送带送回第一对轧辊前的帆布带上进行下一次辊轧，如图4-6所示。

五、烘烤

韧性饼干面团在调制时使用了比其他饼干较多的水，且因搅拌时间长，淀粉和蛋白质吸水比较充分，面筋的形成量较多，结合水多，所以在选择烘烤温度和时间时，原则上应采取较低的温度和较长时间。温度过高会使饼坯产生外焦内软的现象。在烘烤的最初阶段底火升高快一些，待底火上升至250℃以后，面火才开始渐渐升到250℃。但对于高档产品，油糖比接近于较低档的酥性饼干，所以炉内温度与一般酥性饼干相似。要求入口底火大，面火小。不同配料韧性饼干烘烤时温度曲线如图4-7所示。

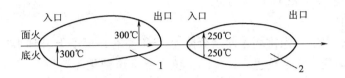

图4-7 不同配料韧性饼干烘烤时温度曲线图

1—配料好的韧性饼干 2—配料一般的韧性饼干

根据饼干在烤炉中的变化来分析，可将烘烤过程分为四个阶段，即胀发、定形、脱水、上色。

1. 胀发阶段

饼干的胀发力主要是疏松剂受热分解产生的。当饼坯内部温度升高到35℃时，碳酸氢铵开始分解，产生二氧化碳和氨气；当温度升到65℃时碳酸氢钠也开始分解产生二氧化碳，随着温度的升高，饼坯的体积迅速膨胀，厚度急剧增加。

2. 定形阶段

在温度升高、体积胀发的同时，饼坯内部淀粉糊化，形成黏稠的胶体，待冷却后可以形成结实的凝胶体，蛋白质变性凝固形成饼干的骨架。当疏松剂分解完毕，饼坯厚度略有下降，此时，淀粉糊化形成的凝胶体及蛋白质的变性凝固形成了固定的饼干体。至此完成了从胀发到定型的全过程。

3. 脱水阶段

由于炉温很高、进炉后仅30s，饼坯表面的温度会很快达到100℃以上。而中心层的温度上升较慢，一般在2~3min时才能达到100℃。因此烘烤时炉温不易过高，如果在高温条件下不供给水蒸气，则会使饼坯表面颜色暗淡而后焦煳。强烈的高温会使饼干坯的水分急剧蒸发干燥，在外表面形成硬壳，使水扩散困难，往往会造成外焦里生的现象，所以控制炉温很重要。随着炉温的变化，在烘烤过程中，饼坯的水分变化是随着温度的变化而变化，具体过程可分为三个阶段。

（1）变速阶段 时间约为1.5min。水分蒸发在饼坯表面进行，高温蒸发层的蒸气压大于饼坯内部低温处的蒸气压，这时一部分水分又被迫从外层移向饼坯中心。在这一阶段，饼坯中心的水分较入炉前约增加2%，饼干表层游离水被部分排除，饼坯表层的温度升高到约120℃，中心温度也达到100℃以上。

（2）快速烘烤阶段 时间约为2min。随着饼坯表层水分不断蒸发减少，在饼坯内外形成了水分差，推动内部的水分逐层向外扩散，水分蒸发向饼坯内部推进。这一阶段饼坯水分下降的速度很快，大部分游离水和部分结合水被除去。饼坯温度继续升高，表层温度在 140℃ 以上，中心温度也达到 110℃ 左右。

（3）恒速干燥阶段　在这个阶段排除的主要是结合水，水分下降速度比较慢，水分的蒸发已经极其微弱，这时的作用是使饼干上色，上色反应以美拉德反应为主，反应最佳条件 pH6.3，温度 150℃，水分 13% 左右。饼坯表层温度可达 180℃，中心温度也在 100℃ 以上。

4. 上色阶段

在烘烤过程中，当饼坯表面水分降至 13% 左右，温度上升到 140℃ 时，饼干坯的表面逐渐变为浅金黄色。饼干的上色主要是焦糖化和美拉德反应的结果。在工业化生产中，饼干的焙烤基本上都是使用可连续化生产的隧道式烤炉。整个隧道式烤炉由 5 节或 6 节可单独控制温度的烤箱组成，分为前区、中区和后区 3 个烤区。韧性饼干的饼干坯中面筋含量相对较多，焙烤时水分蒸发缓慢，一般采用低温长时焙烤（220 ～ 250℃，3.5 ～ 6min）。

六、冷却、包装

韧性饼干在冷却过程中，其水分发生剧烈变化，经高温烘烤，水分是不均匀的，一般来说，中心层水分高外部低，冷却时内部的水分会向外转移。随着饼干热量的散失，转移到饼干表面的水分继续向空气中扩散，经过 5 ～ 6min，水分蒸发到最低限度。随着冷却时间的延长，即可达到包装的要求。

对于含糖低的硬质韧性饼干不宜用强制通风冷却，否则易发生裂缝。在冬季也会有自然温湿度条件造成的水分蒸发过快，产生裂缝，因此，有时需要用加保湿罩等措施来增加输送带周围的温湿度，来抑制水分蒸发过快。

韧性饼干的包装同酥性饼干。

任务四 ❯ 发酵饼干制作工艺

一、原辅料预处理

1. 小麦粉

发酵饼干为发酵食品，口感酥松，有发酵食品特有的香味，含糖量很低，不易上色。在生产过程中，采用多次辊轧、折叠、夹酥。因此，面团要求有好的延伸性与弹性，不易破皮。发酵饼干原料中有 80% 的面粉，故小麦粉的选择很重要，面筋过高，饼干易收缩变形，口感脆而不酥。面筋过低，饼干出现酥而不脆现象。发酵饼干一般采用二次发酵的生产工艺，小麦粉分别做二次投料。在第一次面团发酵时，发酵时间较长，应选用湿面筋含量在30%左右、筋力强的小麦粉，使之能够经受较长时间的微生物发酵而不会导致面团弹性过度降低。第二次面团发酵时，时间较短，宜选用湿面筋含量为24%~26%、筋力稍弱的小麦粉。

2. 油脂

发酵饼干的酥松度和层次结构，是衡量成品质量的重要指标，因此要求使用起酥性与稳定性兼优的油脂，尤其是起酥性方面比韧性饼干要求更高。精炼猪油起酥性对制成细腻、松脆的发酵饼干最有利。植物性起酥油虽然在改善饼干的层次方面比较理想，但酥松度稍差，因此可以用植物性起酥油与优良的猪板油掺和使用达到互补的效果。一般使用量为小麦粉的12%左右。

3. 面团改良剂

发酵饼干面团属于发酵面团，要求有良好的面筋网络结构，需使用质量好的小麦粉，在调制面团时一般都需要加发酵面团改良剂，其主要作用一是促进面团发酵，缩短50%以上发酵时间（与传统发酵相比），大幅度提高饼干的生产效率；二是增强面团的可操作性及稳定性，提高面团对过度发酵的承受力；三是改善面团的延展性，饼干平整，不弯曲变形，减少饼干的断头，生产更顺畅，减少次品率，提高饼干的烘焙效果，口感更松脆，饼面更易上色，表面光亮，饼干的组织层次感更好；四是可减少酵母用量，降低成本。

二、面团调制

（一）调制要求

发酵饼干是利用生物疏松剂——酵母在生长繁殖过程中产生二氧化碳气体，并使其充盈在面团中，二氧化碳气体在烘烤时受热膨胀，加上油脂的起酥效果，而形成特别酥松的成品质地和具有清晰的层次结构的断面。为了实现以上目标，这就要求调制后的发酵面团的面筋既要充分形成，具有良好的保气性能，还要有较好的延伸性、可塑性、适度的结合力及柔软、光滑的性质。

（二）调制原理与工艺

面团的调制和发酵一般采用二次发酵法。

1. 第一次调粉和发酵

第一次调粉通常使用小麦粉总量的40%~50%，加预先用温水溶化的鲜酵母（用量为0.5%~0.7%）液或活化好的干酵母（用量为1.0%~1.5%）液。加水量应根据小麦粉的面筋含量而定，面筋含量高的加水量就应高些，一般标准粉加水量为40%~42%，特制粉为42%~45%。调制的时间需4~6min，至面团软硬适度。面团的温度：冬天为28~32℃，夏天为25~29℃。

第一次发酵的目的是通过面团较长时间的静置，使酵母在面团中大量地繁殖，增加面团的发酵潜力，酵母在繁殖过程中所产生的二氧化碳气体使面团体积膨大，内部组织呈海绵状结构；面团发酵的结果使其弹性降低到理想的程度。发酵完毕时，面团的 pH 有所降低，为 4.5 ~ 5，发酵时间为 6 ~ 10h。

2. 第二次调粉和发酵

在第一次发酵好的面团（又称酵头）中加入其余 50% ~ 60% 的小麦粉和油脂、精盐、饴糖、鸡蛋、乳粉等原辅料，在调粉机中调制 5 ~ 7min。搅拌开始后，慢慢撒入小苏打使面团的 pH 达中性或略呈碱性。小苏打也可在搅拌一段时间后加入，这样有助于面团光滑。冬天面团温度应保持在 30 ~ 33℃，夏天在 28 ~ 30℃。第二次发酵的面粉尽量选用低筋面粉，这样可提高饼干的酥松度。由于酵头中有大量酵母的繁殖，使面团具有较大的发酵潜力，所以 3 ~ 4h 即可完成发酵。

（三）影响面团调制的主要因素

1. 面团温度

面团温度是酵母的生长与繁殖众多影响因素中最重要的因素之一。由于发酵面团使用酵母作为疏松剂，面团的温度调整是否适当，直接关系到酵母的生存环境。酵母繁殖最适宜的温度是 25 ~ 28℃，最佳发酵温度是 28 ~ 32℃。如果要维持适宜的发酵温度，保证酵母既能大量繁殖又能使面团发酵产生足够的二氧化碳气体，必须考虑周围环境温度和发酵本身的放热。由于夏天面团受气温及酵母发酵和呼吸所产生能量的影响，会使面团温度迅速升高，所以要控制低一些，一般在发酵完成后面团温度比初期降低 2 ~ 3℃。而冬天调制好的面团在发酵初期会降低温度，后期回升，所以应当控制高一些，一般在发酵完成后面团温度比初期提高 5℃左右。

实践证明，如果面团温度升高到 34 ~ 36℃，会使乳酸含量显著增加，因此高温发酵时间要短，否则面团易变酸，会影响产品质量。但如果温度过低，则发酵速度慢，使面团发得不透，同时也会造成产酸过高的状况，因此掌握适宜的温度非常重要。

2. 加水量

加水量的多少取决于小麦粉的吸水率等因素。吸水率小加水就少些；吸水率大，加水就适当多些。第二次调粉时，加水量不仅要根据小麦粉的吸水率大小，还要根据面团第一次发酵的程度确定。如果第一次发酵不足，则在第二次调粉时就适当多加一些水。反之，第一次面团发得过老，加水量就少些。

第一次调粉、发酵时，由于酵母的繁殖速度随面团加水量增加而增大，面团适当调得软一些，这样有利于酵母繁殖。对于第二次调粉，虽然加水量稍多可使湿面筋形成程度高，面团发得快，体积大，但由于发酵过程中有水生成，加之油脂、糖及盐的反水化作用，就会使面团变软和发黏，不利于后续加工操作，因此调制的面团应稍硬些。但加水量也不能过少，以免面团硬度过大，导致成品变形。

3. 糖和食盐用量

糖作为酵母的碳源有利于发酵的进行。一般情况下糖由小麦粉中的淀粉酶水解小麦粉而得到,足够酵母发酵的需要。但在第一次调粉、发酵时,小麦粉本身的淀粉酶活力很低,一般需加入1%~1.5%的饴糖、蔗糖或葡萄糖,以加快酵母的生长繁殖和发酵速度,有时,也可加入淀粉酶解决同样的问题。但在加入糖分时应该考虑到,在糖浓度较高时会产生较大的渗透压,造成酵母细胞萎缩和细胞原生质分离而大大降低酵母的活力,因此过量的糖对发酵是极为有害的。第二次调粉、发酵时,酵母所需的糖分主要由小麦粉中的淀粉酶水解淀粉而得到,因此,加糖的目的不是为了给酵母提供碳源,而是从成品的口味和工艺上考虑的。

发酵饼干的食盐加入量一般为小麦粉总量的1.8%~2.0%。盐虽然能增强面筋的弹性和韧性、提高面团的保气能力、调节制品的口味,并有抑制杂菌的作用,但使用过量也会抑制酵母的发酵作用。所以第一次调粉发酵中不加盐,通常在第二次调粉时才加入盐,也可以在第二次调粉时只加入食盐的30%,其余的70%在油酥中拌入或在成形后撒在饼干表面。

4. 油脂的影响

为了使饼干酥脆和美味,在饼干原料中往往加入很多油脂(5%~20%),但过多的油脂也是影响发酵的物质之一。这是因为油会在酵母细胞膜周围形成一层不透性的薄膜而阻止酵母正常代谢,从而抑制酵母发酵。发酵饼干通常使用优良的猪油或其他固体起酥油。为了解决既能多用油脂以提高酥松度,又要尽量减少对发酵的影响,一般采用将少部分油脂在调粉时加入,大部分在辊轧面团时采用夹油酥的方法。

三、辊轧

发酵面团由于在发酵过程中产生了大量的二氧化碳气体,只有通过辊轧才能排除多余的二氧化碳气体,发酵才能进一步进行,并且使面带形成多层次结构。发酵面团要经过5~8次由厚到薄,再轧薄的过程。发酵饼干生产中的夹酥工序也需要在辊轧阶段完成,夹入油酥的目的是为了使发酵饼干具有更加完善的层次结构,提高饼干的酥松性,如图4-8所示,但在辊轧时应注意以下方面。

1. 压延比

未加油酥前,压延比不宜超过1:3,即经过辊轧一次能使厚度减到原来的1/3以下。如果压延比过大,面带压得太紧太薄,影响饼干的膨松。但是压延比也不能过小,过小不仅影响工作效率,而且有可能使掺入的头子与新鲜面团掺不均匀,使产品烘烤出的饼干膨松度差,色泽不均匀,烘烤后出现花斑现象。面团夹入油酥以后,压延比应该更小一些,一般要求1:(2~2.5),压延比过大,油酥和

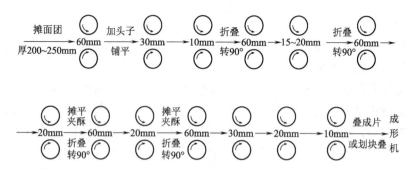

图4-8 发酵饼干辊轧示意图

面团变形过大，面带的某些部位会破裂，致使油酥外露，影响饼干组织的层次，使胀发率减低。

2. 辊轧次数

发酵饼干一般辊轧 11～13 次，折叠 4 次，并旋转 90°。一般包酥 2 次，每次包入油酥两层。

四、成形

发酵饼干主要是采用冲印或辊切成形。

（一）冲印成形

发酵面团经辊轧后折叠或划成块状进入冲印成形机，成形时应注意以下方面：

1. 面带的接缝

由于面带的接缝处是两片重叠通过轧辊，使压延比陡增，易压坏面带上油酥层次，甚至使油酥裸露于表面成为焦片，所以面带的接缝不能太宽。面带要保持完整，否则会产生色泽不均匀的残次品。

2. 压延比

因为经过发酵的面团有均匀细密的海绵结构，经过夹油酥辊轧以后，使其成为带有油酥层的均匀的面带，所以发酵饼干的压延比要求高。如果压延比过大将会破坏这种良好的结构而使制品不酥松、不光滑。

3. 印模的选择

发酵饼干采用无花纹的针孔印模即可。因为发酵饼干弹性较大，冲印后花纹保持能力很差，所以一般只使用带针孔的印模就可以了。

（二）辊切成形

辊切成形是目前国际上较流行的饼干成形设备，根据辊印成形机的原理对冲印成形机作了改进，辊切成形机不仅占地面积小、效率高，而且对面团有广泛的适应性，不仅适宜于发酵饼干，也适应于韧性、酥性和甜酥性饼干的生产。

1. 辊切成形机的结构

辊切成形机由两大部分组成，机体前半部分与冲印成形机相同，是由多道压延辊组成；后半部分的成形部分由一个打针孔、压花纹的花纹辊和一个分切饼坯的刀口辊及橡胶辊组成，如图4-9所示。

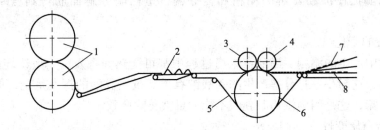

图4-9　辊切成形机成形部分工作原理示意图
1—定量辊　2—面带　3—花纹辊　4—刀口辊　5—脱模带　6—橡胶辊　7—头子　8—饼坯

2. 辊切成形机的工作原理

首先面团被多道压延辊轧延成规定厚度、表面光滑的面带，然后由帆布输送带送往成形部分。在成形部分，面带经过与橡胶辊做相对转动的花纹辊时压出花纹，而后经过与橡胶辊做相对转动的刀口辊时切出饼坯，然后由倾斜帆布输送带分离头子，橡胶辊的作用是压花和作为切断时的垫模。

五、烘烤

发酵饼干坯中聚集了大量的二氧化碳，烘烤时，由于气体受热膨胀，使饼坯在短时间内即有较大程度的膨胀，这就要求在烘烤初期底火要高些，面火温度要低些，这样既能够使饼坯内部二氧化碳受热膨胀，又不至于导致饼坯表面形成一层硬壳，有利于气体的散失和体积胀大。如果炉温过低，烘烤时间过长，饼干易成为僵片。在烘烤的中期，要求面火渐增而底火渐减，因为此时虽然水分仍然在继续蒸发，但重要的是将胀发到最大限度的体积固定下来，以获得良好的烘烤胀发率。如果此时面火温度不够高，饼坯不能凝固定型，胀发起来的饼坯重新塌陷而使饼干密度增大，制品最后不够疏松。最后阶段上色时的炉温通常低于前面各区域，以防成品色泽过深。发酵饼干的烘烤温度一般底火选择在330℃，面火250℃左右，烘烤时间为4~5min。

发酵饼干的烘烤不能采用钢带和铁盘，应采用网带或铁丝烤盘。因为钢带和铁盘不容易使发酵饼干产生的二氧化碳在底面散失，若用钢丝带可避免此弊端。发酵饼干在烘烤时的变化如下。

1. 酶的活动

烘烤初期，酵母和面团里的蛋白酶和淀粉酶都会因为温度的升高而活动加剧。由于蛋白酶的分解作用，使得面筋抗张力变弱，有利于面团的胀发。淀粉酶在烘烤初期温度达到 $50\sim65℃$ 时，生成部分糊精和麦芽糖。当温度升到 $80℃$ 时，淀粉酶促使淀粉水解为糊精和麦芽糖，蛋白酶分解面筋得到氨基酸等生成物。

2. 酸的变化

发酵中产生的酒精、醋酸在烘烤过程中都可受热而挥发，一般饼坯的 pH 会略有升高，这与小苏打分解产生的碳酸钠有关。虽然乳酸的挥发量少，但常使饼干带有酸味，这是因为烘烤时乳酸不能大量被驱除所致。

3. 蛋白质变性

在烘烤过程中，由于温度的上升而使蛋白质脱水，其水分在饼坯内形成短暂的再分配，并被激烈膨胀的淀粉粒所吸收。这种情况只存在于中心层，表面层由于温度迅速升高，脱水剧烈而不十分明显，因此饼干表面所产生的光泽不完全是依赖其本身水分的再分配生成糊精，而必须依靠炉中的温度来生成。当温度升到 $80℃$ 时，饼坯蛋白质便凝固失去其胶体的特性，一般进炉后 1min，饼坯中心层就能达到蛋白质凝固温度，这时气体膨胀，而造成面筋的海绵状或层状结构也因蛋白质的凝固而固定下来，这就是所谓蛋白质变性定形的阶段。

4. 上色

在饼干烘烤的最后阶段，当饼坯温度在 $150℃$、含水量在 13% 左右、pH 为 6.3 时，非常适宜美拉德反应的进行，在糖类、乳制品、蛋制品等的参与下，使饼干表面形成棕黄色。pH 与发酵饼干的烘烤上色有很大关系。如果面团发酵过度，致使参与美拉德反应的糖分减少，pH 下降，不易上色。

六、冷却、包装

发酵饼干的冷却同韧性与酥性饼干一样，也不可急速冷却，否则会产生裂缝。这是因为如果急速冷却，发酵饼干的边缘首先剧烈地脱水，造成边缘干、中心湿的水分梯度。经过放置后，中心的水分逐渐向边缘扩散，造成饼干边缘吸水膨胀，而中心失水收缩，于是产生裂缝。发酵饼干可堆放冷却，冷却到 $30\sim40℃$ 应立即包装。

发酵饼干的包装同酥性饼干。

任务五 ❯ 饼干生产质量标准

一、饼干的质量标准

饼干制作完成后，要达到国家规定的质量标准。饼干在生产、包装、贮运及经营过程中必须按照国家行业标准执行。

（一）感官标准

1. 酥性饼干（见表 4 – 1）

表 4 – 1　　　　　　　　　　　　酥性饼干感官要求

项　目	要　　　求
形　态	外形完整，花纹清晰，厚度基本均匀，不收缩，不变形，不起泡，不得有较大或较多的凹底；特殊加工品种表面允许有可食颗粒存在（如椰蓉、巧克力等）
色　泽	呈棕黄色或黄色，色泽均匀一致，表面有光泽，无白粉，不应有过焦、过白现象，面色与底色基本一致
滋味与口感	具有该品种应有的香味，无异味；口感酥松，不黏牙
组　织	断面结构呈多孔状，细密，无大孔洞
杂　质	无油污、无异物

2. 韧性饼干（见表 4 – 2）

表 4 – 2　　　　　　　　　　　　韧性饼干感官要求

项　目	普通、冲泡、可可韧性饼干	超薄韧性饼干
形　态	外形完整，花纹清晰或无花纹，一般有针孔，厚薄基本均匀，不收缩，不变形；可以有均匀泡点，不得有较大或较多的凹底；特殊加工品种表面允许有可食颗粒存在（如椰蓉、巧克力、燕麦等）	外形端正、完整，厚薄大致均匀，表面不起泡，无裂缝，不收缩，不变形；特殊加工品种表面允许有可食颗粒存在（如椰蓉、芝麻、砂糖、巧克力等）
色　泽	呈棕黄色、金黄色或该品种应有的色泽，色泽基本均匀，表面有光泽，无白粉，不应有过焦、过白现象	呈棕黄色、金黄色，饼边允许褐黄色，有光泽，无白粉，不应有过焦、过白的现象
滋味与口感	具有该品种应有的香味，无异味；口感酥松，不黏牙	咸味或甜味适口，具有该品种特有的香味，无异味；口感酥松，不黏牙
组　织	断面结构有层次或呈多孔状	
杂　质	无油污、无异物	

3. 发酵饼干（见表4－3）

表4－3 　　　　　　　　　　　　发酵饼干感官要求

项目	咸发酵饼干	甜发酵饼干
形　态	外形完整，厚薄大致均匀，具有较均匀的油泡点，不应有裂缝及变形现象；特殊加工品种表面可以有因工艺要求添加的原料颗粒（如芝麻、砂糖、盐、蔬菜等）	外形完整，厚薄大致均匀，不得有凹底，不得有变形现象。特殊加工品种表面可以有因工艺要求添加的原料颗粒（如盐、巧克力等）
色　泽	呈浅黄色或谷黄色（泡点可为棕黄色），色泽基本均匀，表面略有光泽或呈该品种应有的色泽，无白粉，不应有过焦、过白的现象	呈浅黄色或褐黄色，色泽基本均匀，表面略有光泽，无白粉，不应有过焦、过白的现象
滋味与口感	咸味适中，具有发酵制品应有的香味及该品种应有的香味及该品种特有的香味，无异味；口感酥松，不黏牙	味甜，具有发酵制品应有的香味及该品种应有的香味和该品种特有的香味，无异味；口感酥松，不黏牙
组　织	断面结构的气孔微小、均匀或层次分明	断面结构层次分明
杂　质	无油污、无异物	

4. 压缩饼干（见表4－4）

表4－4 　　　　　　　　　　　　压缩饼干感官要求

项目	要　求
形　态	外形完整，无严重缺角、缺边
色　泽	呈谷黄色、深谷黄色或该品种应有的色泽
滋味与口感	具有该品种应有的香味，无异味，不黏牙
组　织	断面结构呈紧密状，无大孔洞
杂　质	无油污、无异物

5. 曲奇饼干（见表4－5）

表4－5 　　　　　　　　　　　　曲奇饼干感官要求

项目	普通、可可曲奇饼干	花色曲奇饼干
形　态	外形完整，花纹或波纹清楚，同一造型大小基本均匀，饼体摊散适度，无连边	外形完整，撒布产品表面应有添加的辅料，添加辅料的颗粒大小基本均匀
色　泽	表面呈金黄色、棕黄色或该品种应有的色泽，色泽基本均匀，花纹与饼体边缘允许有较深的颜色，但不得有过焦、过白的现象	表面呈金黄色、棕黄色或该品种应有的色泽，在基本色泽中允许含有添加辅料的色泽，花纹与饼体边缘允许有较深的颜色，但不得有过焦、过白的现象
滋味与口感	有明显的乳香味及该品种应有的香味和该品种特有的香味，无异味；口感酥松，不黏牙	有明显的乳香味及该品种应有的香味和该品种特有的香味，无异味；口感酥松或具有该品种添加辅料应有的口感

续表

项　目	普通、可可曲奇饼干	花色曲奇饼干
组　织	断面结构呈细密的多孔状	断面结构呈多孔状，并有该品种添加辅料的颗粒
杂　质	无油污、无异物	

6. 夹心饼干（见表4-6）

表4-6　　　　　　　　　　**夹心饼干感官要求**

项　目	要　　　求
形　态	外形完整，边缘整齐，饼面花纹清晰；不脱片；夹心厚薄均匀，无外溢
色　泽	饼干单片呈棕黄色或该品种应有的色泽，色泽基本均匀；夹心料呈该料应有的色泽，色泽基本均匀
滋味与口感	具符合该品种所调制的香味，无异味；口感酥松或松脆，夹心料细腻，无颗粒感
组　织	饼干单片断面结构应具有该相同品种的结构；夹心层次分明
杂　质	无油污、无异物

7. 威化饼干（见表4-7）

表4-7　　　　　　　　　　**威化饼干感官要求**

项　目	要　　　求
形　态	外形完整，块形端正，花纹清晰，厚薄基本均匀，无分离及夹心溢出现象
色　泽	具有该品种应有的色泽，色泽基本均匀
滋味与口感	具有该品种应有的香味，无异味；口感松脆或酥化，无颗粒感
组　织	片子断面结构呈多孔状，夹心层次分明
杂　质	无油污、无异物

8. 蛋圆饼干（见表4-8）

表4-8　　　　　　　　　　**蛋圆饼干感官要求**

项　目	要　　　求
形　态	呈冠圆形或多冠圆形，大小、厚薄基本均匀
色　泽	呈金黄色、棕黄色或该品种应有的色泽，色泽基本均匀
滋味与口感	味甜，具有蛋香味及该品种应有的香味，无异味；口感松脆
组　织	断面结构呈细密的多孔状
杂　质	无油污、无异物

9. 蛋卷及煎饼（见表4－9）

表4－9　　　　　　　　　蛋卷及煎饼感官要求

项　目	要　求	
	蛋　卷	煎　饼
形　态	呈多层卷筒形态或品种特有的形态，断面层次分明，外形基本完整，表面光滑或呈花纹状；特殊加工品种表面可以有可食颗粒存在	外形完整，厚薄基本均匀，特殊加工品种表面可以有可食颗粒存在
色　泽	表面呈浅黄色、金黄色、浅棕黄色或该品种应有的色泽，色泽基本均匀	
滋味与口感	味甜，具有蛋香味及该品种应有的香味，无异味；口感松脆	
杂　质	无油污、无异物	

10. 装饰饼干（见表4－10）

表4－10　　　　　　　　　装饰饼干感官要求

项　目	要　求	
	涂饰饼干	粘花饼干
形　态	外形完整，大小基本均匀；涂层均匀，涂层与饼干基片不分离，涂层覆盖之处无饼干基片露出或线条、图案基本一致	饼干基片外形端正，大小基本均匀；饼干基片表面粘有糖花，且较为端正；糖花清晰，大小基本均匀；基片与糖花无分离现象
色　泽	具有饼干基片及涂层应有的色泽，色泽基本均匀	饼干基片呈金黄色、棕黄色，色泽基本均匀；糖花可为多种颜色，但同种颜色的糖花色泽应基本均匀
滋味与口感	具有品种应有的香味，无异味；饼干基片口感酥松或松脆，涂层光滑、无粗粒感	味甜，具有品种应有的香味，无异味；饼干基片口感松脆，糖花无粗粒感
组　织	饼干基片断面应具有其相应品种的结构，涂层组织均匀，无孔洞	饼干基片断面有层次或呈多孔状，糖花内部组织均匀，无孔洞
杂　质	无油污、无异物	

11. 水泡饼干（见表4－11）

表4－11　　　　　　　　　水泡饼干感官要求

项　目	要　求
形　态	外形完整，块形大致均匀，不应起泡，不应有皱纹、粘连痕迹及明显的豁口
色　泽	呈浅黄色、金黄色或品种应有的颜色，色泽基本均匀；表面有光泽，不应有过焦、过白现象
滋味与口感	味略甜，具有浓郁的蛋香味与该品种应有的香味，无异味；口感酥松
组　织	断面结构组织细微、均匀，无孔洞
杂　质	无油污、无异物

（二）理化标准

各类饼干的理化标准如表 4 – 12 所示。

表 4 –12　　　　　　　　各类饼干的理化标准

项目		水分/% ≤	酸度 （以乳酸计) /% ≤	碱度 （以碳酸钠 计）/% ≤	pH ≤	松密度 /（g/cm²） ≥	饼干厚度 /mm ≤	边缘厚度 /mm≤	脂肪含量 /% ≥
酥性饼干		4.0	—	0.4	—	—	—	—	—
韧性饼干	普通韧性饼干	4.0	—	—	—	—	—	—	—
	冲泡韧性饼干	6.5	—	0.4	—	—	—	—	—
	超薄韧性饼干	4.0	—	—	—	—	4.5	3.3	—
	可可韧性饼干	4.0	—	—	8.8	—	—	—	—
发酵饼干	咸发酵饼干	5.0	—	—	—	—	—	—	—
	甜发酵饼干	5.0	0.4	—	—	—	—	—	—
压缩饼干		6.0	—	0.4	—	0.9	—	—	—
曲奇饼干	普通曲奇饼干	4.0	—	0.3	7.0	—	—	—	16.0
	可可曲奇饼干	4.0	—	—	8.8	—	—	—	16.0
夹心饼干	油脂类	符合单片相应品种要求			—	—	—	—	—
	果酱类	6.0	符合单片相应品种要求		—	—	—	—	—
威化饼干	普通威化饼干	3.0	—	0.3	—	—	—	—	—
	可可威化饼干	3.0	—	—	8.8	—	—	—	—
蛋圆饼干		4.0	—	0.3	—	—	—	—	—
蛋卷及煎饼		4.0	0.4	0.3	—	—	—	—	—
装饰饼干		符合基单片相应品种要求			—	—	—	—	—
水泡饼干		6.5	—	0.3	—	—	—	—	—

（三）卫生标准

各类饼干的卫生标准如表 4 - 13 所示。

表 4 - 13　　　　　　　　　　各类饼干的卫生标准

项　　目	非夹心饼干	夹心饼干	检验方法
酸价（以 KOH 计）/（mg/g）		5	GB/T 5009.37
过氧化值（以脂肪计）/（g/100g）		0.25	
砷含量（以 As 计）/（mg/kg）		0.5	GB/T 5009.11
铅含量（以 Pb 计）/（mg/kg）		0.5	GB/T 5009.12
菌落总数/（cfu/g）	750	2000	
大肠菌数/（MPU/100g）	30		
霉菌计数/（cfu/g）	50		
致病菌（沙门菌、志贺菌）	不得检出		GB/T 4789.24
食品添加剂和食品营养强化剂	按 GB2760 和 GB14880 的规定		

二、饼干生产常见的质量问题及解决方法

（一）油脂酸败问题及解决方法

油脂酸败是饼干生产和销售中的一类重要问题，防止油脂酸败显得尤为重要。油脂氧化是导致油脂酸败的一个重要原因，油脂氧化包含许多复杂的化学反应，诱发因素有很多，如生产中的高温会加速油脂氧化。实际生产中需针对不同原因采取不同措施。

1. 面粉对油脂酸败的影响

小麦胚芽中富含不饱和脂肪酸、活性酶等物质，这些物质容易引发脂肪水解、氧化等问题，从而导致脂肪酸败。20 世纪 80 年代，我国引进了提取麦胚技术，通过提取麦胚，可延长面粉的保质期；但同时麦胚中的维生素 E 也被提走，从而降低了饼干中油脂的抗氧化性。

为预防油脂酸败，可在饼干用油中加入抗氧化剂，如维生素 E。但是在应用抗氧化剂时，要遵守食品添加剂方面的国家标准。

2. 面粉改良剂对油脂酸败的影响

增白剂等面粉改良剂也会造成油脂的酸败。例如，增白剂过氧化苯甲酰是一种强氧化剂，在加热到 100℃后会分解并挥发，对人体不会造成危害，但若用于含油食品，则会迅速使油脂氧化，导致食品氧化酸败。

改良剂、专用面粉等上游产品的技术改进必须考虑到对下游产品的影响，并将不良影响通过适当的渠道进行通报。要考虑到改良剂可能对相关产品造成的影响，禁止在用于含油食品的面粉中使用增白剂，同时也不可将含增白剂的面粉混用在含油食品中。

3. 油脂本身的酸败问题

为了使油脂的酸价和过氧化值达到规定要求，有时会通过碱洗等手段降低油脂的酸价，这样易造成油脂的抗氧化能力下降。另外，冬季油温偏低时，油会在管道中凝结，堵塞管道而引发生产不畅的问题。

为防止油因温度过低而堵塞管道问题的发生，冬季可以对饼干用油适当加热和保温；但不能使油长时间处于高温条件下，否则会引起油脂氧化酸败。

（二）异物混入问题及解决方法

在饼干生产及原辅料供应链中，操作人员的头发、塑料毛刷、包装物及其封口线绳、针等异物的混入，都可能造成质量事故。

为消除异物混入的问题，须对上述各环节加强管理，特别要格外注意针等危险性杂质的混入。建立检查、领用、检修等管理制度，并落实到位，关键部位要使用磁铁或金属探测仪器等工器具。

技术改进是避免异物混入的最佳方法，我国已经有从小麦清洗直至饼干包装，由连续管道、罐车、筒仓储存、输送、饼干烘烤组成的连续生产线，大大降低了混入异物的可能性。在使用未出厂的次品饼干时，应确保无异物混入，并按比例添加，否则会影响正常生产。

（三）二氧化硫超标及解决方法

饼干中残留的二氧化硫主要是改良剂焦亚硫酸钠的分解产物，在饼干生产中，食品企业为改善面团的延伸性和可塑性，可能会超量添加焦亚硫酸钠，造成二氧化硫超标。

为预防饼干中的二氧化硫超标，首先，应该对面粉供应商加强管理，选择产品品质稳定、信誉良好的面粉供应商，为配料时减少焦亚硫酸钠的使用量而奠定良好的物质基础。其次，应该按照法定标准使用焦亚硫酸钠，从而杜绝焦亚硫酸钠的超标使用问题。第三，使用生物酶制剂替代焦亚硫酸钠。酶制剂的成本相对较高，但随着酶制剂推广范围的扩大，其生产成本也会有所降低。例如，江苏某生物科技公司开发的生物型复合饼干酶制剂，就以其优良的品质和良好的性价比，成功用于多家饼干企业，有效提高了饼干的质量和市场竞争力。

（四）添加剂的乱用问题及解决方法

由于市场竞争的日趋激烈，部分饼干生产企业为降低成本、改善产品口感，在生产过程中，超范围和超量使用香精等添加剂。乱用和滥用了添加剂的饼干，很难通过肉眼观察出来，这种饼干很可能会对消费者健康造成伤害。

为预防这种问题的发生，一方面饼干生产企业应加强自律，严格按照国家的法律法规使用食品添加剂，不超量和超范围使用添加剂；另一方面，食品监管部门需加大管理力度，严惩非法使用食品添加剂的行为。

（五）微生物超标问题及解决方法

菌落总数、霉菌等微生物超标，是困扰很多饼干厂特别是中小型饼干企业的一大难题。

为防止饼干产品的微生物超标问题，应采取多种措施：加强生产过程的环境、设施的卫生控制；注意烘烤后产品包装区的卫生管理，避免交叉污染；加强操作人员卫生意识的培训，促使员工养成自觉的卫生习惯；加强对供应商的卫生管理力度。现在，部分包装材料生产企业的卫生状况不容乐观，包材企业应加大这方面的管理力度。

【项目小结】

本项目主要介绍了饼干的概念、分类；酥性饼干、韧性饼干、发酵饼干的制作工艺；饼干生产质量标准。饼干生产常见的质量问题及解决方法包括：油脂酸败问题及解决方法、异物混入问题及解决方法、二氧化硫超标及解决方法、添加剂的乱用问题及解决方法、微生物超标问题及解决方法。其中油脂酸败问题及解决方法又分为：面粉对油脂酸败的影响、面粉改良剂对油脂酸败的影响、油脂本身的酸败问题。

【项目思考】

1. 饼干包括哪些不同类型？
2. 饼干面团调制前各种原料需要怎样进行预处理？
3. 为什么面团调制是饼干生产的关键工序？
4. 影响面团工艺性能的因素有哪些？
5. 不同面团的投料顺序是什么？为什么？
6. 发酵饼干第一次发酵的目的是什么？
7. 饼干成形的方法有哪些？原理是什么？
8. 饼干在烘烤过程中发生了哪些变化？
9. 简述饼干冷却后的作用。
10. 不同饼干生产的工艺有哪些不同点？

实训一　酥性饼干的制作

一、实验目的

1. 掌握酥性饼干制作的基本原理、工艺流程及操作要点。
2. 学会对酥性饼干成品做质量分析。

二、实验原理

酥性饼干在调制面团时，砂糖和油脂的用量较多，而加水极少。在调制面团操作时搅拌时间较短，尽量不使面筋过多地形成，常用凸花无针孔印模成形。成品酥松，一般感觉较厚重，常见的品种有甜饼干、挤花饼干、小甜饼、酥饼等。

三、实验设备与器具

（1）设备　和面机、成形机、烤炉等。
（2）器具　烤盘、刮刀、塑料刮板、塑料盘等。

四、配方

标准粉 5kg、淀粉 150g、磷脂油 25g、食用碳酸氢铵 30g、砂糖 1.5kg、食盐 6g、食用油（植物油或棕榈油）1kg、起酥油 0.25kg、全脂乳粉 150g、小苏打 30g、柠檬酸 2g、饼干疏松剂 3g、鸡蛋 150g、BHA 0.8g、水 600mL、香精香料适量。

五、工艺流程及操作要点

1. 工艺流程

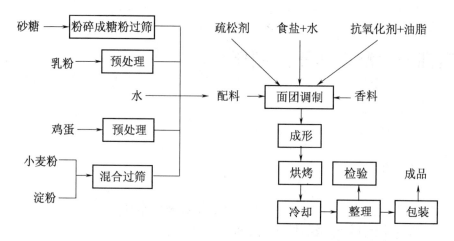

2. 操作要点

（1）面团的调制　按照配方将各种物料称量好，将糖粉与水充分搅拌使糖溶化，再加入油脂、盐、乳品、疏松剂等放入搅拌机中搅拌乳化均匀，然后加入过筛后的小麦粉、淀粉等，搅拌 6 ~ 12min。搅匀为止，最后加入香精香料。

（2）辊轧　面团调制后不需要静置即可轧片。一般以 3 ~ 7 次单向往复辊轧即可，也可采用单向一次辊轧，轧好的面片厚度为 2 ~ 4mm，较韧性面团的面片厚。

（3）成形　用辊印成形机辊印成一定形状的饼坯。

（4）装盘　将烤盘放入指定位置，调好前后位置，与帆布带上的饼坯位置对应。开机，将饼坯接入烤盘。

（5）烘烤　酥性饼坯炉温控制在 240 ~ 260℃，烘烤 3 ~ 5min，成品含水率为 2% ~ 4%。

（6）冷却　饼干出炉后应及时冷却，使温度降到 25 ~ 35℃，可采用自然冷却 5min 左右即可。

六、注意事项

（1）调制面团时，应注意投料次序，面团温度要控制在 22 ~ 28℃。夏季气温较高，搅拌时间应缩短 2 ~ 3min；油脂含量高的面团，温度控制在 22 ~ 25℃。夏季气温高，可以用冰水调制面团，以降低面团温度。

（2）当面团黏度过大，胀润度不足影响操作时，可静置 10 ~ 15min。

（3）小麦粉中湿面筋含量高于 40% 时，可将油脂与小麦粉调成油酥式面团，然后再加入其他辅料，或者在配方中抽掉部分小麦粉，换入等量的淀粉。

（4）酥性面团中油脂、糖含量多，轧成的面片质地较软，易于断裂，不应多次辊轧，更不要进行 90° 转向。

（5）酥性面团搅拌均匀即可，并应立即轧片，以免起筋。

（6）由于酥性饼干易脱水上色，所以先用高温 220℃ 烘烤定型，再用低温 180℃ 烤熟即可。

实训二　韧性饼干的制作

一、实验目的

1. 掌握韧性饼干的调粉原理，熟悉工艺流程及操作要点。
2. 加深理解面团改良剂对韧性饼干生产的作用。

二、实验原理

面粉在蛋白质充分水化的条件下调制面团，经辊轧受机械作用形成具有较强延伸性，适度的弹性，柔软而光滑，并且有一定的可塑性的面带，经成形，烘烤后得到的产品。

三、实验设备与器具

（1）设备　小型搅拌机、成形机、烤箱等。

（2）器具　烤盘、刮刀、切刀等。

四、配方

标准粉 1kg、淀粉 0.1kg、亚硫酸氢钠 0.4g、磷脂油 15g、食用碳酸氢钠 7g、糖粉 320g、食盐 0.5g、食用油（植物油或棕榈油）80g、猪油 70g、全脂乳粉 40~60g、小苏打 30g、柠檬酸 0.4g、鸡蛋 60~80g、水 280~340mL、饼干疏松剂适量，香精香料适量。

五、工艺流程及操作要点

1. 工艺流程

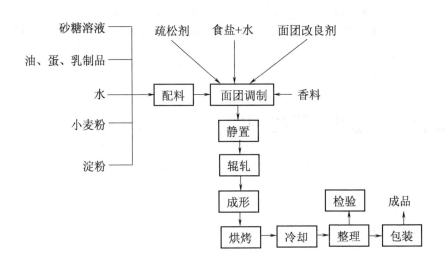

2. 操作要点

（1）面团的调制　将水和糖一起煮沸，使糖充分溶化，稍冷却，将油、盐、乳、蛋等混入，搅拌均匀，加入预先混合均匀的小麦粉、淀粉调制。如使用面团改良剂，则应在面团初步形成时（调制10min后）加入，然后在调制过程中加入疏松剂、香精，继续调制，前后25min以上，即可调制成韧性面团。

（2）静置　韧性面团调制成熟后，必须静置10～20min，以保持面团性能稳定，才能进行辊轧操作。

（3）辊轧　韧性面团辊轧次数一般需要9～13次，辊轧时多次折叠并旋转90°。通过辊轧工序以后，面团被压制成2mm左右、厚薄均匀、形态平整、表面光滑、质地细腻的面带。

（4）成形　经辊轧工序轧成的面带，经冲印或辊切刀成形机制成各种形状的饼坯，并在生坯上打好针孔。

（5）转盘　要求生坯摆放尽量稍密，间距均匀。

（6）烘烤　韧性饼坯在炉温240～260℃，烘烤3.5～5min，达到成品含水率为2%～4%。

（7）冷却　冷却至40℃以下，若室温25℃，可自然冷却5min左右即可。

六、注意事项

（1）韧性面团温度的控制　冬季室温25℃左右，可控制在32～35℃；夏季室温30～35℃时，可控制在35～38℃。

（2）韧性面团在辊轧以前，面团需要静置一段时间，目的是消除面团在搅拌期间因拉伸所形成的内部张力，降低面团的黏度与弹性，提高制品质量与面片工艺性能。静置时间的长短与面团温度有密切关系，面团温度高，静置时间短；温度低，静置时间长。一般要静置 15~20min。

（3）当面带经数次辊轧，可将面片转 90°，进行横向辊轧，使纵横两方向的张力尽可能地趋于一致，以便使成形后的饼坯能保持不收缩、不变形的状态。

（4）在烘烤时，如果烘烤炉的温度稍高，可以适当地缩短烘烤时间。炉温过低和过高都能影响成品质量。如过高容易烤焦，过低使成品不熟、色泽发白等。

实训三　发酵饼干的制作

一、实验目的

1. 掌握发酵饼干制作的基本原理、工艺流程及操作要点。
2. 学会对发酵饼干成品做质量分析。

二、实验原理

发酵饼干制造特点是先在一部分小麦粉中加入酵母，然后调成面团，经较长时间发酵后加入其余小麦粉，再经短时间发酵后成形。这种饼干，一般为甜饼干。含有碳酸氢钠，可以平衡人体酸碱度。

三、实验设备与器具

（1）设备　食品搅拌机、调温调湿箱、远红外食品烤箱等。
（2）器具　饼干烤盘、压片机、研钵、刮刀等。

四、配方

小麦粉 150kg、起酥油 1.5kg、即发干酵母 0.12kg、食盐 0.14kg、小苏打 0.05kg、水 5kg 左右、面团改良剂 0.1kg、味精适量、香草粉适量。

五、工艺流程及操作要点

1. 工艺流程

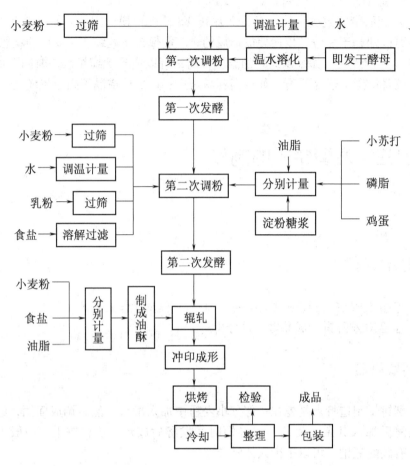

2. 操作要点

（1）第一次调粉和发酵　取即发干酵母 0.12kg 加入适量温水和糖进行活化，然后投入过筛后小麦粉4kg 和2.5kg 水进行第一次调粉，调制时间需 4～6min，调粉结束要求面团温度在 28～29℃。调好的面团在温度 28～30℃，相对湿度70%～75% 的条件下进行第一次发酵，时间 5～6h。

（2）第二次调粉和发酵　将其余的小麦粉，过筛放入已发酵好的面团里，再把部分起酥油、精盐（30%）、面团改良剂、味精、小苏打、香草粉、大约 2.5kg 的水都同时放入和面机中，进行第二次调粉，调制时间需 5～7min，面团温度28～33℃，然后进入第二次发酵，温度27℃、相对湿度75%，发酵时间 3～4h。

（3）辊轧、夹油酥　把剩余的精盐、起酥油均匀拌和到油酥中。发酵成熟面团在辊轧机中辊轧多次，辊轧好后夹油酥，进行折叠并旋转90°再辊轧，达到面团光滑细腻。

（4）成形　采用冲印成形，多针孔印模，面带厚度为 1.5～2.0mm，制成饼干坯。

（5）烘烤　在烤炉温度 260～280℃ 下，烘烤时间 6～8min，成品含水量
2.5%～5.5%。

（6）冷却　出炉冷却至室温包装即可。

六、注意事项

（1）各种原辅料须经预处理后才可用于生产。小麦粉需过筛，以增加膨松
性，去除杂质；糖需化成一定浓度的糖液；即发干酵母应加入适量温水和糖进行
活化；油脂融化成液态；各种添加剂需溶于水过滤后加入，并注意加料顺序。

（2）液体加入的量应一次性定量准确，杜绝中途加水，且各种辅料应加入糖
浆中混合均匀方可投入小麦粉。

（3）严格控制调粉时间，防止过度起筋或筋力不足。

（4）面团调制后的温度冬季应高一些，在 28～33℃；夏季应低一些，在
25～29℃。

（5）在面团辊轧过程中，需要控制压延比，未夹油酥前不宜超过 3:1；夹油
酥后一般要求（2～2.5）:1。

（6）辊轧后与成形机前的面带要保持一定的下垂度，用以消除面带压延后的
内应力。

项目五
月饼制作技术

>>>>

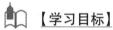

【学习目标】

1. 了解月饼的种类及其特点。
2. 掌握月饼的制作技术及操作要点。
3. 理论联系实际，分析月饼在生产过程中常见的质量问题及解决方法。

【技能目标】

1. 通过该课程的学习掌握面皮制作技术和包馅技术。
2. 掌握面食制品焙烤技术。
3. 了解馅料及糖浆的制作技术。

任务一 ❯ 月饼概述

一、月饼的命名及分类

月饼，又称胡饼、宫饼、小饼、月团和团圆饼等，是中秋佳节的传统食品。月饼呈圆形，象征着团圆，反映了人们对家人团聚的美好愿望。

我国月饼种类繁多，而且新花色品种不断涌现。按产地分，有广式月饼、苏式月饼、京式月饼、潮式月饼、滇式月饼、台式月饼、徽式月饼等；按配方和制作方法分，有糖浆皮月饼、水油酥皮月饼、油糖皮月饼、油酥皮月饼、浆酥皮月饼、奶油皮月饼、蛋调皮月饼、水调皮月饼、冰皮月饼、无糖月饼等；按馅料分，有蓉沙类、果仁类、果蔬类、肉与肉制品类、水产品类、蛋黄类等；按造型分，有光面月饼、花边月饼等。

（一）按产地分类

1. 广式月饼

广式月饼是目前最大的一类月饼，最早起源于广东等地，以"选料精良、做工精细、皮薄馅靓、香甜软糯"而驰名中外。广式月饼是用面粉、油、糖浆等调制成糖浆面团，制成饼皮，内包各种馅心，再用模具成形出各种图案花纹，表面刷蛋液，经烘烤而成。自广式月饼风靡以来，软馅月饼几乎成了广式月饼的代名词。

广式月饼的馅料重糖多油，最常用的馅料是莲蓉馅，因为莲蓉口味清香，滑而不腻，受到普遍欢迎。在中国所有月饼品种中，广式月饼的皮子是最薄的，月饼皮馅比例为2:8。

2. 苏式月饼

苏式月饼起源于扬州，发展于江浙一带，以苏州地区制作工艺和风味特色为代表，使用小麦粉、饴糖、食用植物油或猪油、水等制皮，小麦粉、食用植物油或猪油制酥，经酥皮、包馅、成形、烘烤等工艺加工而成的口感松酥的月饼。

苏式月饼的特点是外形精美，皮包酥软，层次分明，色泽美观，馅料肥而不腻，口感松酥，是苏式糕点的精华。其饼皮松酥，馅料有五仁、豆沙等，甜度高于其他类月饼，主要产品有杭州利民生产的苏式月饼等。

3. 京式月饼

京式月饼起源于中原，发展于京津及周边地区，在北方有一定市场，它以北京地区制作工艺和风味特色为代表，配料上重油轻糖，使用提浆工艺制作糖浆皮面团，或者使用糖、水、油、面粉制成松酥皮面团，经包馅、成形、烘烤等工艺加工而成的口味纯甜、纯咸，口感松酥或绵软，香味浓郁的月饼。

京式月饼的特点是松脆、香酥、层酥相叠，重油而不腻，甜咸适口，甜度及皮馅适中，一般皮陷比为4:6，以咸的特殊风味为主，主要产品有北京稻香村的自来红月饼、自来白月饼、五仁月饼等。京式月饼的饼皮是"发面皮"，制作方法是在饼皮中加入发酵粉，有蒸两种制作方法和烤两种制作方法。

4. 潮式月饼

潮式月饼为传统糕点类食品，其特点是重油重糖、口感柔软。主要品种有绿豆沙月饼、乌豆沙月饼等。潮式月饼饼身较扁，饼皮洁白，以酥糖为馅，入口香酥。猪油是传统潮式月饼的主角。最传统的潮式月饼主要有两种：一种拌猪油称做朥饼；一种拌花生称作清油饼。一般把潮州本地制作的、具有浓郁潮州乡土特色的月饼称为朥饼。

5. 滇式月饼

滇式月饼也称云腿月饼，它与苏式月饼、广式月饼相比各有千秋。主要起源于云南、贵州及周边地区，目前逐渐受到其他地区消费者的喜欢。滇式月饼是云南特产宣威火腿，加上蜂蜜、猪肉、白糖等为馅心，用昆明呈贡的紫麦面粉为皮料烘烤而成。

滇式月饼特点是重油重糖，口感柔软。其表面呈金黄色胡或棕红色，外有一层硬壳，油润艳丽，千层酥皮裹着馅心。这种月饼既有香味扑鼻的火腿，又有甜中带咸的诱人蜜汁，入口舒适，食而不腻。

（二）按配方和制作方法分类

1. 糖浆皮月饼

糖浆皮月饼又称浆皮月饼、糖皮月饼，属于软皮月饼，是指以小麦面粉、转化糖浆、油脂为主要原料制成饼皮，经包馅、成形、烘烤而成的饼皮紧密、口感柔软的一类月饼。

糖浆皮月饼皮薄、馅多，其饼皮是由转化的糖浆调制而成的面团，且面团中一般有少量饴糖，也有全用饴糖调的，因而饼皮甜而松，含油不多，主要是凭借高浓度糖浆来降低面筋含量，使面团既有韧性，又有可塑性，制品表面光洁，纹印清楚，口感清香肥厚，不易干燥、变味。

代表品种有提浆月饼、双麻月饼等。糖浆月饼的特点是丰满油润，皮薄馅多，清香肥厚，能很好的保持饼皮和馅心中的水溶性或油溶性物质，组织紧密，松软柔和，不易干燥变味，便于贮存和运输。

2. 水油酥皮月饼

水油酥皮月饼属于酥皮月饼，是用水油面团包入油酥，制成酥皮，再经包馅、成形、烘烤而制成的皮饼层次分明，口感酥松、绵软的一类月饼。代表品种有三白月饼、酥皮月饼、黑麻椒盐月饼等。

3. 油糖皮月饼

油糖皮月饼是使用较多的油和较多的糖（一般40%）与小麦粉调制成皮，经包馅、成形、烘烤而制成的造型完整、花纹清晰的一类月饼。饼皮一般含油量较高，不是用糖浆和面做成的糖浆皮月饼，而是用糖、水、油、面直接混合调制而成。油糖皮月饼特点是外表较硬，口感酥松，不易破碎，携带方便。代表品种有葡萄干月饼、果脯月饼、枣泥月饼等。

4. 油酥皮月饼

油酥皮月饼使用了较多的油脂，较少的糖与小麦粉调制成饼皮，经包馅、成形、烘烤而制成的口感酥松、柔软的一类月饼。代表品种有白月饼、红月饼等。酥皮月饼特点是组织层次分明，精巧玲珑，松酥软绵，滋润香甜，入口即化。

5. 浆酥皮月饼

浆酥皮月饼以小麦粉、转化糖浆、油脂为主原料调制成糖浆面团，再包入油酥制成酥皮，经包馅、成形、烘烤后饼皮有层次、口感酥松的一类月饼。代表品种有双酥月饼等。

6. 奶油皮月饼

奶油皮月饼是指以小麦粉、奶油和其他油脂、糖为主要原料制成饼皮，经包馅、成形、烘烤而制成的饼皮呈乳白色，具有浓郁奶香味的一类月饼。代表品种有奶油蛋黄月饼、奶香月饼等。

7. 蛋调皮月饼

蛋调皮月饼是指以小麦粉、糖、鸡蛋、油脂为主要原料调制成的饼皮，经包馅、成形、烘烤而制成的口感酥松，具有浓郁蛋香味的一类月饼。代表品种有蛋黄什锦月饼等。

8. 水调皮月饼

水调皮月饼是指以小麦粉、油脂、糖为主要原料，加入较多的水调制成饼皮，经过包馅、成形、烘烤而制成的一类月饼。代表品种有红皮月饼等。

9. 冰皮月饼

冰皮月饼是指以冰皮粉或者糯米粉、黏米粉、澄粉，添加砂糖、牛乳、炼乳、色拉油等为辅料，调成面糊，再放入锅中隔水蒸煮、熟透，成面糕状，出锅后再加揉成表面光滑的冰皮面团，包入馅料，再经压模、成形后放入冰箱冷藏即可直接食用的非烘烤类月饼。冰皮月饼特点是制作简单，馅料必须在包馅前加工成熟馅，然后将冰皮粉料加入适量冷开水和成合适的面团，包馅成形后即为成品，但在贮存及销售过程中要冷藏。

10. 无糖月饼

无糖月饼是只以麦芽糖醇、低筋面粉、花生油等为主要原料制成饼皮，再经包无糖馅、成形、烘烤而制成的饼皮紧密、口感柔软的一类月饼。代表品种有无糖五仁月饼、无糖豆沙月饼等。

（三）按馅料分类

1. 蓉沙类

（1）莲蓉类 包裹以莲子为主原料加工成馅的月饼。除油、糖外的馅料原料中，莲子含量不少于60%。

（2）栗蓉类 包裹以板栗为主原材料加工成馅的月饼。除油、糖外的馅料原料中，板栗含量不少于60%。

（3）豆蓉类 包裹以各种豆类为主原料加工成馅的月饼。

（4）杂蓉类 包裹以其他含淀粉的原料加工成馅的月饼。

2. 果仁类

果仁类月饼是包裹以核桃仁、杏仁、橄榄仁、瓜子仁等果仁和糖等为主原料加工成馅的月饼。馅料中水果及其制品的用量应不少于25%。

3. 果蔬类

（1）枣蓉类　包裹以枣为主原料加工成馅的月饼。

（2）水果类　包裹以草莓、哈密瓜、菠萝、水蜜桃等水果及其制品为主原料加工成馅的月饼。馅料中水果及其制品的用量应不少于25%。

（3）蔬菜类　包裹以蔬菜及其制品为主原料加工成馅的月饼。

4. 肉与肉制品类

此类月饼是包裹馅料中添加了火腿、叉烧、香肠等肉制品的月饼。

5. 水产品类

此类月饼是包裹馅料中添加了虾米、鱼翅、鲍鱼等水制品的月饼。

6. 蛋黄类

此类月饼是包裹馅料中添加了咸蛋黄的月饼。

二、月饼制作常用材料及作用

（一）面粉

小麦粉（也称面粉），是制造月饼最基本的原材料。面粉性质对月饼等焙烤食品的加工工艺和产品品质起着决定性的影响，而面粉的加工性质往往是由小麦的性质和制粉工艺决定的。因而从事焙烤食品制造的技术人员一定要了解一些关于小麦和面粉的知识，只有掌握了焙烤食品的这一基本原材料的物理、化学性质后，才能帮助我们解决产品加工及其开发研制中的问题。

（二）油脂

1. 月饼生产用油的种类

在月饼生产中，所用油的种类主要分为植物油和动物油两大类。植物油是以植物油料加工生产供人们食用的植物油，而动物油主要指的是猪油。

2. 油脂在月饼生产中的作用

油脂是月饼生产的主要原材料，除了营养价值方面还具有以下作用：

（1）使月饼具有良好的风味和外观色泽。

（2）可塑性　可增加面团的延伸性，使面包体积增大。这是因为油在面团内，能阻挡面粉颗粒间的黏结，而减少由于黏结在焙烤中形成坚硬的面块。油脂的可塑性越好，混在面团中油粒越细小，越易形成一连续性的油脂薄膜；可防止面团的过软和过硬，增加面团的弹力，使机械化操作容易；油脂与面筋的结合可以柔软面筋，使制品内部组织均匀、柔软、口感改善；油脂可在面筋和淀粉之间形成界面，成为单一分子的薄膜，对成品可以防止水分从淀粉向面筋的移动，所以可防止淀粉老化，延长月饼保存时间。

（3）起酥性　月饼油脂含量一般都比较高。油脂的存在可以阻碍面团中面筋的形成，也可伸展成薄膜状，阻止面筋与面筋之间的结合，并且由于大量气泡的形成使得制品在烘烤中因空气膨胀而酥松。猪油、起酥油、人造奶油都有良好的起酥性。

（三）糖与糖浆

1. 月饼生产中常用的糖

糖是制作月饼的主要原料之一，是甜味的主要来源，它对月饼的生产工艺、成品质量都起着十分重要的作用。根据糖的精制程度、来源、形态和色泽，大致可分精制白砂糖、粗砂糖、绵白糖、红糖等，其理化性质参见模块三。

糖的褐色反应是使月饼表皮上色的重要原因，也是产生月饼特殊色、香、味的重要来源。面团被烘烤时，蛋白质与还原糖一起加热发生褐色反应，一开始形成一种黄褐色的类黑物质，其颜色和味道与焦糖相似。如反应继续进行下去，则颜色比焦糖更深，味道更苦，且更不易溶解。在褐色反应中，除产生色素物质外，还产生一些挥发性物质，形成面食制品产品本身所特有的烘焙香味。这些产生香气的挥发性物质主要有乙醇、丙酮醛、丙酮酸、乙酸、琥珀酸、琥珀酸乙酯等。

2. 糖在月饼生产中的主要作用

（1）改善月饼的色、香、味、形　月饼中添加足量的糖，就能经过焙烤使焦糖化作用与美拉德反应加速，不仅月饼表面有金黄至棕黄的色泽，而且还产生焙烤制品固有的焦香风味。

焦糖化反应要在高温条件下（一般为200℃）才会发生。但有些研究表明，熔化状态的糖在100℃以上即可发生焦糖化反应；碱性条件有利于焦糖化反应的进行，所以，月饼配方中添加的碱性化学疏松剂，如碳酸氢钠和碳酸氢铵，有助于月饼上色。

美拉德反应在150℃反应速度最快，在月饼焙烤的后期，其表面温度达到140～180℃，此温度对美拉德反应最佳。美拉德反应需要氨基化合物（如蛋白质、氨基酸等）及含羰基化合物（如还原糖）的参与，所以要获得较好的色泽，一般需要添加含还原性单糖较多的转化糖、饴糖或淀粉糖浆。还原糖含量越高，月饼越容易上色。

月饼风味的形成是由材料的种类、用量以及制作方法所决定的。除了盐有调味的功能外，饴糖对风味影响最大。月饼中虽然有无糖品种，但是对我国消费者而言，在没有把月饼作为主食的情况下，甜味品种更受欢迎。在制作过程中，糖可分解为各种风味成分。在焙烤时糖所发生的焦糖化反应和美拉德反应产物，都可使制品产生好的烤香风味。

（2）延长产品的保存期　氧气在糖溶液中溶解量比在水溶液中低得多，因此糖溶液具有抗氧化性。还由于砂糖可以在加工中转化为转化糖，具有还原性，所以是一种天然抗氧化剂。在油脂较多的食品中，这些转化糖就成为了油脂稳定性的保护因素，防止酸败的发生，延长保存时间。

糖还具有一定的防腐性，当糖液的浓度达到一定值时，有较高的渗透压，能使微生物脱水，发生细胞的质壁分离，抑制微生物的生长和繁殖。这在糖含量较高的食品中效果较明显，一般细菌在50%的糖度下就不会增殖。因此，月饼中的含糖量高可增强其防腐能力，延长产品的保质期。

（3）增加柔软度　糖具有吸水性和持水性，可使焙烤食品在保质期内保持柔软。因此，含有大量葡萄糖和果糖的各种糖浆不能用于酥性焙烤食品，否则会吸湿返潮而使其失去酥性口感。

（四）鸡蛋

鸡蛋在月饼生产中并非必需原料，但是对于改善月饼的色、香、味、形具有一定的作用。

1. 鸡蛋的化学组成

（1）蛋白质　蛋白质分布在蛋的各个构成部分，蛋白中含有50%，蛋黄中含有44%，蛋壳中含有2.1%，蛋壳膜中含有3.5%。蛋白质中含有丰富的必需氨基酸。在蛋白中存在量较多的蛋白质主要有卵白蛋白、卵伴白蛋白（卵转铁蛋白）、卵类黏蛋白、卵黏蛋白、溶菌酶和卵球蛋白等。

（2）脂质　蛋中的脂类也很丰富，99%脂类存在于蛋黄中，主要脂肪酸为棕榈酸、油酸和亚麻酸。在蛋黄内含有34%的饱和脂肪酸和约为66%的不饱和脂肪酸。鲜蛋白中含有极少量脂质，约为0.02%，其中中性脂质和复合脂质的组成比是6:1，中性脂中蜡、游离脂肪酸和醇是主要成分，复合脂质中神经鞘磷脂和脑磷脂类是主要成分。

（3）糖类　蛋中含有少量的糖类，其中75%在蛋白部分。

（4）维生素及色素　蛋中维生素含量较少，主要是B族维生素。色素含量也较少，主要是核黄素。

2. 蛋的检验及处理

月饼生产中产常用的蛋品主要是鲜鸡蛋，这主要是由于鸭蛋、鹅蛋有异味，在月饼生产中很少使用。鲜鸡蛋发泡性好，营养价值高，但必须选用新鲜的、不散黄、不变质的鸡蛋。

鲜蛋的使用应注意以下几个问题：

（1）质量检查　鲜蛋的品质好坏不一，在收购、储存、加工、销售和出口时，必须严格检验，剔除破、次、劣蛋。目前广泛采用的鉴别方法是感官检查法、光照检查法、荧光检查法、相对密度检查法、蛋黄指数检查法等。

（2）蛋的消毒　鸡蛋壳上常会带有致病菌，特别是沙门菌，这种病菌能使人患副伤寒。由于蛋壳上有很多小气孔供胚胎生长呼吸，当蛋陈旧后，壳上膜逐渐失去，壳内膜也由于酶的作用而遭破坏，这时各种病菌就有可能通过小孔进入蛋的内部，为了避免细菌感染，在打去蛋壳前应将鸡蛋清洗消毒。

3. 蛋白、蛋黄对月饼加工工艺的影响

在月饼生产中使用鸡蛋不仅是为了增加营养，而且还要利用鸡蛋的蛋白、蛋黄特有的物理、化学特性，提高面团的加工性能，改善产品口感和外观等。

（1）蛋白的加工性能 焙烤食品工业主要利用蛋白可形成膨松、稳定的泡沫，并融合大量的面粉及糖等功能特性。蛋白融合其他材料所形成的泡沫，必须要维持到焙烤时蛋白质变性形成稳定复杂的蛋白质结构，方能使融合的大量材料不至于沉淀或下陷。

要形成稳定性泡沫，必须要有表面张力小和蒸气压力小的条件存在，同时要求泡沫表面成分必须能形成固形基质。黏度大的成分有助于泡沫初期形成。研究表明，蛋白内的球蛋白具有使蛋液降低表面张力、增加蛋白黏度，使之能被快速打入空气形成泡沫的作用。新蛋白及其他蛋白质在搅拌时，受机械力作用，在泡沫表面变性，形成固化薄膜。

蛋白经搅拌后，蛋白逐渐变为不透明的白色。同时，泡沫的体积及硬度增加。如超过此阶段，泡沫表面固化增加，变性增加，泡沫薄膜弹性减少，蛋白变脆，失去蛋白的光泽，说明已搅拌过度。

（2）蛋黄的加工性能 蛋黄的结构比较复杂，不如蛋白、牛乳、面粉单纯，因此目前的研究对蛋黄的构造及功能的研究还不够深入。但人们从经验知道蛋黄对于焙烤食品的加工工艺主要有以下作用：乳化作用，改善产品组织、延迟老化；凝固作用，保持产品良好形态；膨松作用，具有稳定泡沫的性质。

4. 鸡蛋在月饼生产中的作用

（1）增加月饼皮的酥松度 蛋白是一种亲水胶体，具有良好的起泡性，当蛋白经强烈的搅打，蛋白薄膜将混入的空气包裹起来形成泡沫，又由于蛋白具有一定的黏度，加入的原料附着在蛋白泡沫四周，使泡沫变得浓厚坚实，增加了泡沫的机械稳定性，增加了面团的膨胀力和体积。同时，蛋黄中含有许多磷脂，是一种天然乳化剂，能使油、水与其他原料均匀地分布到一起，搅打时又能提高面团包含气体的能力。

（2）增加产品的营养价值 蛋制品中含有丰富的营养成分，它含有人体所有需要的各种氨基酸、维生素和矿物质，而且蛋在人体内的消化吸收率可高达98%。

（3）增进月饼的色、香、味 加有蛋制品的月饼面团，在烘烤使较易上色。这是因为蛋制品中蛋白质与糖在焙烤时发生了美拉德反应。另外，该反应还具有一定的抗氧化作用，有助于产品的储藏。

（五）疏松剂

月饼要获得多孔状的疏松结构与食用时的松酥口感，就要添加疏松剂，如油酥皮月饼、蛋调皮月饼、水调皮月饼等。一般用于月饼中的疏松剂是化学疏松剂，如苏打与发酵粉，而月饼中一般不使用酵母作为疏松剂，是由于多数月饼是

多糖多油脂不利于酵母生长繁殖，另外使用化学疏松剂操作简便、不需发酵设备、可缩短生产周期。

1. 疏松剂的作用

（1）食用时易于咀嚼　疏松剂能增加制品体积，产生松软的组织。

（2）增加制品的美味感　疏松剂使产品组织松软，内部有细小孔洞，因此食用时，唾液易渗入制品的组织中，溶出食品中的可溶性物质，刺激味觉神经，感受其风味。

（3）利于消化　食品经疏松剂作用成松软多孔结构，进入人体内，如海绵吸水一样，更容易吸收唾液和胃液，使食品和消化酶的接触面积增大，提高了消化率。

2. 常用化学疏松剂

（1）小苏打　小苏打也称苏打粉，是最基本的一种化学疏松剂。化学名称为碳酸氢钠，白色粉末，分解温度为 $60 \sim 150℃$，产生气体量为 $261 cm^3/g$。受热时的反应式为：

$$2NaHCO_3 \longrightarrow Na_2CO_3 + CO_2 \uparrow + H_2O$$

碳酸根在有机酸、无机酸、酸性盐存在时，则发生中和反应产生二氧化碳，二氧化碳使制品产生疏松效果。

小苏打分解时产生的碳酸钠，残留于食品中往往会引起质量问题。若使用量过多，则会使月饼碱度升高，口味变劣，内部呈暗黄色（这是由于碱和面粉中的黄酮醇色素反应成黄色）。如果苏打粉单独加入含油脂月饼内，分解产生的碳酸钠与油脂在焙烤的高温下发生皂化反应，产生肥皂，苏打粉加得越多，产生肥皂越多，烤出的产品肥皂味重，品质不良，同时使月饼 pH 增高、月饼内部及外表皮颜色加深、组织和形状受到破坏。一般在工厂中常用调配好的发酵粉，即小苏打与有机酸及其盐类混合的酥松剂。

（2）碳酸氢铵和碳酸铵　碳酸氢铵和碳酸铵在较低的温度（$30 \sim 60℃$）加热时，就可以完全分解，产生二氧化碳、水和氨气。因为所产生的二氧化碳和氨都是气体，所以疏松力比小苏打和其他疏松剂都大。产生气体量 $700 cm^3/g$，为小苏打疏松力的 $2 \sim 3$ 倍。其分解反应式如下：

$$NH_4HCO_3 \longrightarrow NH_3 \uparrow + CO_2 \uparrow + H_2O$$
$$(NH_4)_2CO_3 \longrightarrow 2NH_3 \longrightarrow + CO_2 \uparrow + H_2O$$

由于其分解温度过低，往往在烘烤初期，即产生极强的气压而分解完毕，不能持续有效地在饼坯凝固定型之前连续疏松，因而不能单独使用。

使用时还应注意的是，碳酸铵和碳酸氢铵的加热分解物虽然基本相同，但由于其分解温度不同，所以使用方法也不同。碳酸铵比碳酸氢铵分解温度低，所以在加工操作中，温度比较高的面糊或面团，使用碳酸氢铵较为理想。

（3）发粉　为了克服以上疏松剂的缺点，1895 年美国人首先研制出了性能更好的，专用来胀发食品的一种复合疏松剂，称为发粉，也称泡打粉、发泡粉。其成分一般为苏打粉配入可食用的酸性盐，再加淀粉或面粉为充填剂而成的一种混合化学药剂，规定发粉所产生的二氧化碳不能低于发粉重量的12%，也就是100g的发粉加水完全反应后，产生的二氧化碳不少于12g。而且含有碳酸根的碱性盐只能用苏打粉，不能使用其他含有碳酸根的碱性盐。发粉中的酸性成分和苏打遇水后发生中和反应，释放出二氧化碳而不残留碳酸钠，其生成残留物为弱碱性盐类，对蛋糕等制品的组织不会产生太大不良影响。

一般与小苏打一起使用的有机酸为柠檬酸、酒石酸、乳酸、琥珀酸等。苏打粉与各种不同的酸性反应剂作用，必须达到完全中和，才不会影响产品的香味、组织、颜色及滋味。

发粉按反应速度的快慢或反应温度的高低可分为快性发粉、慢性发粉和双重反应发粉。由于规定发粉中的碱性盐只能使用苏打粉，因此唯一能控制发粉反应快慢的方法，是选择不同酸性盐来调配。酸性盐与苏打粉反应的快慢，由酸性盐的氢离子解离的难易程度所决定，因此利用酸性盐解离的特性，而调配成各种反应速度不同的发粉。

（六）果料

月饼中也会用到果料，以增加产品的滋味，同时果料本身独特的香味也有助于提高产品的风味，增加月饼的营养价值。果料在焙烤食品中的作用主要表现在：一是提高制品的营养价值。果品中含有人体所需的矿物质、维生素、有机酸、糖等，其糖制品含糖更多，加之果仁含较多的脂肪，还有些成分对人体有疗效作用，因此，将它们加入面食制品中也就自然增加了制品的营养价值，提高了食品质量；二是改善制品的风味，不同的果料，都有各自的独特的风味，将它们加入制品中，都能显现出各自的香气和香味，特别是含芳香物质较多的果料更使制品风味提高，促进人们的食欲；三是调节和增加制品的花色品种。焙烤食品的花色品种许多是以糖制品和果仁的形、香、味来调节和命名的。

月饼常用果料有子仁、果仁、干果、水果、蜜饯、花料、果酱等。

1. 子仁和果仁

子仁和果仁含有较多的蛋白质和不饱和脂肪酸，营养丰富、风味独特，被视为健康食品，广泛用作面食制品馅料、配料（直接加入到面团或面糊中）、装饰料（装饰产品的表面）。常用的子仁主要有花生仁、芝麻仁和瓜子仁；常用的果仁有核桃仁、杏仁、松子仁、榛子仁、椰蓉等。

在实际生产中，应选用无杂质、无变味、色泽适宜、无烘烤过度的果仁。使用果仁时应除去杂质，有皮者应焙烤去皮，注意色泽不要烤得太深。由于果仁中含油量高，而且以不饱和脂肪酸含量居多，因此容易酸败变质，应妥善保存。

（1）花生仁　又称长生果、落花生，花生脱壳、干燥后即为花生仁。我国的花生仁按纯质率分等。纯质率是指花生净仁质量（其中不完善粒折半计算）占试样质量的百分率。不完善粒是指：未熟粒、破碎粒、虫蚀粒、生芽粒、损伤粒及超过规定限度的整半粒等不完整粒但有使用价值的颗粒。

花生仁的等级指标：纯质率的最低指标：一等为96.0%，二等为94.0%，三等为92.0%，四等为90.0%，五等为88.0%。花生仁以三等为中等标准，低于五等的为等外花生仁。花生仁中的整半粒限度为10.0%。

各等级花生仁的质量指标为：杂质不超过1.0%；水分含量一般地区不超过9.0%，南方三省区（广东、广西、福建）不超过8.0%；具有花生仁正常的色泽和气味。

烤花生仁是以花生仁为主要原料，经浸泡、静置、烘烤而制成的带红衣或不带红衣的花生仁。面食制品中常用的是不带红衣的花生仁。

（2）芝麻仁 按颜色分为白芝麻、黑芝麻、其他纯色芝麻和杂色芝麻四种。白芝麻的种皮为白色、乳白色的芝麻在95%以上；黑芝麻的种皮为黑色的芝麻在95%以上；其他纯色芝麻的种皮为黄色、黄褐色、红褐色、灰等颜色的芝麻在95%以上；不属于以上三类的芝麻均为杂色芝麻。

按GB/T 11761—2006规定，芝麻以净籽纯质率定等，分为三个等级。纯质率是指净试样质量（其中不完善粒折半计算），占试样质量的百分率。其中不完善粒包括未熟粒、虫蚀粒、破损粒、霉变粒等籽粒不完善但尚有使用价值的颗粒。

各等级芝麻质量指标：净籽纯质率的最低标准：一等为98.00%，二等为96.00%，三等为94.00%；各等级芝麻的杂质（包括筛下物、无机杂质、有机杂质等）不超过2.0%；水分含量不超过8%；具有芝麻正常的色泽和气味。

良质芝麻应是色泽鲜亮而纯净；籽粒大而饱满，皮薄、嘴尖而小，籽粒呈白色；具有芝麻固有的纯正香气和固有的滋味。

芝麻用于面食制品时，需经炒熟或去皮，芝麻皮有涩味，且无光泽，因此白芝麻还需去皮。黑芝麻取其色，故一般不去皮。

芝麻炒熟前均需淘洗，除去泥沙，然后在水中浸泡约10min，捞出后摊凉，晾干水分后即可焙炒。先将铁锅烧热，投入约250g的湿芝麻，用高粱穗制成的刷扫，在锅内旋炒约0.5min，芝麻炒至微黄、籽粒膨胀、听芝麻爆裂声将近时，从锅内扫入簸箕中，冷却即可。

芝麻去皮的方法是将淘洗后保湿半小时的芝麻，放入卧式挑粉机或立式搅拌机内，开慢挡搅拌15~20min，取出放在竹筛上，沉入水中，皮衣即漂浮除去。如不需炒熟，等吹干后去皮，稍加晾晒，存放使用。

（3）瓜子仁 瓜子仁有西瓜子、葵花子等种类。良质的瓜子应该是粒片或籽粒较大，均匀整齐，无瘪粒，干燥洁净。经加工去皮后，具有特殊的香味。

葵花子根据其粒特征和用途可分为油用葵花粒和普通葵花粒两类。油用葵花子粒小、壳薄，皮色多为黑色，含油量较高；普通葵花子粒大、壳厚，含油量较低。按葵花子粒的质量标准 GB/T 11764－2008《葵花子》中规定，各类葵花子以纯仁率分为三个等级，纯仁率是指葵花子脱壳后的籽仁质量（其中不完善粒折半计算）占净试样的百分率。其中不完善粒包括虫蚀粒、破碎粒、生芽粒、霉变粒、病斑粒等不完善粒但尚有使用价值的颗粒。

各等级葵花粒的质量指标：普通葵花籽纯仁率最低指标一等为 55.0%，二等为 52.0%，三等为 49.0%；各等级葵花籽的杂质（包括筛下物、无机杂质、有机杂质等）不超过 1.5%；水分含量不超过 11%；具有葵花子正常的色泽和气味。

（4）核桃仁　核桃又名胡桃，是重要的坚果。核桃去外壳后即为核桃仁。核桃可分为棉仁核桃和夹仁核桃。棉仁核桃品质好，其特点是色纯、皮薄、仁满、内隔少，棉仁核桃容易取出核仁，核仁可呈"双蝶"仁整个取出；夹仁核桃的特点是色泽较暗、皮厚、仁瘦、内隔多，核桃仁不易取出，剥出的仁也多半是破碎的。

核桃仁脂肪含量较高达 50%～70%，主要成分是亚油酸甘油酯，蛋白质含量 15.4%，糖类含量 10%，此外还含有一定量的钙、铁、磷、核黄素等，是营养丰富，深受人们喜爱的食品。

优等品核桃品质应是果实成熟，壳面洁净，呈自然黄白色，桃仁饱满，仁皮黄白色，出仁率 50% 以上，无杂质。个头在每千克 70 个以内，果实侧径 36mm 以上，个头均匀。残伤情况为无虫蛀、出油、霉变异味等果，空壳果、破损果两项不超过 0.2%，黑斑果不超过 1%。核桃和去外壳而未加工的核桃仁的卫生标准参见 GB 16326—2005《坚果食品卫生标准》。

核桃仁有一层苦涩的外衣，核桃仁本身也略带涩味，去苦涩的方法如下：将核桃仁在 80～90℃ 的热水中浸泡 8～10min，并用铁丝笊篱上下搅动 2～3 次，然后倾去水，用清水洗 2min，捞起后放入笼筐内，滤去水分，再摊放于竹筛上厚 1.5～2cm，最后堆放烤房在 50～60℃ 的热空气中焙干 10～12h，中间翻搅 1～2 次，使核桃仁含水量为 2%～5%，冷却后即可除去大部分苦涩味。

油炸核桃仁是将已在热水中浸泡过的核桃仁，滤去水分后投入油锅中炸两三个翻身，捞出后摊开散热，否则核桃仁易焦化。

核桃仁含油较高，易发生油脂渗析、氧化酸败，且在夏季易生虫，因此，要注意核桃仁的妥善保存。

（5）杏仁　杏仁是杏子核的内果仁，肉色洁白但不宜直接食用。

杏仁中含油脂较多，具有特殊的芳香风味。同时再去外皮加强味道及增加咀嚼性方面，杏仁比其他坚果更优越。杏仁是抗氧化剂维生素 E 和镁的重要来源，并富含钙、核黄素、铜和磷，杏仁含近 12% 纤维素和 20% 较均衡氨基酸的蛋白质。

杏仁有甜杏仁和苦杏仁之分。其区别主要在于所含苦杏仁苷及含油量的不同。甜杏仁不含或仅含 0.1% 苦杏仁苷，而含脂肪为 45%～67%，平均 59%；而苦杏仁中含有 2% ~4% 苦杏仁苷，35.5% ~62.5% 杏仁油、蛋白质以及各种游离氨基酸；此外，苦杏仁含氢氯酸较高，但其香气较为浓烈。甜杏仁中氢氰酸的含量较低，约为苦杏仁的 1/3。

杏仁含有的许多植物化学物质具有保健功能。研究证实，常吃杏仁可减少冠心病发病率。杏仁在减少低密度脂蛋白（LDL）血清胆固醇水平的同时，不影响高密度脂蛋白（HDL）水平，故有心血管保健作用；而且能有效地调节与糖尿病有关的胰岛素和葡萄糖代谢。

杏仁的外衣有涩味，其去皮方法是：去壳杏仁浸泡于 90℃ 热水中 4~5min，随后通过蒸汽室，再通过辊轧去皮，并以高压水冲去外皮，最后低温干燥至水分含量 3% 左右，发出特有清香后冷却即可使用。

炒杏仁是先将杏仁在沸水中泡 4~5min（不加火），捞出，另用白沙子在锅中加火炒烫，然后放入浸泡过的杏仁，炒 15~20min，至杏仁呈微黄色或象牙色，即可出锅，放于铁丝筛上，筛去沙子，并将杏仁摊开、散热。稍冷后，外衣即发脆，挫去外皮衣，即为炒杏仁。

（6）松子仁　松子仁是松子的籽仁，有明显的松脂芳香味，制成的焙烤食品则具有独特的风味。优质的松子仁要求粒形饱满、色泽洁白不泛黄、入口微脆带肥、不软，无哈喇味；使用前要求除去外皮。松子仁含有大量的蛋白质、磷、钙、铁等营养成分，其油脂含量甚高，油脂中的不饱和脂肪酸很多，极易氧化酸败，夏季更应该注意保藏。

（7）榛子仁　榛子为高大乔木的种子，种子分野生和栽培两种。野生的榛子，子小肉瘦；培育的榛子，子大肉厚，外形略似杏仁。

榛子近似球形，直径为 0.7~1.5cm，淡褐色，所含营养成分极为丰富，果仁含脂肪 50% ~70%，蛋白质 16% ~18%，糖类 16.5%，还含有人体所需的各种氨基酸。每 100g 果仁含钙量高达 316mg、铁 8.3mg，此外还含有一些维生素。榛子性味甘、平，有调中、开胃、滋养气血、明目之功。

榛子焙炒后去除榛子外衣得榛子仁，榛子仁的颜色可以从灰白至棕色，根据焙炒程度而异。榛子仁肉质较硬，有较好的香味。

（8）椰蓉和椰丝　椰蓉是新鲜椰子仁肉经干燥后制成的产品。椰子果实在收获后破裂、浸泡于水中，然后切开、水洗，脱除外壳，去除深色外衣，再切成碎片，在 90℃ 下干燥，最后经摇摆式筛网分级后即得椰蓉。如将椰子仁肉切成细丝，即为椰丝，或经糖浸、糖煮后可制成糖椰丝。

椰蓉或椰丝成品要求色泽洁白，微有油润感，有椰子特有的香味，无哈喇味。椰蓉焙炒后呈棕黄色、香味增加。炒椰丝是将干椰丝放于铁锅里，用慢火炒成黄色。椰子粉则是将椰丝略炒，出锅后稍冷，碾成粉。

2. 干果与水果

干果又称果干，是新鲜水果经脱水干燥后所得的产品，先是选择无腐烂、无病虫害的新鲜水果，经清洗和切片、去核等修整，然后用一定的化学药物处理（如桃子和苹果要用亚硫酸以防止褐变；葡萄要用乙酰单甘酯处理，以防结块或黏结），最后通过日晒或吹热风等方法进行干燥。果干因经过干燥，水分大大减少，有利于防止微生物的生长，而且果干热量值高，能提供丰富的矿物质元素。月饼生产中常用的干果有葡萄干、桂圆、柿饼等。

（1）葡萄干 由无核葡萄经自然干燥或通风干燥而成的干果食品。良质葡萄干质地柔软，肉厚，干燥，味甜，含糖分多，可表现为青绿到苍褐色的一系列颜色。

（2）桂圆是以新鲜桂圆经晾晒等干燥工艺加工而制成的干果食品。良质桂圆大小均匀，壳硬而洁净，肉质厚软，核小，味道甜，煎后汤液清口不黏。

（3）柿饼是在柿子充分黄熟，肉质坚硬而未软时采取，经晾晒、捏饼等工序加工制成的干果食品。良质柿饼色泽鲜黄，表面白霜多，洁净，肉厚，味甜适度。

葡萄干等干果食品的卫生标准参见 GB 16325—2005《干果食品卫生标准》。

月饼生产中最常用的水果有大枣、山楂：

（1）大枣 大枣有红枣和黑枣之分。红枣根据果型和个头，可分为小红枣和大红枣。红枣味甘、性温、入脾胃经。

优质的红枣应该是果形饱满，具有本品种应有的特征，个大均匀；肉质肥厚，具有本品种应有的色泽，身干，手握时不粘手，杂质不超过 0.5%；无霉烂、浆头，无不熟果，无病虫，虫果、破头两项不超过 5%。焙烤食品中常用红枣加工成枣泥，作面食制品的馅。

（2）山楂 山楂历来用于健脾胃和消积食，具有一定的生理功能。良质山楂果形整齐端正，无畸形，果实个大而均匀；果皮呈鲜艳的红色、有光泽、不皱缩、没有干疤、虫眼和外伤；具有清新的酸甜滋味。

山楂在焙烤食品中大多先制成山楂酱或山楂糕（又称金糕），然后制成馅料。

3. 蜜饯

蜜饯是以干鲜果品、瓜蔬等为主要原料，经糖渍蜜制或盐渍加工而成的食品。其含糖量为 40%～90%。多用于面食制品的馅料加工及作为装饰料使用，在西点中直接加入面团或面糊中使用。

蜜饯按其形状特点、加工方法的不同可分为：糖渍蜜饯、返砂蜜饯、果脯、凉果、甘草制品和果糕。

（1）糖渍蜜饯 原料经糖渍蜜饯制后，成品浸渍在一定浓度的糖液中，略有透明感。如糖青梅、蜜樱桃、蜜金橘、糖化皮榄等。

（2）返砂蜜饯 原料经糖渍、糖煮后，成品表面干燥，附有白色糖霜。如冬瓜条、金丝蜜枣、糖橘饼、红绿丝、白糖杨梅等。

① 冬瓜条：冬瓜条又称冬瓜糖条，是以鲜冬瓜为原料，经去皮、切条、石灰水浸泡硬化、清洗、烫漂、浸泡后，进行糖渍、糖煮、上糖粉后即为成品。要求

瓜条大小均匀，长 4cm，呈四方形，粗细如食指，成白色，内部滋润，表面略硬，甜味纯正，爽口化渣，有冬瓜味，无异味，不返潮，不缩身。要求成品含糖为 75% ~78%，含水分 18% ~20%，还原糖 <3%。

② 糖橘饼：糖橘饼是以柑橘类为原料，加白砂糖，经割缝、糖煮、干燥等工艺加工制成，包括金橘饼。糖橘饼的保质期不低于 6 个月。糖橘饼的质量标准参见 SB/T 10056-1992《糖橘饼》，要求其色泽呈橘红或黄色，金橘饼允许有少量绿色，色泽基本一致；呈扁圆形，果型基本完整、饱满、划纹均匀，饼身干爽，表面有糖霜；甜味爽口，具有原果风味，无异味；不允许外来杂质存在。要求成品水分 ≤20%，总糖 <80%。

③ 红绿丝：红绿丝也称青红丝，是以鲜柑橘皮为原料，经清洗、切丝、浸渍除去苦味，加食用着色剂将一半染成绿丝、一半染成红丝，糖渍后拌糖粉或糖煮，晾干即为成品。红绿丝要求成品色泽鲜艳，透明，有一定韧性。

（3）果脯　经糖渍、糖制后，经过干燥，成品表面不黏不燥，有透明感，有糖霜析出。如苹果脯、杏脯、桃脯、梨脯、枣脯、青梅等。

① 苹果脯：苹果脯是采用新鲜苹果经切瓣、去核、糖煮、干燥等工艺加工而成。苹果脯的保质期不低于 12 个月。其质量标准参见 SB/T 10085—1992《苹果脯》，苹果脯要求其色泽为浅黄、橙黄、或黄绿，基本一致，有透明感；块形完整、基本一致，组织饱满，质地柔软、有韧性，不定糖、不流糖；酸甜适口，具有原果味，无异味；不允许有外来杂质。成品水分含量为 16% ~20%，总糖含量 60% ~70%。

② 杏脯：杏脯是采用鲜杏切半、去核、糖煮、干燥等工艺加工而成。杏脯的保质期不低于 12 个月，杏脯的质量标准参见 SB/T 10086—1992《杏脯》，要求其色泽为浅黄、黄、橙黄色、色泽基本一致，有光泽；片形完整、大小基本一致，不流糖、不定糖，质地柔软，有行韧性；甜酸适口，具有原果味，无异味；不允许有外来杂质。成品水分含量为 17% ~20%，总糖（以转化糖计）含量 60% ~68%。

③ 青梅：青梅又称青梅脯，是将青杏用食盐水腌制后去核，先用清水浸泡脱盐，再用明矾和亚硫酸氢钠水溶液浸泡，然后经糖渍、糖煮、整形后培干即为成品。青梅呈扁圆整形，色泽碧绿，果形饱满，质地柔软，半透明，有弹性，口味酸甜。成品的水分含量为 16% ~18%，含糖 60% ~65%。

（4）凉果　原料在糖渍或糖煮过程中，添加糖味剂、香料等，成品表面呈干态，具有浓郁香味。如雪花应子、柠檬李、丁香榄、福果等。

（5）甘草制品　原料采用果坯，配以糖、甘草和其他食品添加剂，经浸渍处理后，进行干燥，成品有甜、酸、咸等风味。如话梅、话李、九制陈皮、甘草榄、甘草金橘等。

（6）果糕　原料加工成酱状，经浓缩干燥，成品呈片、条、块等状。如山楂糕、金糕条、山楂饼、果丹皮等。

4. 花料

花料是鲜花制成的糖渍类果料。面食制品中常用的花料玫瑰、糖桂花等，它们多作用各种馅心或装饰外表，桂花配入蛋浆时可起到除腥作用。

（1）糖桂花　选用颜色金黄、香味浓郁的鲜桂花，放入盛有浓糖汁的坛中浸渍，即为成品。

（2）甜玫瑰　先经过盐渍制成咸桂花，将咸桂花水分榨除后，再将鲜玫瑰花进行挑选，除去花芯后，用糖揉搓，放入缸中，放一层花，撒一层糖，装满缸后密封发酵，在发酵过程中需要捣缸和加糖，一般发酵 2～3 个月即可使用。

5. 果酱

果酱包括苹果酱、桃酱、杏酱、草莓酱、山楂酱及什锦果酱等，干果泥则有枣泥、莲蓉、豆沙等，果酱和干果泥大都用来制作月饼的馅料。

（1）苹果酱　是以鲜苹果为原料，经去籽、破碎或打浆、加糖浓缩等工艺制成。苹果酱的保质期不低于 6min。苹果酱的质量标准参见 SB/T 10088—1992《苹果酱》，其技术要求其色泽呈浅绿色、浅黄色、琥珀色或棕红色，同一批产品色泽均匀一致；酱体呈胶黏状，块状酱保持部分果块，泥状酱无果块，稍流散，不分泌汁液，无糖的结晶；具有苹果酱应有的芳香及风味，甜酸适口，无焦糊味或其他异味，不允许外来杂质存在。

可溶性固形物含量≥62%，总糖含量≥45%，食品添加剂指标按 GB 2760—2011 标准执行。苹果酱的卫生指标按照 GB 11671—2003 标准执行。

（2）山楂酱　是以山楂为原料，经去籽、破碎或打浆、加白砂糖浓缩制成。山楂酱的质量指标参见 SB/T 10059—1992《山楂酱》，其技术要求其色泽呈均匀一致的黄褐色、淡红色或红褐色；酱体呈胶状，酱块应有部分果块，泥酱无果块，酱体徐徐流散时无汁液析出；具有山楂酱应有的风味，甜酸适口，有原果风味，无明显焦糖味，无异味；不允许外来杂质存在。

可溶性固形物≥48%，总糖量≥45%；卫生指标按 GB 11671—2003 标准执行。

（3）枣泥　取新鲜大枣，拣出杂质，剔除病虫、腐烂果，用水洗净后，加入质量为大枣量 40%～50% 的水，煮至果肉软烂、捣成泥状，用细筛滤出果肉，除去皮、核，使质地均匀细致。加果肉量 50% 的砂糖，浓缩至可溶性固形物达 65% 时取出冷却，即为成品。

（七）着色剂

在月饼工业生产中，一些特色品种中常加入着色剂，又称食用色素。色素有助于增进产品的外观，使之鲜艳悦目，色调和谐，从而增加食欲。常用的食用色素大致可分为天然色素和合成色素两大类。

1. 合成色素

（1）苋菜红　又称酸性红、杨梅红、蓝光酸性红等，属于偶氮色素。紫红色粉末，易溶于水，0.01%水溶液为玫瑰红色。对柠檬酸、酒石酸稳定，碱性溶液中变暗红色。耐光性、耐热性、耐盐性、耐酸性良好。耐氧化性、耐还原性差。遇铁、铜褪色。易被细菌分解，不适合用于发酵食品中，但在不发酵的月饼中能很好的保持色泽。最大使用量为0.05～0.10g/kg。使用时需注意，用蒸馏水或去离子水溶解，不可曝晒。

（2）胭脂红　又称大红，属于偶氮色素。呈红色或深红色均匀粉末或颗粒。易溶于水，难溶于乙醇，溶于甘油，不溶于油脂。耐光、耐热、耐酸性强，耐还原性弱，遇碱变褐色，耐细菌性差。着色力弱。最大使用量为0.025～0.10g/kg。

（3）柠檬黄　又称酒石黄，酸性淡黄，属于偶氮类色素。呈橙黄色粉末，易溶于水，0.1%水溶液为黄色。在柠檬酸、酒石酸中稳定，遇碱稍变红。耐光、耐热、耐盐性好，耐氧化、还原性差。易着色，坚牢度高。最大使用量为0.02～0.10g/kg。

（4）靛蓝　又称食品蓝、酸性靛蓝、磺化靛蓝等，属于非偶氮类色素。深蓝紫色粉末，易溶于水。对热、光、酸、碱、氧化、还原均敏感，耐盐性及耐细菌性较弱。着色力强。最大使用量为0.01～0.20g/kg。

2. 天然色素

（1）胡萝卜素　β-胡萝卜素是胡萝卜素中的一种最普通的异构体。以异戊二烯残基为单元组成的共轭双键，属多烯色素。它是一种紫红色或暗红色晶体粉末。不溶于水，溶于乙醇溶液，稀溶液呈橙黄或黄色，浓度增大时呈橙色至橙红色。对光、热、氧不稳定，不耐酸，但对弱碱性比较稳定，不受抗坏血酸等还原剂的影响，重金属离子尤其是铁离子可促使褪色。其对油脂性食品着色性能良好。

目前，市售商品为化学合成法生产。胡萝卜素也可利用发酵法或从天然物中提取，如用三孢布拉氏霉发酵淀粉等原料，或从胡萝卜、花椒、蚕粪、盐藻等中提取。

胡萝卜素用于油性食品，可先将其溶于食用油中，通常配制成30%β-胡萝卜素的植物油悬浊液或乳化液以代替油溶性焦油系着色剂。β-胡萝卜素容易氧化，应密闭置于冷处保存。

（2）焦糖　又称焦糖色或酱色，是糖类物质在高温下脱水、分解和聚合而成，为许多不同化合物的复杂混合物。按生产方法分为四类：

① 普通焦糖：将食品级的糖类和葡萄糖、转化糖、乳糖、麦芽糖浆、糖蜜、淀粉水解物和蔗糖等，在121℃以上高温热处理使之焦化制成。

② 亚硫酸钾钠焦糖：在亚硫酸存在下加热制得的焦糖。

③ 氨法焦糖：在普通法生产的过程中添加氨或铵类化合催化制得的焦糖。

④ 亚硫酸铵焦糖：在亚硫酸盐或铵类化合物两者作用下制得的焦糖。我国批准使用①②④三种。

焦糖是深褐色或黑色液体或固体,稀释一定浓度的水溶液为红棕色。溶于水,有特殊的甜香气和愉快的焦苦味、对光和热稳定、有胶体特性,有等电点,依制造方法不同而异,一般在 3.0~4.5。其最大使用量均按生产需要适量使用。

(3)姜黄 又称姜黄色素,是多年生草本植物姜黄的块茎中所含的黄色色素,为二酮类化合物。它是一种橙黄色结晶性粉末,具有姜黄特有的香辛气味。溶于水,中性或酸性条件下呈黄色,碱性条件下呈红褐色。对光敏感,日光照射使黄色迅速变浅,但不影响色调,对热稳定。与金属离子尤其是铁离子可以结合成螯合物,导致变色,易受氧化而变色。耐还原性好。着色力强,尤其对蛋白质着色力强。使用时注意,将本品先用少量95%乙醇溶液溶解后,再加水配制成所需浓度溶液。用于面包、糕点时的最大使用量以姜黄素计为 0.01 g/kg。

(4)栀子黄 属类胡萝卜系列,是一种黄色至橙黄色结晶粉末。易溶于水,不溶于油脂。色调不随 pH 的变化而变化,特别是在偏碱性环境中黄色更鲜艳。在偏酸性环境中可能会发生褐变。耐金属离子、耐光性、耐热性、耐盐性、耐还原性、耐微生物性均较好。但是与铁离子会变黑。对蛋白质及淀粉染着效果好,对亲水性食品有良好的染着力。最大使用量为 0.3 g/kg。

(八)香精和香料

香精和香料是以改善、增加和模仿食品香气和香味为主要目的的食品添加剂。香精香料在月饼馅料配方中较为常见。在月饼中添加香精或香料主要是为了赋予月饼特殊的香味,提高月饼的风味。因此,可以根据不同的月饼种类,选择不同的香精或香料,例如,在菠萝、哈密瓜等水果馅料中添加相应的水果香精。

1. 香精

食用香精是将各种安全性高的可溶性食用香料和稀释剂根据香型的要求调和而成的。在实际月饼生产中人们一般使用更多的香精,即由各种香料调配而成的混合型食用香料。在食品加香中,目前生产上除了橘子油、香兰素等少数产品外,香料一般不单独使用,通常是同数种乃至数十种香料调和起来,才能适合应用上的需要,这种经配制而成的香料称为香精。

香精按其性能可分为水溶性香精和油溶性香精两大类。水溶性香精容易挥发,不适合焙烤食品赋香之用。油溶性香精耐热性比水溶性香精好,因而适用于焙烤食品。除此之外,还有乳化香精、粉末香精、果香基香精、肉味香精、柠檬香精、橘子香精、椰子香精、草莓香精等。

(1)水溶性香精 水溶性香精是用蒸馏水、乙醇、丙二醇或甘油为稀释剂调和成香料而成的。食用水溶性香精应是透明的液体,其色泽、香气、香味与澄清度符合该型号的标样,不呈现液面分层或浑浊现象。本品在蒸馏水中的溶解度一般为 0.1%~0.15%(15%),对20%乙醇的溶解度为 0.2%~0.3%(15%)。食用水溶性香精易挥发,不适合在高温操作下的食品赋香之用。

水溶性香精是将香基与蒸馏水、乙醇、丙二醇、甘油等水溶性稀释剂，按一定比例和适当的顺序互相混溶、搅拌、过滤、着色而成。调好的香精要放置一段时间，称为成熟期，以使其香味更为圆熟。

在调配水溶性香精时，若使用精油类香料，应先适度的除去其中萜类，以改善其水溶性。去萜的方法之一是先将精油、蒸馏水和乙醇在容器中充分搅拌、低温静置，因萜类在乙醇溶液中的溶解度低，所以大部分上浮，而含香的水溶性物质则溶于乙醇溶液中，趁冷加入适当的助滤剂将析出物滤去，这样可将上下层分开，下层放入调和容器中，用于配制香料。

（2）油溶性香精　油溶性香精系用精炼植物油、甘油或丙二醇等作稀释剂调和成香料而成的。食用油溶性香精一般应是透明的油状液体，其色泽、香气、香味与澄清度符合各型号的标样，不呈现液面分层或浑浊现象。但以精炼植物油做稀释剂的食用油溶性香精在低温时会呈现冻凝现象。食用油溶性香精中含较多量的植物油或甘油等高沸点稀释剂，其耐热性比水溶性香精高。

（3）乳化香精　乳化香精是亲油性香基加入蒸馏水与乳化剂、稳定剂、色素调和而成的香精。通过乳化可抑制香精挥发，可使油溶性香味剂溶于水中，节约乙醇、降低成本。但若配制不当可能造成变质，并造成食品的细菌性污染。

（4）粉末香精　粉末香精是使用赋形剂，通过乳化、喷雾干燥等工序制成的一种香精。由于赋形剂（胶质物、变性淀粉等）形成薄膜，包囊住香精，可防止受空气氧化或挥发损失，且储运、使用也方便，特别适用于憎水性粉状食品的加香。

（5）果香基香精　果香基香精是一种只含香料的香基香精，不含稀释剂，使用前加以不同的稀释剂，即可配制成水溶性或油溶性香精，因不含稀释剂，在储藏期内，可使香精加速成熟，并可免除因用植物油而在储藏期内发生酸败变质的损失。果香基香精是食用香精的半成品，不能直接用于食品。对有条件的大型食品厂，使用这种香精可以节约容器和运费，而且可以对它进行再调配，所以使用效果较好。

2. 香料

香料由多种挥发性物质组成，食品中使用的香料也称增香剂，一般是具有发香团的有机化合物。香料按来源可分为天然香料和人工合成香料两大类。

（1）天然香料　天然香料又可分为植物性香料（如柠檬油、橘子油等）和动物性香料（如麝香、龙涎香等），食品生产中主要使用前者。天然香料因制取方法的不同，可得到不同形态的产品。从芳香植物中提制的天然香料有精油、酊剂、浸膏、净油和油树脂等。而香辛料则有些是加工成粉末状的产品使用。

天然香料的种类很多，主要用来配制香料。在面食制品中常用的有玫瑰、桂花、洋葱汁以及各种香料油，如橘油类、柠檬类等。

（2）人工合成香料　人工合成香料又称人造香料，是指采用人工方法单离、合成方法制取的香料，包括单离香料和合成香料。单离香料是从天然香料中分离出来的各种单体化合物。合成香料分两类，一种是天然香料，用化学方法合成的，其结构与天然成分一样；另一种是在天然香料中还未发现的成分，但它的香味与天然物相似，或者在调香过程中有特殊作用的化合物。

合成香料一般不单独使用于食品中加香，多数在配制香精后使用。直接使用的合成香料只有香兰素等少数品种。

（3）月饼中常用的食品香料　GB2760—2011《食品添加剂使用标准》中附录 A "食品用香料名单" 的允许使用的食品香料有 827 种，暂时允许使用的食用香料有 163 种，下面介绍几种常用的食用香料。

① 柠檬油：柠檬油主要成分有苧烯（80%）、柠檬醛（2%～5%）、壬醛、十一醛等。呈浅黄色至深黄色，或绿色挥发性精油，具有清甜的柠檬果香气，味辛辣微苦。可与无水乙醇、冰醋酸混溶，几乎不溶于水。蒸馏品为无色至浅黄色液体，气味和滋味与冷磨油相同。可溶于大多数挥发性油、矿物油和乙醇，可能出现浑浊，不溶于甘油和丙二醇。

② 甜橙油：甜橙油有冷磨油、冷榨油和蒸馏油三种，主要成分为苧烯（90%以上）、芳香醇、萜品醇、辛醛、己醛、甜橙醛、邻氨基苯甲酸甲酯等多种成分。冷榨品和冷磨品为深橘黄色或红棕色液体，有天然的橙子香气，味芳香。遇冷变浑浊，与无水乙醇、二硫化碳混溶，溶于冰醋酸。蒸馏品为无色至浅黄色液体，具有香橙皮香气。溶于大部分非挥发性油、矿物油和乙醇，不溶于甘油和丙二醇。甜橙油是多种食用香料主要成分，最大使用量按正常生产需要适量使用，在糕点中的一般参考用量为 430mg/kg。

③ 橘子油：橘子油有冷榨油和蒸馏油两种，主要成分为苧烯、辛醛和芳樟醇等。冷榨油和蒸馏油在理化性质上稍有差异，前者色泽橙红色，香气更接近鲜橘果香；后者为黄色，香气稍逊，两者均溶于大多数非挥发性油、矿物油和乙醇中，微溶于丙二醛，几乎不溶于甘油。甜橙油是多种食用香料主要成分，可用于配制多种香精，最大使用量按正常生产需要适量使用，在糕点中的一般参考用量为 190mg/kg。

④ 八角茴香油：八角茴香油又称大茴香油。为木兰科植物八角茴香的枝叶或果实粉碎后蒸馏而得，内含 80%～95% 反式茴香脑及蒎烯等 15 中成分。本品为无色透明或浅黄色液体，20℃ 以下可有片状结晶。具有茴香脑的特殊香气，味甜。凝固点为 15℃。易溶于乙醇、乙醚和氯仿，微溶于水。本品为允许使用的食用天然香料，可用于配制各种食用香精，最大使用量按正常生产需要而定。在糕点中的参考用量为 230mg/kg。

⑤ 小茴香油：小茴香油即甜小茴香油。主要成分为茴香脑（50%～60%），小茴香酮（10%～20%）、蒎烯、α-苧烯、双戊烯、水芹烯、大茴香醛和茴香酸等。本品为无色或浅黄色液体，具有小茴香的气味，分苦和甜两种。凝固点约为 1 所 5℃，沸点 160～220℃。溶于乙醇和乙醚，微溶于水。本品为允许使用的食

用天然香料，可用于配制各种食用香精，最大使用量按正常生产需要适量使用。常用于糕点、面包中，用量一般为19mg/kg。

3. 香味剂的使用

（1）香味剂香型的选择　香味剂的选择要考虑到产品本身的风味和消费者的习惯。一般应选用与制品本身香味协调的香型，而且加入量不宜太多，不能掩盖或损伤原有的天然风味。

在焙烤食品中常用的香味剂有乳脂香型、果香型、香草香型、巧克力香型等。果香型香料主要有柠檬、橘子、椰子、杏仁、香蕉等。

（2）香味剂种类的选择　香料和香精都有一定的挥发性，对必须加热的食品，应该尽可能在加热后冷却时，或在加工处理的后期添加，以减少挥发损失。食用水溶性香料与食用油溶性香料相比，耐热性较差，更需注意此点。

（3）香精香料在月饼生产中的使用　在月饼生产中，选择与使用香精香料时应注意以下几点：

① 香精香料的选择和使用量：香精香料的使用量要控制适当，用量过少，起不了增香作用，影响效果；用量过多，则会带来触鼻的刺激感，损害产品原有的天然香味，因此，要按香精香料的不同情况决定其用量。选择热稳定性好，耐储藏的香精香料。月饼需经受180~200℃高温烘烤，因此要求香精沸点较高、挥发损失少，以使产品中能最大限度地保留其残存量。生产过程中月饼大多采用较耐高温的油溶性香精。

② 添加方法：香味剂与其他原料混合时，一定要注意搅拌均匀，使香味充分的分布在食品中。在加工时，应充分将香精香料与其他原料混合均匀，应无冻凝、沉淀等现象。

由于香味剂的配方、食品的制作条件千变万化，香味剂加入食品后由于受原料、其他添加剂、加工工艺等影响，香精香料在使用前必须做预备试验，才能找出香味剂使用的最佳条件。

③ 要选用安全性高的香精香料：随着科学技术的不断发展，人们逐渐对各种香料与人体健康之间关系加深认识，重新评价原来所用的添加剂，有的列为禁用，例如香豆素、黄樟素。

④ 保藏条件：香味剂使用时要注意其稳定性。有些香精、香料会因氧化、聚合、水解等作用而变质，在一定的温度、光照、酸碱性、金属离子污染等因素会加速其变质，所以香味剂多采用深褐色的中性玻璃瓶密封包装，且不宜使用橡皮塞。香味剂要储藏在阴凉干燥处，贮藏温度一般以10~30℃为宜。香味剂启封后不宜继续储藏，应尽快用完。

（九）防腐剂

防腐剂是用于保持食品原有品质和营养价值为目的食品添加剂，它能抑制微生物的生长繁殖，防止食品腐败变质而延长保质期。防腐剂的防腐机理：一是干扰微生物的酶系，破坏其正常的新陈代谢，抑制酶的活性；二是使微生物的蛋白质凝固和变性，干扰其生存和繁殖；三是改变细胞浆膜的渗透性，抑制其体内的酶类和代谢产物产物的排除，导致其失活。

月饼中常使用的防腐剂有：

（1）丙酸钙 丙酸钙是一种白色结晶性颗粒或粉末，无臭或略带轻微丙酸气味，对光和热稳定，易溶于水。丙酸是人体内氨基酸和脂肪酸氧化的产物，所以丙酸钙是一种安全性很好的防腐剂。ADI（每日人体每千克允许摄入量）不作限制规定。对霉菌有抑制作用，对细菌抑制作用小，对酵母无作用，常用于面制品，发酵制品等制品中。

丙酸钙作为防腐剂、防霉剂，按我国 GB 2760—2011《食品添加剂使用卫生标准》规定，用于生面湿制品的最大使用量（以丙酸计，下同）为 0.25g/kg；用于面包、糕点、豆制品的最大使用量为 2.5g/kg。

（2）山梨酸 山梨酸是一种不饱和六碳脂肪酸，白色结晶，可溶于多种有机溶剂，微溶于水。其钾、钠盐极易溶解于水，山梨酸及其钾、钠盐被认为是有效的霉菌抑制剂，对丝状菌、酵母、好气性菌有强大的抑制作用，能有效地控制肉类中常见的许多霉菌。由于山梨酸可在体内代谢产生二氧化碳和水，故对人体无害，按我国 GB 2760—2011《食品添加剂使用标准》规定其使用量不超过 1.0g/kg。

（3）双乙酸钠 双乙酸钠是一种新型食品添加剂，主要用于粮食和食品的防霉、防腐、保鲜、调味和改善营养价值。由于它安全、无毒、无残留、无致癌、无致畸变，被联合国卫生组织公认为无毒性物质，应用广泛。

按我国 GB 2760—2011《食品添加剂使用标准》规定，双乙酸钠用于即食豆制品、油炸薯片的最大使用量为 1.0g/kg；用于膨化食品、调味料的最大使用量为 8.0g/kg；用于糕点的最大使用量为 4g/kg。

（4）纳他霉素 纳他霉素是一种天然、广谱、高效安全的酵母菌及霉菌等丝状真菌抑制剂，它不仅能够抑制真菌，还能防止真菌毒素的产生。纳他霉素对人体无害，很难被人体消化道吸收，而且微生物很难对其产生抗性，同时因为其溶解度，通常用于食品的表面防腐。纳他霉素是目前国际上唯一的抗真菌微生物防腐剂。

按我国 GB 2760—2011《食品添加剂使用标准》规定，纳他霉素可作为表面处理的防腐剂用于广式月饼、糕点，其最大使用量为 0.2~0.3g/kg，纳他霉素悬混液喷雾或浸泡残留量小于 10mg/kg。

（5）富马酸二甲酯 富马酸二甲酯化学名称为反丁烯二酸二甲酯，简称 DMF，为白色粉末结晶，熔点为 102~104℃，相对密度 1.37。溶于乙酸乙酯、丙酮及醇类，难溶于水，在常温下能够缓慢升华。具有高效、低毒、广谱抗菌作用。它还具有很强的生物活性，因升华而具有接触灭菌和熏蒸灭菌的双重作用，由于化学稳定性好、作用时间长、能抑制多种霉菌和酵母菌，并有杀虫活性，因此常在月饼防霉中使用。在 pH3 ~ 8 范围内对霉菌有特殊抑制作用。

任务二 ❯ 广式月饼制作工艺

广式月饼特点是选料上乘，皮薄馅丰、滋润柔软、可茶可酒，美味香醇，是人们在中秋之夜，吃饼赏月不可缺少的佳品。

广式月饼的生产工艺流程如下：

原辅料称重 → 预处理 → 浆皮调制 → 分皮 → 包馅 → 成形 → 烘烤 → 冷却 → 包装

一、原料的选择

（一）馅料

广式月饼通常分为硬馅和软馅两种。硬馅一般是各企业自制，其质量控制点主要是掌握所选购的原料要新鲜、干燥、无霉味。五仁类和粉类原料须预先清理并炒熟烤透，否则会导致产品质量下降及影响保质期。选购蛋黄须预先进行防霉处理。软馅大多数企业是选购的，其质量控制点主要是把握所选馅料的新鲜度、纯度、风味及水分含量。有的馅料在开封后，闻有酸味，说明已发酵腐败；有的出现起块或白点，可能是粉料回生或砂糖返砂结晶所引起的。馅料应具备该品种天然的纯香味，揉成团时不粘手，细腻润滑，软硬适中，制成的月饼不开裂。

（二）面粉

最适宜于广式月饼生产用的是低筋粉或月饼专用粉，其湿面筋含量在22% ~ 24%为最佳。面筋含量过高，在和面时会产生过强的筋力，使面团韧性和弹性增大，加工时易收缩变形，操作困难，烘烤后饼皮不够松软和细腻，易发皱，回油慢，光泽差。但过低的面筋含量，因其面粉吸水率低，使面团发黏，缺少应有的韧性、弹性。

（三）糖浆

我国用于月饼生产的糖浆主要是用砂糖熬制而成的转化糖浆，其作用不仅仅体现在提供甜味和调节面团的软硬程度，更主要还表现在以下几个方面：限制和面时面筋的形成；加快成品的回软回油速度；增加月饼烘烤时的上色程度；延长月饼的保质期。

经实验证明，糖浆中果糖和葡萄糖的含量分别达到20%和25%以上时，做出的月饼可以达到令人满意的效果。也就是说，在传统的糖浆熬制工艺下，其转化率需达到75%以上。虽然从理论上计算，若糖浆的浓度为78%，只要转化率达到60%即可符合要求，但由于在熬糖时糖浆的温度时常要超过110℃，这样已被转化成的单糖特别是果糖就很容易受到破坏而损失。因而，在传统的熬糖工艺下很难做到一步到位，即熬好后马上就能用于月饼生产，否则，过度熬制，虽转化率能达到要求，但因糖浆的色泽加深，产生过多的焦糖，严重影响月饼质量。因此，在熬制糖浆时熬到一定的程度，然后冷却，室温下放置15～20d后再使用，在此过程中仍可利用糖浆中的酸，让砂糖慢慢转化而使果糖和葡萄糖含量进一步增加并达到要求。

对于月饼糖浆的质量要求，其浓度、酸度和色泽也很重要。一般来说，浓度76%～82%，pH3.5以上，色泽为淡黄色或棕黄色的糖浆是适宜的。

（四）油脂

油脂在月饼皮中也是一个很重要的原料，其主要功能表现在：产生润滑作用；提供了起酥性，这是因为油脂的疏水性，可限制面团中面筋的形成，加上油脂的隔离作用，使面团弹性韧性下降，可使月饼表皮松软；改善月饼的质构、适口性、风味及增加光泽；提供热量及营养；有防腐能力。

目前，我国许多企业使用的油脂大多为花生油，其主要原因是常温下呈液态，在饼皮中易于流动，烘烤后回油快、光泽好，且具有易于为人接受的风味。

（五）枧水

加枧水的作用主要有：中和转化糖浆中的酸，防止月饼产生酸味而影响口味；使月饼皮的pH达到易于上色的程度；碱水与酸中和时产生的CO_2气体可使月饼适度膨胀，使口感疏松。

在选择枧水时，应以其碱度60左右为好，碱度太低会造成加入量增大而减少糖浆的使用量，影响月饼的质量。

二、制皮

（一）制糖浆

以2kg白砂糖1kg水的比例，先将清水的3/4倒入锅内，加入白砂糖加热煮沸5～6min，再将柠檬酸用少许水溶解后加到糖溶液中。煮沸后改用慢火煮2h左右，煮至温度大约为115℃，用手蘸糖浆可以拉成丝状即可。糖浆制成后需存放15～20d，使蔗糖转化、发酵变软，用这样的糖浆调制的面团质地柔软，延伸性良好、无弹性、不收缩，制品花纹清晰，外皮光洁。操作要点为：

（1）糖浆制作工具的选择　应选用铜锅或不锈钢锅，而不应该选用铁锅或铝锅来加热。因为铁锅或铝锅制作糖浆时，由于温度过高，铝与铁的分子结构不稳定，会起化学反应，使糖浆颜色变黑，影响糖浆的品质。

（2）制好的糖浆需要经过滤处理，糖浆浓度要求78%～80%，糖浆温度要求110～115℃。

（3）完成后的糖浆要求装在塑料桶中，防急冷返砂。糖浆起锅时，桶内一定要擦干，不要直接接触地面，倒入糖浆后不能立即盖上桶盖，要先蒙上一层纱布，等糖浆完全冷却后再盖上盖子防止水汽回落。

（二）制枧水

碱粉 25kg 加小苏打 0.95kg，用 100kg 沸水溶解，冷却后使用。

（三）制皮

面粉过筛，置于台板上围成圈，中间开膛，倒入加工好的糖浆与枧水，先充分混合兑匀后，再加入花生油搅和均匀，然后逐步拌入面粉，拌匀后揉搓，直至皮料软硬适度，皮面光洁即可。操作要点为：

（1）糖浆、枧水、生油必须拌匀，否则皮熟后会起白点。

（2）油与糖浆要充分长时间搅拌才能和好面粉，否则月饼皮容易往外渗油。

（3）注意掌握枧水的用量，多则易烤成褐色，影响外观，少则难以上色。

（4）皮料调制后，要静置 20～30min 方可使用，目的是使面团更好的吸收糖浆及油分，便于制作，但存放时间不宜过长。静置时间过长，面团中的蛋白质将过度吸水涨润，产生过强的韧性。

三、制馅

可按照不同的馅料进行制馅，具体配方如下。

（一）豆沙月饼

砂糖 16 kg、红豆 12 kg、花生油 5.5 kg、糖玫瑰 1.5 kg、面粉 1 kg。

（二）豆蓉月饼

砂糖 15 kg、花生油 3 kg、绿豆粉 10.5 kg、猪油 1 kg、五香粉 0.25 kg、麻油 2.5 kg、精盐 0.1 kg、生葱 1 kg。

（三）枣泥月饼

砂糖 8.25 kg、花生油 6.5 kg、绿豆粉 1.5 kg、黑枣 18.7 kg、熟糯米粉 1.5 kg。

（四）百果月饼

砂糖 9.5 kg、花生油 1.5 kg、糖玫瑰 1 kg、熟糯米粉 2.5 kg、净白膘肉 7.5 kg、橄榄仁 1 kg、瓜子仁 2 kg、核桃仁 2 kg、熟芝麻 2.5 kg、糖冬瓜 2.5 kg、大饼 0.5 kg、大曲酒 0.375 kg、杏仁 0.5 kg、糖金钱橘 1.5 kg。

（五）金腿月饼

砂糖 8.75 kg、花生油 7.5 kg、糖玫瑰 1.5 kg、五香粉 0.175 kg、熟糯米粉 3 kg、净白膘肉 6.75 kg、橄榄仁 1 kg、瓜子仁 2 kg、核桃仁 2 kg、熟芝麻 2 kg、糖冬瓜 1.5 kg、橘饼 1.5 kg、大曲酒 0.125 kg、杏仁 1.5 kg、糖金钱橘 2.5 kg、火腿 1.5 kg、麻油 0.25 kg、胡椒粉 0.175 kg、精盐 0.065 kg。

（六）莲蓉月饼

砂糖 16.875 kg、花生油 6.565 kg、莲子 15 kg、枧水 0.25 kg。

四、包馅

（一）分皮、分馅

先将饼皮及饼馅各分 4 块，皮每块 5kg，馅每块 8kg。皮、馅各分 40 只。

（二）包馅

取皮料，用手掌压扁、压平，广式月饼的皮不能厚，以免烤好花纹消失。然后放馅，一只手轻推月饼馅，另一只手的手掌轻推月饼皮，使月饼皮慢慢展开，直到把月饼馅全部包住为止。

（三）收口

口朝下放台上，稍撒干粉，以防成形时粘印模。

五、成形

把捏好的月饼生坯放入特制的模印内，轻轻压实、压平，压时用力要均匀，使饼的棱角分明、花印清晰。然后将木模敲击台板，小心将饼坯磕出，置于烘盘内，准备烘烤。操作要点：

（1）放入生坯之前，应先在模内刷层油或在月饼模型中撒入少许干面粉，摇匀，把多余的面粉倒出，包好的月饼表皮也轻轻地抹一层干面粉。

（2）敲脱印模时，上下左右都敲一下，就可以轻松脱模了。脱模时要注意饼形的平整，不应歪斜。

六、饰面

将饰面用的鸡蛋打匀，先刷去饼上的干粉，再用排笔在饼面刷上薄薄一层蛋液，增加光泽，注意广式月饼不要刷太多，均匀即可，可以在蛋液上适当加一些色拉油，以增加月饼表面颜色的亮度。

七、烘烤

烘箱下火 150～160℃，上火 200～220℃。在月饼生坯表面轻轻喷一层水，放入烤箱最上层烤 5min 左右，饼面呈微黄后取出刷上蛋液，再入烤箱烤 7min 左右，取出再刷一次鸡蛋液，再烤 5min 左右，饼面呈金黄色、腰边呈象牙色即可。

糖浆皮月饼在进炉前需刷清水，其原理是能在饼皮上形成一层水膜，水膜在烘烤中能使表皮上的干粉湿润，防止烘烤后出现白色斑点；同时还能使表皮变得细腻而光滑，可增加色泽；此外，也可防止表皮过早上色而产生焦糖化。

广式月饼的烤盘应铺垫牛油纸，如果没有牛油纸应少擦一点油，不能过量，否则月饼会泻脚。

烘烤的关键是要正确掌握炉温与时间。五仁月饼的温度最好上火在220℃左右，下火150～160℃，而蓉馅月饼的温度要适当高些，上火约为250℃，下火150～160℃。面火太猛，月饼出炉后表面会裂开，馅内拌有生白膘馅的烘烤时间要适当延长。

八、冷却、包装

烘烤结束后，月饼表面温度可达到170～180℃，出炉后表面立即冷却，但由于内部仍处于高温，使内部水分剧烈向外散发，因此不能立即进行包装，否则包装容器上会凝结许多水珠，在保存过程中易发生霉变。

根据《中华人民共和国产品质量法》和强制性国家标准 GB 7718—2011《预包装食品标签通则》的要求，必须严格按照品种规格，通过紫外灭菌封口机封口，装进包装盒内进行规范包装。

任务三 ❯ 月饼生产质量标准

一、月饼的国家标准和行业标准

（一）范围

国家标准《月饼》（GB 19855—2005）规定了月饼的规范性引用文件、术语和定义、产品分类、技术要求、试验方法、检验规则、标签标志、包装、运输和贮存要求。

（二）规范性引用文件

下列文件中的条款通过本标准的引用而成为本标准的条款。凡是注日期的引用文件，其随后所有的修改单（不包括勘误的内容）或修订版均不适用于本标准，然而，鼓励根据本标准达成协议的各方研究是否可使用这些文件的最新版本。凡是不注日期的引用文件，其最新版本适用于本标准。

GB/T 191—2000《包装储运图示标志》

GB 317—2006《白砂糖》

GB 1355—2005《小麦粉》

GB 2716—2005《食用植物油卫生标准》

GB 2748—2003《鲜蛋卫生标准》

GB 2749—2003《蛋制品卫生标准》

GB 2760—2011《食品添加剂使用标准》

GB/T 4789.24—2003《食品卫生微生物学检验 糖果、糕点、蜜饯检验》

GB/T 5009.3—2010《食品中水分的测定》

GB/T 5009.5—2010《食品中蛋白质的测定》

GB/T 5009.6—2003《食品中脂肪的测定》

GB/T 5737—1995《食品塑料周转箱》

GB/T 6388—1986《运输包装收发货标志》

GB 7099—2003《糕点、面包卫生标准》

GB 7718—2011《预包装食品标签通则》

GB/T 11761—2006《芝麻》

GB 13432—2004《预包装特殊膳食用食品标签通则》

GB 14884—2003《蜜饯卫生标准》

GB 16325—2005《干果食品卫生标准》

GB/T 20883—2007《麦芽糖饴（饴糖）》

国家质量监督检验检疫总局令第 75 号（2005）《定量包装商品计量监督规定》。

（三）术语和定义

1. 月饼（moon cake）

使用面粉等谷物粉、油、糖或不加糖调制成饼皮，包囊各种馅料，经加工而成在中秋节食用为主的传统节日食品。

2. 塌斜（side tallness low）

月饼高低不整平，不正周的现象。

3. 摊塌（superficies small bottom big）

月饼面小底大的变形现象。

4. 露酥（outcrop layer）

月饼油酥外露、表面呈粗糙感的现象。

5. 凹缩（concave astringe）

月饼饼面和侧面凹陷的现象。

6. 跑糖（sugar pimple）

月饼馅心中糖融化渗透至饼皮，制造饼皮破损并形成糖疙瘩的现象。

7. 青墙（celadon wall）

月饼未烤透而产生的腰部呈青色的现象。

8. 拔腰（protrude peplum）

月饼烘烤过度而产生的腰部过分凸出的变形现象。

（四）产品分类

月饼按加工工艺、地方风味特色和馅料进行分类。

1. 按加工工艺分类

（1）烘烤类月饼　以烘烤为最后熟制工序的月饼。

（2）熟粉成形类月饼　将米粉或面粉等预先熟制，然后制皮、包馅、成形的月饼。

（3）其他类月饼　应用其他工艺制作的月饼。

2. 按地方风味特色分类：广式月饼、京式月饼、苏式月饼等。

（五）技术要求

1. 主要原料与辅料

（1）小麦粉　应符合 GB 1355—2005 的规定。

（2）白砂糖　应符合 GB 317—2006 的规定。麦芽糖饴应符合 QB/T 2347 的规定。

（3）食用植物油　应符合 GB 2716—2011 的规定。

（4）鸡蛋　应符合 GB 2748—2003 的规定。

（5）咸蛋黄　色泽橘红或黄色，球形凝胶体，有咸蛋正常气味，无异味。卫生要求应符合 GB 2749—2003 的规定。

（6）蜜饯　应符合 GB 14884—2003 的规定。

（7）干果　应符合 GB 16325—2005 的规定。

（8）芝麻　应符合 GB/T 11761—2006 的规定。

（9）食品添加剂　应符合 GB 2760—2011 的规定。

（10）月饼馅料　具有该品种应有的色泽、气味、滋味及组织状态，无异味，无杂质。不应使用回收馅料。

2. 感官要求

（1）广式月饼

广式月饼感官要求（见表 5 - 1）。

表 5 -1　　　　　　　　　　广式月饼感官要求

项　　目	要　　　求
形　态	外形饱满，表面微凸，轮廓分明，品名花纹清晰，无明显凹缩、爆裂、塌斜、摊塌和露馅现象
色　泽	饼面棕黄或棕红，色泽均匀，腰部呈乳黄或黄色，底部棕黄不焦，无污染

续表

项　　目	要　　求
组织	
蓉沙类	饼皮薄厚均匀，馅料细腻无僵粒，无夹生，椰蓉类馅心色泽淡黄，油润
果仁类	饼皮薄厚均匀，果仁大小适中，拌和均匀，无夹生
水果类	饼皮薄厚均匀，馅心有该品种应有的色泽，拌和均匀，无夹生
蔬菜类	饼皮薄厚均匀，馅心有该品种应有的色泽，无色素斑点，拌和均匀，无夹生
肉与肉制品类	饼皮薄厚均匀，肉与肉制品大小适中，拌和均匀，无夹生
水产制品类	饼皮薄厚均匀，水产制品大小适中，拌和均匀，无夹生
蛋黄类	饼皮薄厚均匀，蛋黄居中，无夹生
其他类	饼皮薄厚均匀，无夹生
滋味与口感	饼皮松软，具有该品种应有的风味，无异味
杂　质	无可见杂质

（2）京式月饼

京式月饼感官要求（见表 5-2）。

表 5-2　　　　　　　　　　京式月饼感官要求

项　　目	要　　求
形　态	外形整齐，花纹清晰，无破裂、露馅、凹缩、塌斜现象，有该品种应有的形态
色　泽	表面光润，有该品种应有的色泽且颜色均匀，无杂质
组　织	皮馅厚薄均匀，无脱壳，无大空隙，无夹生，有该品种应有的组织
滋味与口感	有该品种应有的风味，无异味
杂　质	无可见杂质

（3）苏式月饼

苏式月饼感官要求（见表 5-3）。

表 5-3　　　　　　　　　　苏式月饼感官要求

项　　目	要　　求
形　态	外形圆整，面底平整，略呈圆鼓形；底部收口居中不漏底，无僵缩、露酥、塌斜、跑糖、露馅现象，无大片碎皮；品名戳记清晰
色　泽	饼面浅黄或浅棕黄，腰部乳黄泛白，饼底棕黄不焦，不沾染杂色，无污染现象
组　织	
蓉沙类	酥层分明，皮馅厚薄均匀，馅软油润，无夹生、僵粒
果仁类	酥层分明，皮馅厚薄均匀，馅松不韧，果仁粒形分明、分布均匀，无夹生，大空隙

续表

项 目	要 求
组 织	
肉与肉制品类	酥层分明，皮馅厚薄均匀，肉与肉制品分布均匀，无夹生，大空隙
其他类	酥层分明，皮馅厚薄均匀，无空心，无夹生
滋味与口感	酥皮爽口，具有该品种应有的风味，无异味
杂 质	正常视力无可见杂质

3. 理化指标

（1）广式月饼

广式月饼理化指标（见表5-4）。

表5-4　　　　　　　　广式月饼理化指标

项 目	蓉沙类	果仁类	果蔬类	肉与肉制品类	水产制品类	蛋黄类	其他类
干燥失重/% ≤	25.0	19.0	25.0	22.0	22.0	23.0	企业自定
蛋白质/% ≤	—	5.5	—	5.5	5.0	—	—
脂肪/% ≤	24.0	28.0	18.0	25.0	24.0	30.0	企业自定
总糖/% ≤	45.0	38.0	46.0	38.0	36.0	42.0	企业自定
馅料含量/% ≥	70	70	70	70	70	70	70

（2）京式月饼

京式月饼理化指标（见表5-5）。

表5-5　　　　　　　　京式月饼理化指标

项 目	要 求	项 目	要 求
干燥失重/% ≤	17.0	总糖/% ≤	40.0
脂肪/% ≤	20.0	馅料含量/% ≥	35

（3）苏式月饼

苏式月饼理化指标（见表5-6）。

表5-6　　　　　　　　苏式月饼理化指标

项 目	蓉沙类	果仁类	肉与肉制品类	其他类
干燥失重/% ≤	19.0	12.0	30.0	企业自定
蛋白质/% ≥	—	6.0	7.0	—
脂肪/% ≤	24.0	30.0	33.0	企业自定
总糖/% ≤	38.0	27.0	28.0	企业自定
馅料含量/% ≥	60	60	60	60

（4）卫生指标 按 GB 7099—2003 规定执行。

（六）试验方法

1. 感官检查

取样品一份，除去包装，置于清洁的白瓷盘中，目测形态、色泽，然后取两块用刀按四分法切开，观察内部组织、品味并与标准规定对照，做出评价。

2. 理化指标的检验

（1）馅料含量 取样品三块，分别以最小分度值为 0.1g 感量的天平称净重后，分离饼皮与馅心，称取饼皮重量，按下式计算：

$$X = m/M \times 100\%$$

式中 X——馅料含量，%

m——饼馅重量，g

M——饼总重量，g

并以三块样品算术平均值计。

（2）干燥失重的检验按 GB/T 5009.3—2010 中规定的方法测定。

（3）蛋白质的检验按 GB/T 5009.5—2010 规定的方法测定。

（4）脂肪的检验按 GB/T 5009.6—2003 中酸水解法测定。

（5）总糖的检验按 GB/T 5009.56—2003 规定的方法测定。

3. 卫生指标的检验按 GB 7099—2003 规定的方法测定。

（七）检验规则

1. 出厂检验

（1）产品出厂须经工厂检验部门逐批检验，并签发合格证。

（2）出厂检验项目包括：感官要求、净含量、馅料含量、菌落总数、大肠菌群。

2. 型式检验

按本标准对以下项目进行检验。

（1）季节性生产时应于生产前进行型式检验，常年生产时每六个月应进行型式检验。

（2）有下列情况之一时应进行型式检验 新产品试制鉴定；正式投产后，如原料、生产工艺有较大改变，影响产品质量时；产品停产半年以上，恢复生产时；出厂检验结果与上次型式检验有较大差异时；国家质量监督部门提出要求时。

3. 抽样方法和数量

同一天同一班次生产的同一品种为一批。在市场上或企业成品仓库内的待销产品中随机抽取。抽样件数如表 5-7 所示。

表 5 - 7 抽样件数

每批生产包装件数（以基本包装单位计）	抽样件数（以基本包装单位计）
200（含 200）以下	3
201~800	4
801~1800	5
1801~3200	6
3200 以上	7

（1）出厂检验时，在抽样件数中随机抽取三件，每件取出≥100g 的单件包装商品，以满足感官要求检验、净含量检验、卫生指标检验的需要。

（2）型式检验时，在抽样件数中随机抽取三件，每件取出≥300g 的单件包装商品，以满足感官要求检验、净含量、干燥、失重、总糖、脂肪和卫生指标检验的需要。

（3）微生物抽样检验方法：按照 GB/T 4789.24—2003 的规定执行。

（4）理化检验样品的制备：检样粉碎混合均匀后放置广口瓶内保存在冰箱中。

4. 判定规则

（1）出厂检验判定和复检　出厂检验项目全部符合本标准，判为合格品。

感官要求检验中如有异味、污染、霉变、外来杂质或微生物指标有一项不合格时，则判为该批产品不合格，并不得复检。其余指标不合格，可在同批产品中对不合格项目进行复检，复检后如仍有一项不合格，则判为该批产品不合格。

（2）型式检验判定和复检

① 型式检验项目全部符合本标准，判为合格品。

② 型式检验项目不超过两项不符合本标准，可以加倍抽样复检。复检后仍有一项不符合本标准，则判定该批产品为不合格品。超过两项或微生物检验有一项不符合本标准，则判定该批产品为不合格品。

（八）标签标志

应符合 GB 7718—2011 和 GB 13432—2004 的规定。

1. 月饼名称

（1）应符合本标准"（四）产品分类"的要求。使用"新创名称"、"奇特名称"、"商品名称"、"牌号名称"等时，应同时注明表明产品真实属性的准备名称。不得只标注代号名称、汉语拼音或外文缩写名称。

（2）莲蓉类月饼应标示"纯莲蓉月饼"或"莲蓉月饼"，以示区别。

注：纯莲蓉月饼是指包裹以莲子为主要原料加工成馅的月饼。除油、糖外的馅料原料中，莲子含量为 100%。

（3）蔬菜类月饼应选择标示含量超过馅量总量 25% 或含量最高的蔬菜名称。

（4）当几种月饼混装在一盒时，在标明"新创名称"、"奇特名称"、"商品名称"、"牌号名称"之后，还应注明盒内月饼的具体名称。

2. 配料清单

（1）豆蓉类月饼应标示是何种豆制作的豆蓉。

（2）果仁类月饼应标示所有果仁的名称。

（3）水果类月饼应标示使用的水果名称。

（4）使用着色剂、防腐剂、甜味剂，应按 GB 7718 的规定标注。

（5）当多种月饼产品混装一盒时，可以用一个包括所有产品的总配料清单，也可使用每个产品各自的配料清单。

3. 配料的定量标示

以某种配料作为月饼名称时，应标示其含量。

4. 盒装月饼日期标示

应符合 GB/T 191 和 GB/T 6388 的规定。

（九）包装

月饼包装应符合国家相关法律法规的规定，应选择可降解或易回收，符合安全、卫生、环保要求的包装材料。宜采用单粒包装，包装可有箱装、盒装等形式。包装应能对月饼的品质提供有效保护。

包装成本应不超过月饼出厂价格的 25%；每千克月饼的销售包装容积应不超过 $9.00\text{cm} \times 10\text{cm} \times 10\text{cm}$；包装材质应符合环保要求及食品卫生要求。

（十）运输与贮存

1. 运输

（1）运输车辆应符合卫生要求。

（2）不得与有毒、有污染的物品混装、混运，应防止暴晒、雨淋。

（3）装卸时应轻搬、轻放，不得重压。

2. 贮存

（1）应贮存在清洁卫生、凉爽、干燥的仓库中。仓库内有防尘、防蝇、防鼠等设施。

（2）不得接触墙面或地面，间隔应在 20cm 以上，堆放高度应以提取方便为宜。

（3）应勤进勤出，先进先出，不符合要求的产品不得入库。

二、部分地方风味月饼

1. 京式月饼

以北京地区制作工艺和风味特色为代表的月饼。

（1）提浆类　以小麦粉、食用植物油、小苏打、糖浆等制成饼皮，经包馅、磕模成形、焙烤等工艺制成的饼面图案美观，口感良酥不硬，香味浓郁的月饼。

提浆类月饼感官要求、理化指标分别如表 5 – 8 和表 5 – 9 所示。

表 5 – 8　　　　　　　　　　　提浆类月饼感官要求

项　目	要　　　求
形　态	块形整齐，花纹清晰，无破裂、漏馅、凹缩、塌斜现象，不崩顶、不拔腰、不凹底
色　泽	表面光润，饼面花纹呈麦黄色，腰部呈乳黄，饼底部呈金黄色，不青墙，无污染
组　织	
果仁类	饼皮细密，皮馅厚薄均匀，果粒均匀，无大空隙，无夹生，无杂质
蓉沙类	饼皮细密，皮馅厚薄均匀，皮馅无脱壳现象，无夹生，无杂质
滋味与口感	
果仁类	饼皮松酥，有该品种应有的口味，无异味
蓉沙类	饼皮松酥，有该品种应有的口味，无异味

表 5 – 9　　　　　　　　　　　提浆类月饼理化指标

项　目	指　　　标	
	果仁类	蓉沙类
干燥失重/% ≤	14.0	17.0
脂肪/% ≤	20.0	18.0
总糖/% ≤	35.0	36.0
馅料含量/（%）≥	35.0	

（2）自来白类　以小麦粉、绵白糖、猪油或食用植物油等制成饼皮，冰糖、桃仁、瓜仁、桂花、青梅或山楂糕、青红丝等制馅，经包馅、成形、打戳、焙烤等工艺制成的皮松酥、馅绵软的月饼。

自来白类月饼感官要求、理化指标分别如表 5 – 10 和表 5 – 11 所示。

表 5 – 10　　　　　　　　　　自来白类月饼感官要求

项　目	要　　　求
形　态	圆形鼓状，块形整齐，不拔腰，不青墙，不露馅
色　泽	表面呈乳白色，底呈麦黄色
组　织	皮松软，皮馅均匀，不空腔，不偏皮，无杂质
滋味和口感	松软，有该品种应有的口味，无异味

表 5 – 11　　　　　　　　　　自来白类月饼理化指标

项　目	指　标	项　目	指　标
干燥失重/% ≤	12.0	总糖/% ≤	35.0
脂肪/% ≤	20.0	馅料含量/% ≥	35.0

（3）自来红类 以精制小麦粉、食用植物油、绵白糖、饴糖、小苏打等制成饼皮，熟小麦粉、香油、瓜仁、桃仁、冰糖、桂花、青红丝等制馅，经包馅、成形、打戳、焙烤等工艺制成的皮松酥，馅绵软的月饼。

自来红类月饼感官要求、理化指标分别见表 5 – 12 和见表 5 – 13。

表 5 – 12 　　　　　　　　自来红类月饼感官要求

项　目	要　　求
形　态	圆形鼓状，面印深棕红磨水戳，不青墙，不露馅，无黑泡，块形整齐
色　泽	表面呈深棕黄色，底呈棕褐色，腰部呈麦黄色
组　织	皮酥松不硬，馅利口不黏，无大空腔，不偏皮，无杂质
滋味和口感	疏松绵润，有该品种应有的口味，无异味

表 5 – 13 　　　　　　　　自来红类月饼理化指标

项　目	指　标	项　目	指　标
干燥失重/% ≤	15.0	总糖/% ≤	40.0
脂肪/% ≤	25.0	馅料含量/% ≥	35.0

（4）京式大酥皮类 以精制小麦粉、食用植物油等制成松酥绵软的酥皮，经包馅、成形、打戳、焙烤等工艺制成的皮层次分明，松酥，馅利口不黏的月饼。

京式大酥皮类月饼感官要求、理化指标分别如表 5 – 14 和表 5 – 15 所示。

表 5 – 14 　　　　　　　京式大酥皮类月饼感官要求

项　目	要　　求
形　态	外形圆整，饼面微凸，底部收口居中，不跑糖，不露馅
色　泽	表面呈乳白色，饼底部呈金黄色；不沾染杂色
组　织	
果仁类	酥皮层次分明，包心厚薄均匀，不偏皮，无夹生，无杂质
蓉沙类	酥皮层次分明，包心厚薄均匀，皮馅无脱壳现象，无夹生，无杂质
滋味与口感	
果仁类	松酥绵软，有该品种应有的口味，无异味
蓉沙类	松酥绵软，有该品种应有的口味，无异味

表 5 – 15 　　　　　　　京式大酥皮类月饼理化指标

项　目	指　标	
	果仁类	蓉沙类
干燥失重/% ≤	13.0	17.0
脂肪/% ≤	20.0	19.0
总糖/% ≤	36.0	38.0
馅料含量/% ≥	45.0	45.0

2. 滇式月饼

以云南地区制作工艺和风味特色为代表的一类月饼。

（1）云腿月饼 以面粉、鸡蛋、白糖、食用油脂为主要原料，并配以辅料，经和面、制馅、包馅成形、烘烤等工艺而成的皮酥脆而软、咸甜爽口、火腿味浓的月饼。

（2）串饼类月饼 以面粉、鸡蛋、白糖、食用油脂为主要原料，并配以辅料，按一定工艺制作而成的月饼。

（3）滇式月饼感官要求 云腿月饼和串饼类月饼感官要求应分别符合表5-16和表5-17的规定。

表5-16　　　　　　　　　　云腿月饼感官要求

项　目	要　　求
形　态	凸圆形
色　泽	金黄色，不焦糊
组　织	馅皮分明，不露馅，无杂质
滋味与口感	火腿香味浓郁，无异味

表5-17　　　　　　　　　　串饼类月饼感官要求

项　目	要　　求
形　态	扁　圆
色　泽	浅黄或荞黄色、不焦糊
组　织	表面有自然裂纹
滋味与口感	甜酥，有各种应有的口味，无异味

（4）滇式月饼理化指标 云腿月饼和串饼类月饼理化指标应分别符合表5-18和表5-19的规定。

表5-18　　　　　　　　　　云腿月饼理化指标

项　目	指　　标
干燥失重/% ≤	12.0~16.0
脂肪/% ≤	18.0~28.0
总糖/% ≤	18.0~28.0
馅料含量/% ≥	50.0

表5-19　　　　　　　　　　串饼类月饼理化指标

项　目	指　　标
干燥失重/% ≤	6.0~10.0
脂肪/% ≤	18.0~28.0
总糖/% ≤	18.0~26.0
馅料含量/% ≥	50.0

3. 潮式月饼

（1）潮式月饼 以小麦粉、饴糖、油、水等制皮，小麦粉、油制酥，经制酥皮、包馅、成形、烘烤等工艺加工而成的口感酥脆的月饼，原产于广东潮汕地区。

（2）潮式月饼感官要求如表 5 - 20 所示。

表 5 - 20 潮式月饼感官要求

项 目	要 求
形 态	外形圆整扁平，无露酥、僵缩、跑糖、露馅现象，收口紧密
色 泽	饼面黄色，呈油润感，腰部黄中泛白，饼底棕黄、不焦，不沾染杂色
组 织	
水晶类	微见酥层，饼馅均匀，馅料软而略韧，果料大小适中，无夹生，无杂质
蓉沙类	微见酥层，饼馅均匀，馅料油亮，细腻，无夹生，无杂质
口 味	饼皮酥脆，不粘牙，具有该品种应有的风味，无异味

（3）潮式月饼理化指标 如表 5 - 21 所示。

表 5 - 21 潮式月饼理化指标

项 目	指 标	
	水晶类	蓉沙类
干燥失重/% ≤	12.0 ~ 18.0	13.0 ~ 23.0
脂肪/% ≤	16.0 ~ 26.0	20.0 ~ 28.0
总糖/% ≤	22.0 ~ 32.0	30.0 ~ 40.0
馅料含量/% ≥	50.0	50.0

三、月饼生产常见的质量问题及解决方法

月饼生产的工艺可以说在各个方面都比较成熟，但由于种种原因，在实际生产中不可避免地会出现各种各样的质量问题，如月饼开裂、塌陷、皮陷分离，花纹不清晰等现象。月饼生产过程中存在的问题及常用的解决方法如下。

（一）饼皮脱落、皮馅分离

1. 原因

饼皮与馅料不黏结，发生脱落分离现象主要有以下方面原因：

（1）由于馅料总含油量过高，或是因馅料炒制方法有误，使馅料泻油，即油未能完全与其他物料充分混合，油脂渗出馅料。这种情况会引起月饼在包馅时皮与馅不能很好黏结，烤熟后同样是皮馅分离。

（2）饼皮配方中油分过高，糖浆不够或太稀，也会引起饼皮泻油，进而可能

导致皮馅分离。

（3）炉温过高、操作时撒粉过多等也会引起饼皮脱落。

2. 解决方法

防止饼皮脱落、皮馅分离发生，主要是防止出现泻油现象，如果是馅料泻油，可以在馅料中加入3%~5%的糕粉，将馅料与糕粉搅拌均匀；若是皮料泻油，可在配方中减少油脂用量，增加糖浆用量。另外在搅拌饼皮时应按正常的加料顺序和搅拌程度。

（二）月饼着色上色不佳

月饼的颜色主要取决于两方面，一是饼皮的颜色，其与枧水浓度和用量有关，当饼皮的酸碱度偏酸性时，饼皮着色困难，当枧水用量增加，饼皮碱性增大，饼皮着色快，枧水越多，饼皮颜色越深；二是糖浆的颜色，糖浆过稀，月饼烘烤时不易上色，糖浆转化率过高，又会导致月饼颜色过深；再者，烘烤时间和烘烤温度，以及烘烤所用的设备等都会影响月饼的着色。炉温过低烘烤时间长会使月饼腰部鼓起或爆裂，过高会使表面过早着色，导致焦化或内部烘烤不透，影响保质期。

（三）月饼表面光泽度不够

月饼表面光泽度与饼皮配方、搅拌工艺、打饼技术及烘烤过程有关。配方是指糖浆与油脂的用量比例是否协调，面粉的面筋及面筋质量是否优良。搅拌过度将影响表面的光泽，打面时不能使用或尽量少用干面粉。最影响月饼光泽度的是烘烤过程。

月饼入炉前喷水是保证月饼光泽的第一关；其次，蛋液的配方及刷蛋液的过程也是相当重要的，蛋液的配方最好用2只蛋黄和1只全蛋，打散后过滤去不分散蛋白，静置20min才能使用，刷蛋液时要均匀并多次，并且刷上去的蛋液要有一定的厚度。

（四）月饼回油慢

1. 原因

造成月饼不回油的原因很多，主要有以下几个方面：糖浆转化不够；糖浆水分过少；煮糖浆时炉火温度过猛；柠檬酸过多；糖浆返砂；馅料油少；糖浆、油和枧水的比例不当；面粉筋度太高等。

2. 解决方法

月饼的饼皮是否回油主要取决于转化糖浆的质量、饼皮的配方及制作工艺。

（1）转化糖浆的质量　糖浆的质量关键在其转化度和浓度。转化度是指蔗糖转化为葡萄糖和果糖的程度，转化度越高，饼皮回油越好。影响转化度的因素主要有煮糖浆时的加水量、加酸量以及种类、煮制时间等。浓度是指含糖量，常用的转化糖浆浓度在75%左右即可。

（2）饼皮的配方及制作工艺　月饼皮的配方和制作工艺对其是否回油起着重

要作用。如果配方把面粉当做100%，加油量25%～30%即可。如果只考虑糖浆、油和枧水三者的比例，面粉用量再根据软硬来调节，这样面皮中的面粉用量则不稳定。

（五）糖浆返砂

1. 原因

引起糖浆返砂的原因主要有：煮糖浆时用水量少；没有添加柠檬酸或柠檬酸过少；煮糖浆时炉火过猛；在煮糖浆时搅动不恰当等。

2. 解决方法

在煮沸前可以顺着一个方向搅动，当水开后则不能再搅动，否则易出现糖粒；煮好后的糖浆最好让其自然放凉，不要多次移动，因为经常移动容易引起糖浆返砂；煮糖浆时加入适量的麦芽糖。

（六）发霉

1. 原因

月饼发霉的原因主要有：月饼馅料原材料不足，包括糖和油；月饼皮的糖浆或油量不足；月饼烘烤时间不足；制作月饼时卫生条件不合格；月饼没有完全冷却后就马上包装；包装材料不卫生等。

2. 解决方法

（1）生产防霉　月饼霉变是霉菌在月饼上繁殖的结果，要防止月饼霉变就必须控制月饼生产这一主要环节。首先，要控制原料和配方质量，对每批馅料、原料都要检测其水分、糖分等质量指标。高糖和高油能够抑制霉菌的生长，有一定的保鲜效果。月饼皮是由糖浆、油和低筋粉制成，经过烘烤杀菌后有一定的抑制霉菌繁殖的作用。其次，要改善生产环境，防止交叉污染，冷却和包装车间应该保持洁净环境，严格划分功能区，完善卫生设施，尽量避免污染。严格按照生进、熟出的流程进行生产布局，应设立相对独立的冷却车间、熟加工车间和包装车间。此外，要控制月饼烘烤质量。烘烤是使月饼成熟的必要措施，也是使霉菌失活的必要手段，烘烤时应尽可能采取中火慢烘，保证饼熟及尽可能烘干饼身。

（2）出炉防霉　月饼出炉后的过程是污染各种菌类的高发期过程，需要严格控制，主要采取以下几种方法：烘烤结束后，表面立即冷却，但由于内部仍处于高温，使内部水分剧烈向外散发，因此不能立即包装，否则会使包装容器上凝结许多水珠，造成饼皮表面发黏，在保存中容易发生霉变；另外出炉温度降低，易污染杂菌，可以采用专用防霉剂对其喷雾；冷却过程不要换烤盘，食品厂要保证充足的烤盘，冷却过后不能更换，减少二次污染。

（3）包装防霉　首先尽量减少月饼中的微生物，目前国内月饼包装主要是通过向月饼包装物内添加能抑制或杀灭月饼及包装物和环境中的微生物为主的抗菌、抑菌剂；其次是尽量减少包装内的氧气含量，一方面是在包装内装入脱氧剂，有效的去除包装过程中残留在包装内的微量氧气，另一方面是采用优质隔氧性能的阻隔性包装材料，如铝箔、K 膜等，以及由它们制成的复合薄膜，并与真空或充氮包装结合使用。

任务四 ▶ 典型月饼制作工艺

一、苏式月饼

苏式月饼原产江苏苏南地区扬州一带，现江苏、浙江、上海等地都有生产。皮层松酥，色泽美观，馅料肥而不腻，口感松酥，甜度低，保质期长。苏式月饼的花色品种分甜、咸或烤、烙两类。甜月饼的制作工艺以烤为主，有玫瑰月饼、百果月饼、椒盐月饼、豆沙月饼等品种，咸月饼以烙为主，品种有火腿猪油月饼、香葱猪油月饼，鲜肉月饼、虾仁月饼等。其中清水玫瑰月饼、精制百果月饼、白麻椒盐月饼、夹沙猪油月饼是苏式月饼中的精品。苏式月饼选用原辅材料讲究，富有地方特色。甜月饼馅料用玫瑰花、桂花、核桃仁、瓜子仁、松子仁、芝麻仁等配制而成，咸月饼馅料主要以火腿、猪腿肉、虾仁、猪油、青葱等配制而成。皮酥以小麦粉、绵白糖、饴糖、油脂调制而成。

（一）原料配方

1. 皮料

富强粉 9kg、熟猪油 3.1kg、饴糖 1kg、热水（80℃）3.5kg。

2. 酥料

富强粉 5kg、熟猪油 2.85kg。

3. 馅料

按不同品种配制。苏式制品的馅心配方如下：

（1）清水玫瑰月饼 熟面粉 5 kg、绵白糖 11 kg、熟猪油 4.25 kg、糖渍猪油丁 5 kg、核桃仁 1.5 kg、松子仁 1.5 kg、瓜子仁 1 kg、糖橘皮 0.5 kg、黄丁 0.5 kg、玫瑰花 1 kg。

（2）黑麻椒盐月饼 熟面粉 1.75 kg、绵白糖 11 kg、熟猪油 4.15 kg、糖渍猪油丁 5 kg、黑芝麻屑 4 kg、核桃仁 1.5 kg、松子仁 1 kg、瓜子仁 1 kg、糖橘皮 0.5 kg、黄丁 0.5 kg、黄桂花 1 kg、精盐 0.25kg。

（3）夹沙猪油月饼 糖渍猪油丁 8 kg、豆沙 22.5 kg、黄丁 1 kg、黄桂花 0.5 kg、玫瑰花 0.5 kg。

（二）制作方法

1. 制水油面团

面粉置于台面上开膛，加入猪油、饴糖和热水，将油、糖、水充分搅拌均匀，然后逐步加入面粉和成面团。盖上布醒发片刻，制成表面光滑的面团待用。

2. 制油酥面团

面粉置于台面上开膛，倒入猪油用手边推边擦，直到擦透成油酥。油酥主要是利用油脂的润滑性对面粉进行间隔，使分子间的黏性减少而变酥。

3. 制酥皮

酥皮的制作分两种，小开酥和大开酥。

（1）小开酥　将水油面团搓成条，用刀或手掐的方法将条分成等分的若干小节。然后将每个小节用手掌压扁，包进按比例要求的油酥。碾压成薄片，卷成筒，调过来，顺序又碾成薄片，继续卷成筒，再碾压成小圆饼形，即成酥皮，称之为小开酥。

（2）大开酥　将百分之几或百分之几十的水油皮面团，放在工作台上碾成片状。按比例在片上铺上一层油酥。油酥铺于片的一端，占整片面积的50%。将另一端覆盖在油酥上，四周封严。将左右两端均匀向中间折叠成三层，再碾成长方形片状。自外向内卷成筒，搓成条，用刀切或手掐分成所需分量的小节，再将小节碾成圆形，即成酥皮，称之为大开酥。

4. 制馅

（1）普通馅料　上述一般馅料根据配方搅拌擦滋润即可。

（2）松子枣泥　先将黑枣洗净去核，蒸烂搅碎成泥，另将绵白糖放入锅内加水烧成糖浆骨子，用竹箴能挑出成丝，再加入枣泥，猪油和松子仁拌匀，烧到骨子不粘手为宜。

（3）猪油夹沙　先将豆沙与黄丁拌匀，再将糖猪油丁、玫瑰花、黄桂花分别放置待用。

5. 包馅

左手托皮，皮的光面向下，这样包好后酥皮的光滑一面就成为饼坯的表面。包馅时要注意收口时不能一下子收紧，一下子收紧酥皮会破。收口的方法是将左手拇指稍稍往下按，食、中、无名三指清托皮底，配合右手虎口边转边把口收紧。收口处一定不能粘上油或者馅心、糖液，否则收口捏不紧，烘烤时容易露馅。

6. 成形

皮与馅的比例为5:6，将馅逐块包入酥皮内，馅心包好后在酥皮的封口处贴上方形小纸，压成1cm厚的饼坯。最后再在生饼坯上盖上各种名称的红印章、码盘。

7. 烘烤

调好炉温（200~230℃），烘烤5~6min后观察饼坯的形态，当饼面松酥起鼓状外凸，呈金黄或橙黄色，饼边壁松发呈乳黄色即可确定其已成熟。

二、京式月饼

京式月饼是以北京地区制作工艺和风味特色为代表的一类月饼，外皮香脆可口。传统品种有提浆月饼、翻毛月饼、自来白月饼和自来红月饼。

（一）自来白月饼

自来白月饼是以小麦粉、绵白糖、猪油或食用植物油等制皮，冰糖、桃仁、瓜子仁、桂花、青梅或山楂糕、青红丝等制馅，经包馅、成形、打戳、焙烤等工艺制成的皮松酥、馅绵软的一类月饼。

1. 原料配方

（1）皮料　富强粉 20kg、白砂糖 1.5kg、猪油 10kg、碳酸氢铵 26g、开水 4.5kg。

（2）馅料　熟标准粉 4kg、白糖粉 8kg、猪油 4.8kg、核桃仁 1kg、瓜子仁 0.25kg、糖桂花 0.5kg、山楂糕 1.5kg、冰糖屑 1kg、青丝红丝共 0.5kg。

2. 制作方法

（1）面团调制　在搅拌桶内加入白砂糖，冲入开水使其溶化，再将猪油投入，在搅拌机上充分快速搅拌使其乳化。油、水混合液在 40℃ 左右时放入碳酸氢铵，溶化后加入面粉搅拌均匀，调成软硬适宜略带筋性的面团。

（2）制馅　在搅拌机中按顺序加入白糖粉、猪油，搅拌均匀后投入熟面粉，再搅拌后加入其他切碎的果料，继续搅拌均匀，软硬适宜。

（3）成形　取一小块面皮擀成长方形，从两端向中间叠成三层，再擀长后，从一端卷起，将小卷静置一会压安成扁圆形；再静置一会儿，用小擀面杖擀成中间厚的薄饼，静置后取一小馅包入，剂口朝下，制成馒头状。底面垫一小方纸，表面打戳记，用细针扎一气孔，找好距离，码入烤盘，准备烘烤。

（4）烘烤　调好炉温（180℃），将摆好生坯的烤盘送入炉内，烘烤 16min 后熟透出炉，冷却后装箱。

3. 注意事项

感官检验要求饼呈扁鼓形，表面平整，无裂纹。表面乳白，底面金黄色。馅心端正，皮馅均匀，稍有空洞，不露馅，不含杂质。入口酥绵，有果料桂花香味。

（二）自来红月饼

自来红月饼指以精制小麦粉、食用植物油、绵白糖、柠檬酸、小苏打等制皮，熟小麦粉、麻油、瓜子仁、桃仁、冰糖、桂花、青红丝等制馅，经包馅、成形、打戳、焙烤等工艺制成的皮松酥、馅软绵的一类月饼。

1. 原料配方

（1）皮料　富强粉 8.5kg、标准粉 8.5kg、白砂糖 1.5kg、饴糖 1.5kg、麻油

7.5kg、碳酸氢铵25g、开水4kg。

（2）馅料　熟标准粉7kg、白糖粉7kg、麻油4.5kg、花生仁1kg、芝麻0.5kg、核桃仁0.5kg、瓜子仁0.5kg、青梅0.5kg、橘饼0.5kg、葡萄干0.5kg、糖桂花0.5kg。

（3）装饰料　纯碱25g、饴糖、白砂糖、蜂蜜各适量。

2. 制作方法

（1）面团调制　在搅拌桶内加入白砂糖和饴糖，冲入开水使其溶化，再将麻油投入，在搅拌机上充分快速搅拌使其乳化。油、水混合液在40℃左右时放入碳酸氢铵，溶化后加入面粉搅拌均匀，调成软硬适宜略带筋性的面团。

（2）制馅　在搅拌机中按顺序加入白糖粉、麻油，搅拌均匀后投入熟面粉，搅拌后加入其他切碎的果料，继续搅拌均匀，软硬适宜。

（3）制碱水　纯碱25g加入适量的饴糖、白砂糖、蜂蜜熬制成枣红色浆水，又称磨水。口尝微微发涩。

（4）成形　取一小块面皮擀成长方形，从两端向中间叠成三层，再擀长后，从一端卷起，将小卷静置一会压按成扁圆形；再静置一会儿，用小擀面杖擀成中间厚的薄饼，静置后取一小馅包入，剂口朝下，制成馒头状。底面垫一小方纸，表面中间用碱水印一小圈，用细针扎一气孔，找好距离，码入烤盘，准备烘烤。

（5）烘烤　调好炉温（200～210℃），将摆好生坯的烤盘送入炉内，烘烤9～10min。待制品表面烤成棕黄色，底面金黄色，熟透出炉，冷却后装箱。

3. 注意事项

感官检验要求饼呈扁鼓形，表面平整，印记端正、整齐。表面棕黄色，底面金黄色，腰边麦黄色。馅心端正，无空洞、口味香甜，酥松适口，有桂花香味，无异味。

三、潮式月饼

潮式月饼为传统糕点类食品，又称潮汕朥饼。属酥皮类饼食，主要品种有绿豆沙月饼、乌豆沙月饼等。潮式月饼饼身较扁，饼皮洁白，以酥糖为馅，入口香酥。猪油是传统潮式月饼的主角，最为传统的潮式月饼主要有两种：一种拌猪油称作朥饼；另一种拌花生油称作清油饼。一般把潮州本土制作的、具有浓郁潮州乡土特色的月饼都称为朥饼。

（一）原料配方

1. 油皮

紫兰花低筋面粉300g、红双圈高筋粉200g、细砂糖90g、纯香猪油150g、蛋黄100g、水240g。

2. 油酥

紫花兰低筋面粉 500g、纯香猪油 280g。

（二）制作方法

1. 制油皮

面粉置于台上摊成盆状，加入猪油、砂糖、蛋黄和水，将油、糖、水充分搅拌均匀，然后逐步加入面粉搅拌至面筋扩展，待用。

2. 制油酥

面粉置于台上摊成盆状，倒入猪油用手边推边擦，直到擦透成油酥。

3. 制酥皮

用大包酥法将包入油酥的面团擀至均匀厚薄（约 3mm），卷起成圆柱形，松弛。

4. 成形

按每千克成品 8 只或者 10 只取量，将松弛好的面皮切分，切面朝上擀薄，包入各式馅料，皮与馅的比例为 5:5。馅心包好后在生饼坯上盖上各种名称的红印章。找好距离，生饼坯码入烤盘。

5. 烘烤

调好炉温（200～220℃），将码好生坯的烤盘入炉，烘烤 6～8min。主要是根据炉温而定，炉温过高易焦，过低要跑糖露馅。用目测来确定月饼的成熟，当饼面呈松酥，起鼓状外凸，饼边壁呈黄白色（乳黄色）即为成熟。

四、滇式月饼

滇式月饼也称云腿月饼，根据工艺和外形分为：硬壳云腿月饼、酥皮云腿月饼（云腿白饼）、软皮云腿月饼（云腿红饼）。硬壳云腿月饼，饼面褐黄色，饼底棕黄不焦。酥皮云腿月饼饼面洁白或微黄色，饼皮层次分明，饼底允许微黄褐色。而软皮云腿月饼的饼面要紧密，无裂纹、饼底微黄不焦。

（一）原料配方

按 50kg 成品计：特制粉 16kg、熟面粉 1.5kg、白糖粉 1.5kg、猪油 9kg、熟火腿丁 12kg、蜂蜜 2.5kg、白糖 10kg。

（二）制作方法

1. 制火腿丁

选用优质宣威火腿，经烧、洗干净后蒸熟，剔骨去皮，肥瘦分开，切成 4mm×4mm×4mm 的丁，上锅蒸熟。

2. 炒熟面

热锅上放猪油少许，待猪油化开后放干面粉，不断搅拌至颜色略深。

3. 制面团

先用部分面粉加水打浆，再加糖粉、蜂蜜、猪油，充分搅打乳化均匀后，加入其余面粉，制成面团。

4. 制馅心

用火腿、蜂蜜、白糖、熟面粉混合均匀即成。其中瘦火腿丁应占70%。

5. 包馅、成形

（1）将制好的馅料放入冰箱片刻，待猪油结成块，使其利于包馅。

（2）面团上取适量小块，用水揉匀（因为有油所以很容易变软揉开），用手拍打成饼状（擀也可以，但是稍黏），按皮、馅1.1:1的比例放馅，把开口处捏在一起，然后倒置过来整形成鼓形生坯，放在涂了油的烤盘上。

6. 烘烤

炉温220℃，（若能调温，则用220℃—230℃—210℃），时间为15～20min，期间刷蛋液两次。待呈棕黄色，出炉冷却包转。

五、水晶月饼

水晶月饼是陕西传统名点，具有悠久的历史。该饼晶莹透亮、皮白酥香而名为水晶月饼，以精粉、精板油、冰糖、蔗糖、核桃仁、橘饼等多种原料，精细制作而成，入口甜而不腻，回味无穷，是家庭聚会及馈赠亲友之佳品。

（一）原料配方

1. 皮料

富强粉17.5kg、白砂糖粉3.5kg、猪油7.5kg、碳酸氢铵75g、清水3kg。

2. 馅料

熟面粉7kg、白砂糖粉3.5kg、猪油2kg、植物油1kg、冰糖0.75kg、瓜子仁0.25kg、芝麻1kg、瓜条1kg、糖渍猪板油6kg、清水0.5kg。

3. 饰面料

扑面粉1kg、冰糖1kg。

（二）制作方法

1. 糖渍猪板油

猪板油用温水洗净，用刀切成$1cm^3$小块，适当地投入到开水锅内烫一下，置于干净盘内晾干。按熟板油与白糖粉1:1的比例拌和均匀，放置2～3d后使用。

2. 调面团

面粉过筛后置于操作台上围成圈，中间投入白砂糖粉，加水和碳酸氢铵搅拌使其溶解，加入猪油充分搅拌乳化，徐徐加入面粉混合均匀，揉擦成细腻的面团。

3. 制馅

糖粉/熟面粉拌和均匀，过筛后置于操作台上围成圈。将小料加工切碎置于中间，加入猪油、植物油和适量的水，混合均匀，再加入拌好糖粉的熟面粉，擦匀到软硬适度。最后加入糖渍猪板油丁和擀成小颗粒的冰糖，拌和均匀即可。

4. 成形

取一小块皮面揉擦按压成中间厚的扁圆形，将一馅均匀包入，封严剂口。剂口朝上，装入撒匀冰糖粒并带有"冰晶"字样的月饼模内，轻轻用手压平，震动出模。找好距离，摆入烤盘，扎一小气孔，准备烘烤。

5. 烘烤

调好炉温（200℃左右），底火大于面火，约15min即可。待制品表面烤成黄白色，底面红褐色，熟透出炉，冷却包装。

【项目小结】

月饼作为流传千年的传统美食，不仅是一种内涵丰富、美味可口的中华点心，更是中华饮食文化的标志之一。我国月饼种类非常之多，可按照不同的产地、配方和加工工艺等进行分类，其中广式月饼是目前最大的一类月饼，其原料的选择以及加工工艺在本项目得到了详尽的介绍。除此之外，还介绍了一些地方特色月饼的加工工艺以及其各自的特色。通过本章的学习，能够掌握月饼加工过程中原材料的选择以及作用。另外，月饼在实际生产中不可避免地会出现各种各样的质量问题，学会分析月饼生产过程中存在的问题并了解常用的解决方法。

【项目思考】

1. 我国月饼的分类及其特点是什么？
2. 广式月饼在生产过程中会遇到什么样的质量问题，如何解决？
3. 广式、京式和苏式月饼在制作技术上有何异同？

实训一 蛋黄月饼的制作

一、实验目的

1. 掌握蛋黄月饼制作的基本原理、工艺流程及操作要点。
2. 掌握食品添加剂在月饼制作中的应用。

二、实验原理

月饼是以面粉、油脂、糖浆、枧水等为原料制作皮料，以咸蛋黄、莲蓉制作馅料，经和面、包馅、注模、焙烤而成的食品。

三、实验材料与设备

（1）材料　面粉、油、糖浆、蛋黄、莲蓉、枧水、添加剂、白酒等。
（2）设备　面板、盆、月饼烤盘、小白毛刷子、烤箱、秤等。

四、配方

（1）皮料　面粉1500g、糖浆1125g、豆油390g、枧水60g、月饼改良剂10g。
（2）馅料　蛋黄100个、莲蓉2000g。

五、工艺流程及操作要点

1. 工艺流程

皮的制作 → 制馅 → 包馅 → 成形 → 烘烤 → 冷却

2. 操作要点
（1）皮的制作　糖浆、油、枧水、改良剂混合均匀，加入40%面粉，搅匀后放30min，把剩余的面粉加入，和成团，醒发40min。

（2）馅的制作　生的蛋黄要提前从冰箱中取出，不用弄熟，直接用就好，将蛋黄浸入酒中，浸泡 5min 左右，放到烤盘中烘烤 5min，然后取出冷却至室温后待用。一个蛋黄外包裹 20g 莲蓉，揉成团，即完成馅的制作。

（3）包馅　称取醒好的皮料 20g，用手压成薄饼，在月饼皮中间放入蛋黄莲蓉馅，两手相互配合，一手搂皮一手推馅，用饼皮把馅包好，口收紧后搓圆。

（4）成形　月饼坯子表面沾一层干面粉并搓成长圆形，放入月饼模具。用手轻轻把月饼坯子按扁，月饼模具放在台面上用手按压带弹簧的手柄，再提起模具将月饼轻轻推出。

（5）烘烤　所有的月饼都依次做好，放入烤盘中，月饼表面喷少许的清水，放入已预热的烤箱中上层，180℃上下火烤 5 min 至表面上色。取出烤盘，用刷子在月饼表面薄薄的刷一层蛋黄液，放入烤箱中层 180℃上下火烤 20 min 即可出炉。

（6）冷却　出炉的月饼晾凉，放入保鲜袋中密封，常温放置 1～2d 至月饼回油饼皮变软即可食用。

六、质量评价

（1）色泽　优质月饼表面金黄，底部红褐，墙面乳白，火色均匀，表皮有蛋液以及油脂光泽；劣质月饼则不具备上述特征，还有崩顶现象。

（2）形状　优质月饼块形周正圆整，薄厚均匀，花纹清晰，表面无裂纹、不露馅；劣质月饼则大小不均，跑糖露馅严重。

（3）组织　优质月饼皮酥松、馅柔软，不偏皮偏馅，无空洞，不含杂质；劣质月饼皮馅坚硬、干裂，有较大空洞，含杂质异物。

（4）滋味　优质月饼甜度适当，馅料油润细腻，气味清香无异味；劣质月饼则相反。

实训二　咸月饼的制作

一、实验目的

掌握咸月饼制备工艺流程及操作要点。

二、实验原理

咸味月饼是以面粉、油脂、细砂糖、水等为原料制作皮料，以鲜肉馅为馅料，经和面、包馅、注模、焙烤（或蒸制）而成的食品。这种月饼口味鲜美，香而不腻。

三、实验材料与设备

（1）材料　面粉、油、糖浆、蛋黄、莲蓉、枧水、添加剂、白酒等。
（2）设备　面板、盆、月饼烤盘、小白毛刷子、烤箱、秤等。

四、配方

（1）水油皮面团　普通面粉 150g、猪油 60g、细砂糖 25g、水 42g。
（2）油酥面团　普通面粉 100g、猪油 50g。
（3）鲜肉馅　猪肉馅 225g、白砂糖 20g、蜂蜜 1 勺、白芝麻 1/2 勺、香油 10mL、酱油 1/2 勺、料酒 1 小勺、盐 6g、姜末 5g、蒜末 5g。

五、工艺流程及操作要点

1. 工艺流程

$$皮的制作 \rightarrow 制馅 \rightarrow 包馅 \rightarrow 成形 \rightarrow 烘烤 \rightarrow 冷却$$

2. 操作要点

（1）皮的制作　将水油皮面团所有材料放入一个碗里混合均匀，油酥面团所有材料放入一个碗里混合均匀，和好的水油皮面团（大）、油酥面团（小），各分成 9 个大小相同的小面团，盖保鲜膜，静置松弛 15min。

（2）馅的制作　把猪肉馅及所有调料放入一个碗里，用筷子不断的搅拌肉馅，直到肉馅出现黏性，拌好肉馅备用。

（3）包馅　取一份起酥面团，收口向上压平，放鲜肉馅于面片上，包成圆球状后，收口。

（4）成形　月饼坯子表面沾一层干面粉并稍稍搓成长圆形，放入月饼模具。用手轻轻把月饼坯子按扁，月饼模具放在台面上用手按压带弹簧的手柄，再提起模具将月饼轻轻推出。

（5）烘烤　所有的月饼都依次做好，放入烤盘中，月饼表面喷少许的清水，放入已预热的烤箱中层，200℃，20～25min。

（6）冷却　出炉的月饼晾凉，放入保鲜袋中密封，常温放置 1~2d 至月饼回油饼皮变软即可食用。

六、质量评价

（1）色泽　优质月饼表面金黄，底部红褐，墙面乳白，火色均匀，表皮有蛋液以及油脂光泽；劣质月饼则不具备上述特征，还有崩顶现象。

（2）形状　优质月饼块形周正圆整，薄厚均匀，花纹清晰，表面无裂纹、不露馅；劣质月饼则大小不均，跑糖露馅严重。

（3）组织　优质月饼皮酥松、馅柔软，不偏皮偏馅，无空洞，不含杂质；劣质月饼皮馅坚硬、干裂，有较大空洞，含杂质异物。

（4）滋味　优质月饼咸度适当，馅料油润细腻，气味清香无异味；劣质月饼则相反。

七、注意事项

（1）整个操作过程比较长，建议操作过程中，随时用湿布或保鲜膜盖住面团，以防干燥。

（2）水油皮一定不能和得太干，否则最后的包裹不容易合口，造成漏馅。

实训三　水果月饼的制作

一、实验目的

1. 掌握水果月饼制作的工艺流程及操作要点。
2. 掌握卡拉胶在月饼制作中的应用。

二、实验原理

月饼多数以多糖、多油脂的莲蓉、豆沙为原料。随着经济的发展，人们的口味也在不断变化。低糖、低油脂水果月饼的推出受到广大消费者的欢迎，它降低了月饼中含糖、含油量，而且纤维素、矿物质、维生素的含量大大提高，符合现代人对食品既要风味好、又要营养保健的要求。水果月饼是以面粉、油脂、糖浆、枧水等为原料制作皮料，以新鲜水果，卡拉胶为馅料，经和面、包馅、注模、焙烤而成的食品。

三、实验材料与设备

（1）材料　面粉、生油、砂糖、栗胶、卡拉胶、新鲜水果（菠萝、草莓）等。

（2）设备　面板、盆、月饼烤盘、烤箱、秤、绞碎机等。

四、配方

（1）皮料　面粉38kg、砂糖90kg、生油9kg、其他辅料适量。

（2）馅料　水果250kg、栗胶120kg、卡拉胶120kg、其他辅料适量。

五、工艺流程及操作要点

1. 工艺流程

皮的制作 → 制馅 → 包馅 → 成形 → 烘烤 → 冷却

2. 操作要点

（1）皮的制作　砂糖、生油、枧水等混合均匀，加入40%面粉，搅匀后放30min，把剩余的面粉加入，和成团，醒发40min。

（2）馅的制作　先将市售水果清洗干净，去皮、去核，然后用破碎机粉碎。将一半破碎后的水果、砂糖、栗胶加入夹层锅中，加盖，开机搅拌并加热，控制油温表面温度180℃以下。用剩下的一半水果浆浸入称量好的卡拉胶，要求浸透，若浸不透可加入少量水。称量好的澄面与生油一起开水油浆（生油留少许在后工序中加入）。夹层锅中的糖浆煮约80min后除盖，加入浸透的卡拉胶继续加热。随着卡拉胶的溶解和发生胶黏作用，馅料逐步黏稠，继续煮至150min左右，此时加入澄面水油浆继续熬煮。不断加热搅拌，同时加入少许生油，蒸发水分使果浆熟发，此时果浆逐渐变得透明，再加入其他食品添加剂（柠檬酸、防腐剂等）。待水分挥发到符合要求时上锅（经检验水分为16%～18%），用铁盘装好冷却，即得果浆成品。

（3）包馅　称取醒好的皮料20g，用手压成薄饼，在月饼皮中间放入果料，两手相互配合，一手搂皮一手推馅，用饼皮把馅包好，口收紧后搓圆。

（4）成形　月饼坯子表面沾一层干面粉并稍稍搓成长圆形，放入月饼模具。用手轻轻把月饼坯子按扁，月饼模具放在台面上用手按压带弹簧的手柄，再提起模具将月饼轻轻推出。

（5）烘烤 所有的月饼都依次做好，放入烤盘中，月饼表面喷少许的清水，放入已预热的烤箱中上层，180℃上下火烤5min至表面上色。取出烤盘，用刷子在月饼表面薄薄的刷一层蛋黄液，放入烤箱中层180℃上下火烤20min即可出炉。

（6）冷却 出炉的月饼晾凉，放入保鲜袋中密封，常温放置1~2d至月饼回油饼皮变软即可食用。

六、质量评价

（1）色泽 优质月饼表面金黄，底部红褐，墙面乳白，火色均匀，表皮有蛋液以及油脂光泽；劣质月饼则不具备上述特征，还有崩顶现象。

（2）形状 优质月饼块形周正圆整，薄厚均匀，花纹清晰，表面无裂纹、不露馅；劣质月饼则大小不均，跑糖露馅严重。

（3）组织 优质月饼皮酥松、馅柔软，不偏皮偏馅，无空洞，不含杂质；劣质月饼皮馅坚硬、干裂，有较大空洞，含杂质异物。

（4）滋味 优质月饼甜度适当，馅料油润细腻，气味清香无异味；劣质月饼则相反。

项目六
焙烤食品的生产卫生及管理

>>>>

📖 【学习目标】

1. 了解 HACCP 的概念及其发展历史。
2. 熟悉 HACCP 焙烤食品中的应用。

📖 【技能目标】

1. 尝试在某一焙烤食品行业建立 HACCP 系统。
2. 掌握焙烤食品店面管理的一般方法。

任务一 ❯ HACCP 在焙烤食品中的应用

一、HACCP 概述

HACCP 是英文 Hazard Analysis Critical Control Point（即危害分析及关键控制点）首字母缩写，是一个为国际认可的、保证食品免受生物性、化学性及物理性危害的预防体系，是一种简便、合理而专业性又很强的先进的食品安全质量控制体系。通过识别食品生产过程中可能发生的危害环节，采取适当的控制措施防止危害发生，对加工过程的每一步进行监视和控制、从而降低危害发生概率，确保食品在生产、加工、制造、准备和食用等过程中安全卫生。

　　HACCP 并不是新标准，早在 20 世纪 60 年代就由皮尔斯伯公司联合美国国家航空航天局（NASA）和美国一家军方实验室（Natick 地区）共同制定，它建立的初衷是为太空作业的宇航员提供食品安全方面保障。

　　目前，HACCP 在国际上已被认可为控制由食品引起的疾病最有经济效益的方法，并就此获得联合国粮农组织（FAO）、世界卫生组织（WHO）和联合国食品法典委员会（CAC）认同，以及美国食品药物管理局（FDA）及食品安全检验局（FSIS）认可。HACCP 在 20 世纪 80 年代引入我国，目前已进入推广运用阶段。

二、焙烤食品行业的 HACCP 系统建立

　　焙烤加工业是食品工业中重要的组成部分，产品直接面向消费者。近十几年来，焙烤食品发展较快，无论产品门类、花色品种、数量、质量、包装还是生产工艺及装备都有了显著的提高。导致焙烤食品变质的主要微生物是霉菌。由于烘烤过程中，所使用的温度很高，足以杀死焙烤食品表面及内部的霉菌孢子。所以，造成焙烤食品变质的霉菌一般都是烤制后落到面包表面或进入面包内部的。在焙烤食品的冷却及包装工序中，可被来自空气中的霉菌所污染，其生长通常从焙烤食品的皱褶或缺口处开始。引起面包腐败变质的霉菌主要包括黑根霉、展青霉、黑曲霉等。枯草芽孢杆菌、地衣芽孢杆菌也能污染焙烤食品，这些细菌的芽孢能耐受焙烤期间 100℃ 左右的高温，适宜条件下，芽孢生长繁殖形成荚膜，使焙烤食品出现黏丝。

　　（一）HACCP 体系在饼干加工中的应用

　　近几年来，饼干业在我国呈现出激烈的竞争态势。自 1985 年以来，全国已引进数十条先进的饼干生产线，合资企业蓬勃发展，中国饼干生产能力得到大幅度提高。饼干是以小麦粉、食糖、乳品、蛋品、油脂为主要原料，按照一定工艺加工而成的含水量低的焙烤食品。随着生活节奏的加快，人们休闲时间的增多，饼干受到很多消费者的欢迎。市场上，饼干的种类比较多，但生产厂家规模不一，生产条件相差较大。如何能提高饼干的质量、保证其安全性，HACCP 体系在饼干生产企业的建立将提供相应的保证。

　　1. 危害分析与危险评估

　　影响韧性饼干安全性的危害包括生物、化学和物理三大类。韧性饼干的危害分析方法是顺着加工工艺流程，逐个分析每个生产环节，列出各环节可能存在的生物、化学和物理的潜在危害，用判断树判断潜在危害是否是显著危害，确定控制危害的相应措施，判断是否是关键控制点。具体分析情况如表 6 - 1 所示。

表 6 - 1　　　　　　　　　　　韧性饼干加工的危害分析

加工步骤	确定在这个步骤中引入的、控制的或增加的潜在危害	是否有食品安全性问题，危害是否显著	对第三列做出判断	防止显著危害的措施	是否为关键控制点
原辅料验收	生物的：致病微生物残留 化学的：农药残留、重金属含量超标 物理的：辅料可能带来的有害杂质	是	面粉农药残留、重金属含量超标，来自一些辅料的微生物污染、物理性危害，食品添加剂使用超标，都可能给产品带来安全危害	原辅料供方出具产品质量检验报告拒收不合格产品；原辅料在贮存过程中出现问题应废弃	是
面团调制	生物的：微生物残留 化学的：食品添加剂残留 物理的：辅料或环境异物混入	是	环境或一些辅料中的微生物污染面团，食品添加剂超量使用导致化学危害，辅料携带环境异物混入	环境卫生应严格执行 SSOP 要求，食品添加剂的使用应严格按国家或相关标准执行	否
面团静置	生物的：微生物污染、繁殖 化学的：无 物理的：无	否	面团保持较高的温度，可能导致污染环境微生物，造成微生物、繁殖	环境卫生应严格执行 SSOP 要求，控制面团静置温度、时间	否
辊轧	生物的：微生物污染 化学的：无 物理的：异物混入	否	面团由于辊轧而面积增大，使面团更易污染微生物，辊轧设备可能污染面片	环境卫生应严格执行 SSOP 要求，辊轧设备用前要清洁	否
冲印成形	生物的：微生物污染 化学的：无 物理的：异物混入		冲印成形时可能受到冲印设备及环境的微生物、异物污染	环境卫生应严格执行 SSOP 要求，冲印设备用前要清洁	
烘烤	生物的：微生物残留 化学的：无 物理的：无	是	不适当的烘烤或烘烤不均匀，可能导致微生物未被全部杀死而残留	控制烘烤温度、时间，随时调整导致烘烤不均匀因素	是
冷却	生物的：微生物污染 化学的：无 物理的：无	是	冷却过程中可能导致微生物污染	严格执行 SSOP 要求	是

续表

加工步骤	确定在这个步骤中引入的、控制的或增加的潜在危害	是否有食品安全性问题，危害是否显著	对第三列做出判断	防止显著危害的措施	是否为关键控制点
包装	生物的：微生物污染 化学的：有毒有害物质污染 物理的：异物混入	是	包装材料卫生指标不合格，导致微生物及有毒、有害物质的污染，包装过程中环境异物的混入	包装材料应符合食品卫生要求，包装车间卫生应严格执行SSOP要求	是

2. HACCP 计划的编写

通过确定韧性饼干加工关键控制点的位置、需控制的显著危害、CCP 关键限值、监控程序、纠偏措施、监控记录、验证措施，找出原辅料验收、烘烤、冷却、包装 4 个关键控制点，编写出韧性饼干加工的 HACCP 计划表，如表 6-2 所示。

表 6-2　　　　　　　韧性饼干加工的 HACCP 计划表

关键点控制（CCP）	显著危害	关键限值	监控				纠偏措施	档案记录	验证措施
			内容	方法	频率	监控者			
原辅料验收	微生物、农药残留、重金属、添加剂含量超标	原辅料应符合国家相关标准	控制原辅料的卫生指标、添加剂使用量	供方出具报告，微生物、化学检测装置	每批	检验人员、验收人员	拒收不合格原辅料，添加剂使用超量应及时调整用量	验收记录，检测记录，纠偏记录	每天审核报表
烘烤	微生物残留	烘烤温度 180~220℃，时间 3~5min	控制烘烤温度和时间	温度计、计时装置	连续	操作人员	温度波动应及时调整，到时间则应立即出炉，视情况决定废弃	操作记录、纠偏记录	每天审核报表
冷却	微生物污染	环境及工器具卫生符合SSOP要求	控制环境及工器具卫生	微生物检验装置	每天	检验人员	卫生不合格停止生产	检验记录，纠偏记录	每天审核报表

续表

关键点控制 (CCP)	显著危害	关键限值	监控				纠偏措施	档案记录	验证措施
			内容	方法	频率	监控者			
包装	微生物、有害物质污染	包装材料应符合食品包装的卫生要求	检查质检报告抽查菌落总数	微生物检查	每批	检验人员、验收人员	拒绝使用不合格包装材料	包装材料验收记录，微生物检验记录	每天审核报表

（二）HACCP 体系在面包加工中的应用

据粗略估计，我国面包年产量约为 70.86 万 t，年人均面包消费量约为 4.9kg；日本年人均消费量约 10kg；我国台湾约 8.9kg，我国面包业市场潜力巨大。实际上，面包已经成为越来越多人的早餐主食、旅游食品及儿童营养食品。虽然市场上面包种类较多，风味较全，但由于生产企业小，卫生条件差，所以在产品的质量及安全性方面存在较多问题，在面包生产企业推行 HACCP 体系对消费者健康及企业的发展都非常重要。

1. 危害分析与危险评估

影响主食面包安全性的危害包括生物、化学和物理三个大类。主食面包的危害分析方法是顺着加工工艺流程，逐个分析每个生产环节，列出各环节可能存在的生物、化学和物理的潜在危害，用判断树判断潜在危害是否是显著危害，确定控制危害的相应措施，判断是否是关键控制点。具体分析情况如表 6-3 所示。

表 6-3　　　　　　　　主食面包加工的危害分析表

加工步骤	确定在这个步骤中引入的、控制的或增加的潜在危害	是否有食品安全性问题，危害是否显著	对第三列做出判断	防止显著危害的措施	是否为关键控制点
原辅料验收	生物的：微生物污染 化学的：农药残留、重金属含量超标 物理的：异物混入	是	原辅料受到微生物、重金属、异物等污染	拒绝使用卫生不合格的原辅料	是
原辅料预处理	生物的：微生物污染 化学的：无 物理的：异物混入	是	原辅料在预处理过程中可能受到环境、设备中微生物及异物的污染	环境卫生应符合SSOP要求，设备使用前应清洗消毒	是

续表

加工步骤	确定在这个步骤中引入的、控制的或增加的潜在危害	是否有食品安全性问题，危害是否显著	对第三列做出判断	防止显著危害的措施	是否为关键控制点
面团调制	生物的：微生物残留 化学的：添加剂残留 物理的：异物混入	是	面团调制时受到环境、设备、人员微生物污染、混入异物，添加剂用量可能超标	车间卫生应执行SSOP要求，建立标准的操作程序并严格执行	否
分割搓圆	生物的：微生物污染 化学的：无 物理的：异物混入	否	分割搓圆时可能有来自设备的微生物污染及生产环境中异物落入	车间卫生应执行SSOP要求，建立标准的操作程序并严格执行，设备用前应清洗、消毒	否
中间醒发	生物的：微生物污染 化学的：无 物理的：无	否	醒发时受到杂菌的污染	醒发室卫生应执行SSOP要求。控制醒发温度，湿度等条件	否
轧片	生物的：微生物污染 化学的：无 物理的：异物混入	否	轧片时受到环境及工器具的微生物及生产环境中异物混入	环境卫生应符合SSOP要求，建立标准的操作程序并严格执行，压片设备用前应清洗、消毒	否
成形	生物的：微生物污染 化学的：无 物理的：异物混入	否	成形时可能受到来自设备的微生物及生产环境中异物混入	环境卫生应符合SSOP要求，建立标准的操作程序并严格执行，成形设备用前应清洗、消毒	否
最后醒发	生物的：微生物污染 化学的：无 物理的：无	否	醒发时受到杂菌的污染	醒发室卫生应执行SSOP要求。控制醒发温、湿度等条件	否
烘烤	生物的：微生物残留 化学的：无 物理的：无	是	烘烤时加热不均匀或波动致使微生物孢子残存	保证烘烤时加热的均匀，避免温度波动，模具用前清洗、消毒	是
冷却	生物的：微生物污染 化学的：无 物理的：无	是	面包在冷却过程中受到环境、设备带来的微生物的污染，甚至繁殖	环境、设备卫生执行SSOP要求，采用风冷，尽快将面包中心温度降至室温	是

续表

加工步骤	确定在这个步骤中引入的、控制的或增加的潜在危害	是否有食品安全性问题，危害是否显著	对第三列做出判断	防止显著危害的措施	是否为关键控制点
包装	生物的：微生物污染 化学的：有毒物质污染 物理的：异物混入	是	在包装过程中，可能受到环境、包装材料所带的微生物污染，包装材料所携带的有害化学物质污染	包装材料应符合食品卫生要求，包装车间卫生应严格执行SSOP要求	是

2. HACCP 计划的编写

通过确定主食面包加工关键控制点的位置、需控制的显著危害、CCP 关键限值、监控程序、纠偏措施、监控记录、验证措施，找出原辅料验收、烘烤、冷却、包装 4 个关键控制点，编写出主食面包加工的 HACCP 计划表，如表 6 - 4 所示。

表 6 - 4　　　　　　　　　　主食面包加工 HACCP 计划表

关键点控制（CCP）	显著危害	关键限值	监控				纠偏措施	档案记录	验证措施
			内容	方法	频率	监控者			
原辅料验收	微生物、农药残留、重金属、添加剂含量超标	原辅料应符合国家相关标准	控制原辅料的卫生指标、添加剂使用量	供方出具报告，微生物、化学检测装置	每批	检验人员、验收人员	拒收不合格原辅料，添加剂使用超量应及时调整用量	验收记录，检测记录，纠偏记录	每天审核报表
烘烤	微生物残留	温度160~190℃ 时间12~15min	控制烘烤温度和时间	温度计、计时装置	连续	操作人员	烘烤时间不够时应重新烘烤	操作记录、纠偏记录	每天审核报表
冷却	微生物污染	车间及工器具卫生符合SSOP要求	控制车间及工器具卫生	微生物检验装置	每天	检验人员	车间卫生不合格应停止生产	检验记录，纠偏记录	每天审核报表
包装	微生物、有害物质污染	包装材料应符合食品包装的卫生要求	检查质检报告抽查菌落总数	微生物检查	每批	检验人员、验收人员	拒绝使用不合格包装材料	包装材料验收记录，微生物检验记录	每天审核报表

任务二 ▶ 焙烤食品店面管理

一、品牌

说到品牌，也许大家都会认为是大企业的事，小小的面包房用不上。其实小小的面包房也有品牌，那就是店名或某个名称。在顾客购买产品的整个过程中都能在其潜意识里形成一个印象，假如你的产品质量好、味道好、品种多、服务好，又有特色，在某种方面又有特别的创意，并且能保持下去，那将会收到意想不到的效果。顾客下次再准备买这些食品时，他立即就会想到哪一家店的很好，哪一个牌子（名称）的好，会将你所有的质量服务等都浓缩到这个店名或牌子上，留在顾客记忆中的这种印象就是创造品牌的根源。

品牌是一个很复杂的东西，是由很多因素构成的。一个好的品牌主要体现在以下三个方面：

（1）生产者和产品的形象方面，如广告、标识、形象和行为等。

（2）产品与服务方面，如用途、质量、价格和包装等。

（3）消费者心理方面，如认识、态度、情感和体验等。

一个好品牌不是要有个很华丽的商标，也不是铺天盖地的广告所能做出来的，是靠日积月累，勤恳经营，努力塑造而来。品牌需要去维护，去发展，再将品牌做成名牌！维护和塑造品牌的过程中最重要的是要把好产品质量关，因为产品的质量是顾客接受一个品牌的主导因素。另外在品牌的经营和塑造中也要明确定位，产品目标市场、客户群在哪，品牌定位是高、中或是低档，是重点在社区还是街头流动顾客。有了准确的定位，就有了方向和目标，可以针对性的作宣传和促销，将品牌变成名牌。

二、质量

产品的质量是企业的生命。要做好质量首先得要把好两道关：

（1）产品的原料关　没有好的原料肯定难以做出好的产品，所以我们要严把进料关，根据产品的需要购买合适、优质的原料。

（2）生产工艺关　生产工艺的每个环节都需要严格监督跟踪。要有良好的生产管理制度、高素质的师傅及工人。工艺的好坏跟师傅的手艺密切相关，但是师父技艺精湛，却又并不等于有很好的工艺，还是要在整个生产过程中有严格的程序和制度来约束把关。

三、顾客

顾客就是上帝，要想赢得顾客，光靠品牌和质量还是不够的，而诸如顾客的情感等因素也能左右他是否选择你的商品，所以还应对顾客进行管理：了解顾客、认识顾客和注重维系顾客。顾客又可分为几种，如过路客、回头客、忠实顾客和最佳顾客等。

（一）过路客

一般都是路过的人，要赢得过路客则全靠你店堂的整洁，门面装潢能否吸引和营业员亲切的笑容来赢取。过路客中又有本地的、外地的，也许还有经常路过的，再加上你的产品好，在这些人中也有部分会成为你的回头客。所以我们要从各方面去尽量做到最好来努力争取。

（二）回头客

曾经光顾过店面的顾客，他之所以选择你，而不去隔壁那家，原因是你在某一方面胜于他人，如你的产品质量、服务和环境等。这些顾客是最有希望成为你的忠实顾客的，你一定要好好珍惜，好好把握。

（三）忠实顾客

曾经是回头客，对某些产品很喜欢，也包括服务态度和环境令其难以忘怀，热情的服务和笑容使他根本不好意思走进隔壁，所以他选择了你。只要坚持到底，就会成为最佳顾客。

（四）最佳顾客

如果顾客中有很多是最佳顾客，那说明管理是很成功的，因为最佳顾客能免费为你做宣传，也就是所谓的口碑。多赢取最佳顾客，是管理好店面的关键，应做到下面几方面：

（1）客户管理　尽量记录下每一位到企业购买商品用于庆贺生日或某个纪念日的顾客姓名、年龄和地址，这样可以进行跟踪服务和管理。

（2）常客管理　每当自己企业开展派送、赠送、新店开业等都应即时通知老顾客和回头客。另外还可以不定期举行各种活动，让顾客参与，如有些饼店举办儿童漫画评选等。

（3）情感管理　小小投资，大大回报。制作年历、贺卡、台历和优惠券来送给顾客，都会令你收到很好的效果。如儿童节当天，凡是带小朋友来的顾客都赠送一个小礼物等。

（4）现场管理　也就是店员在日常的营业中要和蔼可亲，想顾客所想，急顾客所需，随时站在顾客的角度来考虑问题，为顾客提供物超所值的服务，店员要尽量能记住常客的姓名和称呼，以便在下次到来时能够很亲切的称呼顾客，这样会令顾客感觉受到尊敬。

四、员工

现在大型企业都很重视员工的管理，面包房、饼店也应尽快摆脱旧观念，将员工的管理视为顾客管理一样重要。员工管理可以通过感情、民主、自主和文化来管理。

（一）感情

每个人都有很强的自尊心，都需要尊重、信任和鼓励，同时也希望自己是很重要的。所以应关注员工的内心世界，根据各人的倾向和可塑性来晓之以理，动之以情的去激发员工的积极性。经常关心和倾听他们的一切，保持沟通，诚心诚意的去表扬他们，使每一位员工都有一种被重视的感觉，都觉得自己是企业必需的人。

（二）民主

有些决策尽量要让员工参与，店内的大事要让员工清楚。并且经常听员工们对店内的建议，重视他们的意见，使其感到自己也是单位的一份子。

（三）自主

就是让员工自己管理自己，将权力下放到各个班、组，依据店内的目标或一件中心任务，让员工自己制订计划，实施，控制和检查，总结。这样可以使每一位员工工作时心情舒畅，更有利于充分发挥他们自己的能力和才智，去创造更多更好的工作业绩。

（四）文化

要想使员工的凝聚力和向心力增强，还要为其创造一个能提供精神和物质的一个港湾，过年过节、员工生日大家一起欢聚、一起庆祝，这样还有利于团队精神的建设。在业余时间尽量能为员工提供活动场所，也应该购买些书籍等资料，为员工创造一个健康向上的大环境。

【项目小结】

HACCP（即危害分析及关键控制点）是一个为国际认可的、保证食品免受生物性、化学性及物理性危害的预防体系，是一种简便、合理而专业性又很强的先进的食品安全质量控制体系。HACCP系统在焙烤食品行业，可以对加工过程的每一步进行监视和控制、从而降低危害发生概率，确保食品在生产、加工、制造、准备和食用等过程中安全卫生。HACCP在20世纪80年代引入我国，目前发展迅速。

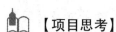

【项目思考】

1. 简述 HACCP 在焙烤食品生产中的应用。
2. 调研当地面包行业 HACCP 系统的建立情况。

实训 制订某一具体产品的 HACCP 计划

HACCP 计划是将进行 HACCP 研究的所有关键资料集中于一体的正式文件，其中包括食品安全管理中所有关键部分的详细说明。HACCP 计划由 HACCP 小组制订，主要由两项基本内容组成——生产流程图和 HACCP 控制图，同时还包括其他必需的支持文件。

虽然适用的理论有所不同，但国际上已一致认同建立一个完整的 HACCP 系统应包括以下七个原理：

原理1——危害分析：危害的评估及预防方法的确认

原理2——确定工艺过程中的关键控制点（CCP）

原理3——建立关键控制点的关键限值（critical limit）

原理4——确立关键控制点的监控程序

原理5——建立关键控制点的纠偏措施

原理6——建立有效的记录保存系统

原理7——建立验证（审核）系统

HACCP 小组及协调组最初的工作重点是为食品或相关产品群开发专用于某一具体产品的 HACCP 计划。下面列出了制订 HACCP 计划的各要素。

1. 指派 HACCP 计划的负责人及食品工厂和目标产品*的 HACCP 小组成员。

2. 在企业质量保证方针和程序的框架中，建立企业的 HACCP 体系。

3. 列出目标产品*，详细描述每个产品，列出原材料和组分，确定流程图。

4. 根据目标产品*及其配料，进行危害分析，确定危害的种类（原理1）。

5. 绘制各目标产品的流程图，并在流程图上标出已确认危害的类型和 CCP 的位置。（原理2）

6. 将各 CCP 的阐述内容制成文件，包括危害类型、控制危害的加工过程或程序，各 CCP 的关键限值或控制限值（原理2、原理3）。

7. 制定监控程序，明确各 CCP 的关键限值、监控频率、监控人员等（原理4）。

8. 确定每个 CCP 的纠偏措施，一旦 CCP 发生偏离或失控，企业能及时采取措施，对受影响的食品进行安全处理，并查明导致失控原因，采取纠正措施（原理5）。

9. 建立 HACCP 验证程序，确定 HACCP 计划是否需要修改和再确认（原理6）。

10. 建立 HACCP 记录管理程序。由经过培训且具有责任心的员工负责记录的管理工作（原理7）。

11. 应定期修改或更新 HACCP 计划。当发生原料改变、产品或加工过程发生变化、验证数据出现相反结果、重复出现某种偏差、对某种危害或控制手段有了新的认识、生产实践中发现问题、销售或消费者行为方式发生变化等情况时，就需要修改或更新 HACCP 计划。

12. 如果企业内部组建的 HACCP 小组没有足够的专业知识，可通过咨询获得帮助，能够提供咨询的机构有：工业实体、研究机构、高等教育机构、各级卫生防疫部门、质量技术监督管理部门和外部专家或顾问。

注：目标产品*：指需要建立 HACCP 体系，控制其安全性的产品。

附录一
烘焙行业常用名词解释

1. 高筋面粉：小麦面粉蛋白质含量在12.5%以上，是制作面包的主要原料之一。在西饼中多用于在松饼（千层酥）和奶油空心饼（泡夫）中。在蛋糕方面仅限于高成分的水果蛋糕中使用。

2. 中筋面粉：小麦面粉蛋白质含量在9%~12%，多数用于中式点心的馒头、包子、水饺以及部分西饼中，如蛋塔皮和派皮等。

3. 低筋面粉：小麦面粉蛋白质含量在7%~9%，是制作蛋糕的主要原料之一。在混酥类西饼中也是主要原料之一。

4. 蛋糕专用粉：低筋面粉经过氯气处理，使原来酸价降低，有利于蛋糕的组织和结构。

5. 全麦面粉：小麦粉中包含其外层的麸皮，使其内胚乳和麸皮的比例与原料小麦成分相同，用来制作全麦面包和小西饼等。

6. 小麦胚芽：为小麦在磨粉过程中将胚芽部分与本体分离，用作胚芽面包的制作，小麦胚芽中含有丰富的营养价值，尤为孩童和老年人的营养食品。

7. 麸皮：为小麦最外层的表皮，多数当做饲料使用，但也可掺在高筋白面粉中制作高纤维麸皮面包。

8. 裸麦粉：是由裸麦磨制而成，因其蛋白质成分与小麦不同，不含有面筋，多数与高筋小麦粉混合使用。

9. 麦片：通常是指燕麦片，烘焙产品中用于制作杂粮面包和小西饼等。

10. 玉米面：呈小细粒状，由玉蜀黍磨研而成，在烘焙产品中用作做玉米粉面包和杂粮面包，如在大规模制作法式面包时，也可将其撒在粉盘上作为整形后面团防粘之用。

11. 玉米淀粉：又称粟粉，为玉蜀黍淀粉，溶水加热至65℃时即开始膨化产生胶凝特性，多数用在派馅的胶冻原料中或奶油布丁馅。还可在蛋糕的配方中加入，可适当降低面粉的筋度等。

12. 白油：俗称化学猪油或氢化油，是油脂经油厂加工脱臭脱色后再予不同程度之氢化，使之成固形白色的油脂，多数用于酥饼的制作或代替猪油使用。

13. 白奶油：分含水和不含水两种，是与白油相同的产品，但该油脂精炼过程较白油更佳，油质白洁细腻。含水白奶油多用于制作裱花蛋糕，而不含水的则多用于奶油蛋糕、奶油霜饰和其他高级西点中。

14. 乳化油：以上白油或雪白奶油添加不同的乳化剂，在蛋糕制作时可使水和油混合均匀而不分离，主要用于制作高成分奶油蛋糕和奶油霜饰。

15. 奶油：有含水和不含水的两种。真正奶油是从牛乳中提炼出来的，是做高级蛋糕、西点的主要原料。

16. 酥油：酥油的种类很多，最好的酥油应属于次级的无水奶油，最普遍使用的酥油则是加工酥油，是利用氢化白油添加黄色素和奶油香料制成的，其颜色和香味近似真正酥油，可适用于任何一种烘焙产品中。

17. 起酥玛琪琳：该油脂内含有熔点较高的动物性牛油，用于西点、起酥面包和膨胀多层次的产品中，一般含水量以不超过 20% 为佳。

18. 猪油：由猪脂肪所提炼的，可用于面包、派以及各种中西式点心中。

19. 液体油：油在室内温度（26℃）呈流质状态的都列为液体油，最常使用的液体油有沙拉油、菜子油和花生油等。花生油最适用于广式月饼中，而沙拉油则广泛应用于戚风蛋糕、海绵蛋糕中。

20. 粗砂糖：白砂糖，颗粒较粗，可用在面包和西饼类的制作中或撒在饼干表面。

21. 细砂糖：是烘焙食品制作中常用的一种糖，除了少数品种外，其他都适用，如戚风蛋糕等。

22. 糖粉：一般用于糖霜或奶油霜饰和产品含水较少的品种中。

23. 红糖：红糖含有浓馥的糖浆和蜂蜜的香味，多用在颜色较深或香味较浓的烘焙产品中。

24. 蜂蜜：主要用于蛋糕或小西饼中增加产品的风味和色泽。

25. 转化糖浆：砂糖经加水和加酸煮至一定的时间和合适温度冷却后即成。此糖浆可长时间保存而不结晶，多数用在中式月饼皮内、萨琪玛和各种代替砂糖的产品中。

26. 葡萄糖浆：单糖，是由淀粉经酸解后的最终产品；含有少量麦芽糖和糊精，可用在某些西饼中。

27. 麦芽糖浆：双糖是由淀粉经酵素或酸解作用后的产品；含有麦芽糖和少部分糊精及葡萄糖。

28. 焦糖：砂糖加热溶化后使之成棕黑色，用于调香或代替色素使用。

29. 翻糖：由转化糖浆再予以搅拌使之凝结成块状，用于蛋糕和西点的表面装饰。

30. 牛乳：为鲜乳，含脂肪3.5%，水分88%；多用于西点中塔类产品。

31. 炼奶：加糖浓缩乳，又称炼乳。

32. 全脂乳粉：为新鲜乳水脱水后之产物，含脂肪26%～28%。

33. 脱脂乳粉：为脱脂的乳粉，在烘焙产品制作中最常用。可取代奶水，使用时通常以1/10的脱脂乳粉加9/10的清水混合。

34. 乳酪：国内又称芝士，是由牛乳中酪蛋白凝缩而成，用于西点和制作芝士蛋糕。

35. 鲜酵母：大型工厂普遍采用的一种用作面包面团发酵的膨大剂。

36. 即发干酵母：由新鲜酵母脱水而成，呈颗粒状的干性酵母。由于它的使用方便和易储藏性是目前最为普遍采用的一种用于制作面包、馒头等的酵母。

37. 小苏打：学名碳酸氢钠，化学膨大剂的其中一种，碱性。常用于酸性较重蛋糕配方和西饼配方中。

38. 泡打粉：又名发酵粉，化学膨大剂的其中一种，能广泛使用在各式蛋糕、西饼的配方中。

39. 臭粉：学名碳酸氢铵，化学膨大剂的其中一种，用在需膨松较大的西饼之中。面包、蛋糕中几乎不用。

40. 塔塔粉：酸性物质，用来降低蛋白碱性和煮转化糖浆之用，如在制作戚风蛋糕打蛋白时添加。

41. 柠檬酸：酸性盐，煮转化糖浆用。

42. 蛋粉：为脱水粉状固体，有蛋白粉、蛋黄粉和全蛋粉三种。

43. 可可粉：有高脂、中脂、低脂，和有经碱处理、未经碱处理等数种。是制作巧克力蛋糕等品种的常用原料。

44. 巧克力：有甜巧克力、苦巧克力，硬质巧克力和软质巧克力之分，另还有各种颜色不同的巧克力。常用于烘焙产品的装饰。

45. 椰子粉：有长条状、细丝状、粉状等数种。是制作椰子风味产品的常用原料。

46. 杏仁膏：由杏仁和其他核果所配成的膏状原料。常用于烘焙产品的装饰方面。

47. 蛋糕油：膏状，是制作海绵类蛋糕不可缺少的一种添加剂，也广泛用于各中西式酥饼中，能起到各种乳化的作用。

48. 面包改良剂：用在面包配方内可促进面包柔软和增加面包烘烤弹性。

49. 琼脂：由海藻中提制，为胶冻原料、胶性较强，在室温下不易融解。

50. 啫喱粉：由天然海藻提制而成，为胶冻原料，是制作各式果冻、啫喱、布丁和慕司等冷冻产品的主要原料之一。

51. 香精：有油质、酒精、水质、粉状、浓缩和人工合成等区别，浓度和用量均不一样，使用前需查看说明。

52. 香料：多数由植物种子、花、蕾、皮、叶等所研制，具有强烈味道作为调味用品，如肉桂粉、丁香粉、豆蔻粉和花椒叶等。

53. 慕司：是英文 MOUSSE 的译音，又译成木司、莫司、毛士等；是将鸡蛋、奶油分别打发充气后，与其他调味品调和而成或将打发的奶油拌入馅料和明胶水制成的松软型甜食。

54. 泡夫：是英文 PUFF 的译音；又译成卜乎，也称空心饼、气鼓等，是以水或牛乳加黄油煮沸后烫制面粉，再搅入鸡蛋，通过挤糊、烘烤、填馅料等工艺而制成的一类点心。

55. 曲奇：是英文 COOKITS 的译音；是以黄油、面粉加糖等主料经搅拌、挤制、烘烤而成的一种酥松的饼干。

56. 布丁：是英文 PUDDING 的译音。是以黄油、鸡蛋、白糖、牛乳等为主要原料，配以各种辅料，通过蒸或烤制而成的一类柔软的点心。

57. 派：是英文 PIE 的译音，又译成排、批等；是一种油酥面饼，内含水果或馅料，常用原形模具做坯模。按口味分有甜咸两种，按外形分有单层皮派和双层皮派。

58. 塔：是英文 TART 的译音，又译成挞；是以油酥面团为坯料，借助模具，通过制坯、烘烤、装饰等工艺而制成的内盛水果或馅料的一类较小型的点心，其形状可因模具的变化而变化。

59. 沙勿来：是英文 SOUFFLE 的译音，又译成苏夫利、梳乎厘等。有冷食和热食两种。热的以蛋白为主，冷的以蛋黄和奶油为主要原料，是一种充气量大、口感松软的点心。

60. 巴非：是英文 PARFAIR 的译音，是一种以鸡蛋和奶油为主要原料的冷冻甜食。

61. 果冻：是用糖、水和啫喱粉，按一定的比例调制而成的冷冻甜食。

62. 啫喱：是英文 JELATINE 或 JELLY 的译音，又译成介力、吉力，也称明胶或鱼胶等。分植物型和动物型两种，植物型是由天然海藻抽提胶复合而成的一种无色无味的食用胶粉；动物型的是由动物皮骨熬制成的有机化合物，呈无色或淡黄色的半透明颗粒、薄片或粉末状。多用于鲜果点心的保鲜、装饰及胶冻类的甜食制品。

63. 黄酱子：又称黄少司、黄酱、克司得、牛奶酱等，是用牛乳、蛋黄、淀粉、糖及少量的黄油制成的糊状物体。它是西点中用途较广泛的一种半制品，多用于做馅，如气鼓馅等。

64. 糖霜皮：又称糖粉膏、搅糖粉等，使用糖粉加鸡蛋白搅拌而成的质地洁白、细腻的制品；是制作白点心、立体大蛋糕和展品的主要原料，其制品具有形象逼真、坚硬结实，摆放时间长的特点。

65. 黄油酱：又称黄油膏、糖水黄油膏、布代根等，是黄油搅拌加入糖水而制成的半制品，多为奶油蛋糕等制品的配料。

66. 蛋白糖：又称蛋白膏、蛋白糖膏、烫蛋白等，是用沸腾的糖浆烫制打发的膨松蛋白而成的，其洁白、细腻、可塑性好，如制作装饰用的假糖山。

67. 马司板：是英文 MARZIPAN 的译音，又称杏仁膏、杏仁面、杏仁泥；是用杏仁、砂糖加适量的朗姆酒或白兰地制成的。它柔软细腻、气味香醇，是制作西点的高级原料，也可制馅、制皮，捏制花鸟鱼虫及植物、动物等装饰品。

68. 札干：是用明胶片、水和糖粉调制而成的制品；是制作大型点心模型、展品的主要原料。札干细腻、洁白、可塑性好，其制品不走形、不塌架，既可食用，又能欣赏。

69. 风登：又称翻砂糖，是以砂糖为主要原料，用适量水加少许醋精或柠檬酸熬制经反复搓叠而成的。它是挂糖皮点心的基础配料。

70. 化学起泡：是以化学膨松剂为原料，使制品体积膨大的一种方法。常用的化学膨松剂有碳酸氢铵、碳酸氢钠和泡打粉。

71. 生物起泡：是利用酵母等微生物的作用，使制品体积膨大的方法。

72. 机械起泡：是利用机械的快速搅拌，使制品充气而达到体积膨大的方法。

73. 打发：是指蛋液或黄油经搅打体积增大的方法。

74. 清打法：又称分蛋法，是指蛋白与蛋黄分别抽打，待打发后，再合为一体的方法。

75. 混打法：又称全蛋法，是指蛋白、蛋黄与砂糖一起抽打起发的方法。

76. 跑油多：指清酥面坯的制作，及面坯中的油脂从水面皮层溢出。

77. 面粉的"熟化"：是指面粉在储存期间，空气中的氧气自动氧化面粉中的色素，并使面粉中的硫氢键转化为双硫键，从而使面粉色泽变白，物理性能得到改善的变化。

78. 烘焙百分比：是以点心配方中面粉质量为 100%，其他各种原料的百分比是相对于面粉的多少而言，这种百分比的总量超过 100%。

附录二
烘焙工国家职业标准

>>>>

1. 职业概况

1.1 职业名称：烘焙工。

1.2 职业定义：指专门制作焙烤食品的人员。

1.3 职业等级

本职业共设五个等级，分别为：初级（国家职业资格五级）、中级（国家职业资格四级）、高级（国家职业资格三级）、技师（国家职业资格二级）、高级技师（国家职业资格一级）。

1.4 职业环境条件：室内、常温。

1.5 职业能力特征

职业能力	非常重要	重要	一般
智力（分析、判断）			√
表达能力		√	
动作协调性		√	
色觉	√		
视觉	√		
嗅觉	√		
味觉	√		
计算能力			√

1.6 基本文化程度：高中毕业（或同等学力）。

1.7 培训要求

1.7.1 培训期限

全日制职业学校教育，根据其培养目标和教学计划确定。晋级培训期限：初级不少于 240 标准学时；中级不少于 300 标准学时；高级不少于 360 标准学时；技师不少于 300 标准学时；高级技师不少于 250 标准学时。

1.7.2 培训教师

培训初级、中级的教师应具有本职业高级及以上职业资格证书；培训高级的教师应具有本职业技师及以上职业资格证书；培训技师的教师应具有本职业高级技师职业资格证书 2 年或相关专业中级以上专业技术职务任职资格；培训高级技师的教师应具有本职业高级技师职业资格证书 3 年以上或相关专业高级专业技术职务任职资格。

1.7.3 培训场地与设备

理论知识培训在标准教室进行；技能操作培训在具有相应的设备和工具的场所进行。

1.8 鉴定要求

1.8.1 适用对象：从事或准备从事本职业的人员。

1.8.2 申报条件

——初级（具备以下条件之一者）

（1）经本职业初级正规培训达规定标准学时数，并取得结业证书。

（2）在本职业连续见习工作 2 年以上。

（3）本职业学徒期满。

——中级（具备以下条件之一者）

（1）取得本职业初级职业资格证书后，连续从事本职业工作 3 年以上，经本职业中级正规培训达规定标准学时数，并取得结业证书。

（2）取得本职业初级职业资格证书后，连续从事本职业工作 5 年以上。

（3）连续从事本职业工作 6 年以上。

（4）取得经劳动行政部门审核认定的，以中级技能为培养目标的中等以上职业学校本职业毕业证书。

——高级（具备以下条件之一者）

（1）取得本职业中级职业资格证书后，连续从事本职业工作 4 年以上，经本职业高级正规培训达规定标准学时数，并取得结业证书。

（2）取得本职业中级职业资格证书后，连续从事本职业工作 7 年以上。

（3）取得高级技工学校或经劳动行政部门审核认定，以高级技能为培养目标的高等职业学校本职业毕业证书。

（4）取得本职业中级职业资格证书的大专本职业或相关专业毕业生，连续从事本职业工作 2 年以上。

——技师（具备以下条件之一者）

（1）取得本职业高级职业资格证书后，连续从事本职业工作5年以上，经本职业正规技师培训达规定标准学时数，并取得结业证书。

（2）取得本职业高级职业资格证书后，连续从事本职业工作8年以上。

（3）取得本职业高级职业资格证书的高级技工学校本职业（专业）毕业生，连续从事本职业工作满2年。

——高级技师（具备以下条件之一者）

（1）取得本职业技师职业资格证书后，连续从事本职业工作3年以上，经本职业正规高级技师培训达规定标准学时数，并取得结业证书。

（2）取得本职业技师职业资格证书后，连续从事本职业工作5年以上。

1.8.3 鉴定方式

分为理论知识考试和技能操作考核。理论知识考试采用闭卷笔试方式，技能操作考核采用现场实际操作方式。理论知识考试和技能操作考核均实行百分制，成绩皆达60分及以上者为合格。技师、高级技师还需进行综合评审。

1.8.4 考评人员与考生配比

理论知识考试考评员配比为1:15，每个标准教师不少于2名考评员；技能操作考核考评人员考生配比为1:5，且不少于3名考评员；综合评审委员不少于5人。

1.8.5 鉴定时间

理论知识考试为90min。技能操作考核时间为：面包在480min以内；中点在240min以内；西点在120min以内。综合评审时间不少于30min。

1.8.6 鉴定场所设备

理论知识考试在标准教室里进行；技能操作考核在具有相应的制作用具和中小型生产设备的场所进行。

2. 基本要求

2.1 职业道德

2.1.1 职业道德基本知识

2.1.2 职业守则

（1）自觉遵守国家法律、法规和有关规章制度，遵守劳动纪律。

（2）爱岗敬业，爱厂如家，爱护厂房、工具、设备。

（3）刻苦钻研业务，努力学习新知识、新技术，具有开拓创新精神。

（4）工作认真负责、周到细致、踏实肯干、吃苦耐劳、兢兢业业，做到安全、文明生产，具有奉献精神。

（5）严于律己，诚实可信，平等待人，尊师爱徒，团结协作，艰苦朴素；举止大方得体，态度诚恳。

2.2 基础知识

2.2.1 焙烤食品常识

（1）焙烤食品的起源与发展历史。

（2）焙烤食品的分类。

（3）焙烤食品的营养价值。

（4）焙烤食品加工业的发展方向。

2.2.2 原材料基本知识

2.2.3 面包加工工艺基本知识

2.2.4 中点加工工艺基本知识

2.2.5 西点加工工艺基本知识

2.2.6 相关法律、法规知识

（1）知识产权法的相关知识。

（2）消费者权益保护法的相关知识。

（3）价格法的相关知识。

（4）食品卫生法的相关知识。

（5）环境保护法的相关知识。

（6）劳动法的相关知识。

3. 工作要求

本标准对初级、中级和高级的技能要求依次递进，高级别包括低级别的要求。

3.1 初级

职业功能	工作内容	技能要求	相关知识
一、准备工作	（一）清洁卫生	能进行车间、工器具、操作台的卫生清洁、消毒工作	食品卫生基础知识
	（二）备料	能识别原辅料	原辅料知识
	（三）检查工器具	能检查工器具是否完备	工器具常识
二、面团、面糊调制与发酵	（一）配料	（1）能读懂产品配方 （2）能按产品配方准确称料	（1）配方表示方法 （2）配料常识
	（二）搅拌	能根据产品配方和工艺要求调制1~2种面团或面糊	搅拌注意事项
	（三）面团控制	（1）能使用1种发酵工艺进行发酵 （2）能使用1类非发酵面团（糊）的控制方法进行松弛、醒面	（1）发酵工艺常识 （2）不同非发酵面团（糊）的工艺要求（松弛、醒面、时间、温度）

续表

职业功能	工作内容	技能要求	相关知识
三、整形与醒发	（一）面团分割称重	能按品种要求分割和称量	度量衡器、工具的使用方法
	（二）整形	能运用2种成形方法进行整形	不同整形工具、模具的选用及处理
	（三）醒发	能按1类面包的工艺要求进行醒发	醒发一般知识
四、烘烤	烘烤条件设定	能按工艺要求烘烤相应1个品种	（1）烤炉的分类 （2）常用烘烤工艺要求 （3）烤炉的操作方法
五、装饰	（一）装饰材料的准备	能准备单一的装饰材料	装饰材料调制的基本方法（糖粉、果仁、籽仁、果酱、水果罐头）
	（二）装饰材料的使用	能用单一材料在产品表面进行简单装饰	装饰器具的使用常识
六、冷却	冷却	能按冷却规程进行一般性操作	（1）冷却常识 （2）产品冷却程度和保质的关系 （3）冷却场所、包装工器具及操作人员的卫生要求
	包装	能按包装规程进行一般包装操作	（1）食品包装基本知识 （2）操作人员、包装间、工器具的卫生要求
七、贮存	原材料贮存	能按贮存要求进行简单操作	（1）原辅料的贮存常识 （2）原辅料国家、行业标准

3.2 中级

职业功能	工作内容	技能要求	相关知识
一、准备工作	（一）清洁卫生	能发现并解决卫生问题	操作场所卫生要求
	（二）备料	能进行原辅料预处理	不同原辅料处理知识
	（三）检查工器具	检查设备运行是否正常	不同设备操作常识
二、面团、面糊调制与发酵	（一）配料	能按产品配方计算出原辅料实际用量	计算原辅料的方法

续表

职业功能	工作内容	技能要求	相关知识
二、面团、面糊调制与发酵	（二）搅拌	（1）能根据产品配方和工艺要求调制 3~4 种面团或面糊 （2）能解决搅拌过程中出现的一般问题	搅拌注意事项
	（三）面团控制	（1）能用 3 种发酵工艺进行发酵 （2）能使用 3 类非发酵面团的控制方法进行控制	不同非发酵面团（糊）相应的工艺要求（松弛、时间、温度）
三、整形与醒发	（一）面团分割称重	能按不同产品要求在一定的条件和规定时间内完成分割和称量	（1）计算单位及换算知识 （2）温度、时间对不同面团分割的工艺要求
	（二）整形	（1）能使用 4 种成形方法进行整形 （2）能根据不同产品特点整形	整形设备的知识
	（三）醒发	能按主食面包的工艺要求醒发 3 个品种	（1）主食面包的概念及分类 （2）吐司面包、硬式面包、脆皮面包的醒发要求 （3）吐司面包原料的基本要求
四、烘烤	烘烤条件设定	（1）能按工艺要求烘烤相应的 3 类产品 （2）能按不同产品的特点控制烘烤过程	（1）中点 松酥类、蛋糕类、一般酥皮类产品知识 （2）西点 混酥类、蛋糕类、曲奇类产品知识
五、装饰	（一）装饰材料的准备	能调制多种装饰材料	（1）装饰料的调制原理 （2）装饰料的调制方法 （3）蛋白膏、奶油膏、蛋黄酱的知识
	（二）装饰材料的使用	能用调制的多种装饰材料对产品表面进行装饰	（1）美学基础知识 （2）装饰的基本方法
六、冷却与包装	（一）冷却	（1）能正确使用冷却装置 （2）能控制产品冷却时间及冷却完成时的内部温度	（1）冷却基本常识 （2）产品中心温度测试方法
	（二）包装	能根据产品特点选择相应的包装方法	（1）包装材料的分类知识 （2）包装方法的分类知识

续表

职业功能	工作内容	技能要求	相关知识
七、贮存	原材料贮存	（1）能将原辅料分类贮存 （2）能根据原辅料的贮存期限进行贮存	（1）原辅料的分类 （2）食品卫生知识

3.3 高级

职业功能	工作内容	技能要求	相关知识
一、面团、面糊调制与发酵	（一）搅拌	（1）能根据产品配方和工艺要求调制5~7种面团或面糊 （2）能发现和解决搅拌过程中出现的问题	搅拌常见问题的解决方法
	（二）面团控制	（1）能使用4种发酵工艺进行发酵 （2）能使用4类非发酵面团的控制方法进行控制	（1）发酵原理与工艺 （2）不同非发酵面团（糊）相应的工艺要求（松弛、时间、温度） （3）松弛原理与应用知识
二、整形与醒发	（一）整形	能运用各种整形方法进行整形	整形工艺方法和要求
	（二）醒发	能按花式面包的工艺要求醒发4个品种	（1）花式面包的概念及分类 （2）馅面包、丹麦面包、象形面包、营养保健面包的醒发要求
三、烘烤	烘烤条件设定	（1）能按工艺要求烘烤相应的4类产品 （2）能处理操作中出现的问题	（1）中点 浆皮类、水油皮类、酥层类、熟粉类产品知识 （2）西点 戚风蛋糕、泡夫类、一般起酥类产品知识
四、装饰	（一）装饰材料的准备	能调制特色装饰材料	（1）巧克力成分、分类及性能知识 （2）巧克力的调制原理及制作方法 （3）奶油胶冻（翻糖）的调制原理及方法
	（二）装饰材料的使用	能使用巧克力和奶油胶冻装饰一组不同特色的点心	工艺美术基本知识
五、冷却与包装	（一）冷却	（1）能控制产品冷却场所的温度、湿度、空气流速等技术参数和卫生条件 （2）能正确选择和使用冷却装置	（1）冷却装置的类型 （2）冷却产品方法

续表

职业功能	工作内容	技能要求	相关知识
五、冷却与包装	（二）包装	（1）能合理使用食品包装材料进行包装 （2）能解决包装中出现的技术、质量问题	包装机器的使用方法

参 考 文 献

［1］曾洁. 月饼生产工艺与配方. 北京：中国轻工业出版社，2009.

［2］蔺毅峰，杨萍芳. 焙烤食品加工工艺与配方. 北京：化学工业出版社，2008.

［3］马涛. 糕点生产工艺与配方. 北京：化学工业出版社，2008.

［4］李学红，王静. 现代中西式糕点制作技术. 北京：中国轻工业出版社，2008.

［5］李里特，江正强，卢山. 焙烤食品加工学. 北京：中国轻工业出版社，2000.

［6］沈建福. 焙烤食品加工工艺. 浙江：浙江大学出版社，2001.

［7］郝利平，夏延斌，陈永泉，廖小军. 食品添加剂. 北京：中国农业大学出版社，2002.

［8］董海洲，邵宁华. 农产品加工. 北京：中国农业科技出版社，1997.

［9］李新华，杜连起等. 粮油加工工艺学. 成都：成都科技大学出版社，1996.

［10］吴加根. 谷物与大豆食品工艺学. 北京：中国轻工业出版社，1995.

［11］林作楫. 食品加工与小麦品质改良. 北京：中国农业出版社，1993.

［12］郑建仙. 现代功能性粮油制品开发. 北京：科学技术文献出版社：2003.

［13］天津轻工业学院，无锡轻工大学合编. 食品工艺学（下）. 北京：中国轻工业出版社，1999.

［14］［英］Stanly P. Cauvain Linda S. Young. 面包加工工艺. 金茂国译. 北京：中国轻工业出版社，2004.

［15］［英］Stanly P. Cauvain Linda S. Young. 蛋糕加工工艺. 金茂国译. 北京：中国轻工业出版社，2004.

［16］薛文通. 新编蛋糕配方. 北京：中国轻工业出版社，2002.

［17］李小平. 粮油食品加工技术. 北京：中国轻工业出版社，2000.

［18］朱珠，梁传伟. 焙烤食品加工技术. 北京：中国轻工业出版社，2006.

［19］顾宗珠. 焙烤食品加工技术. 北京：化学工业出版社，2008.

［20］贡汉坤. 焙烤食品工艺学. 北京：中国轻工业出版社，2002.

［21］刘汉江. 焙烤工业实用手册. 北京：中国轻工业出版社，2003.

［22］马涛. 饼干生产工艺与配方. 北京：化学工业出版社，2008.